全国技工院校机械类专业通用教材（高级技能层级）

机床电气控制

（第三版）

人力资源社会保障部教材办公室组织编写

中国劳动社会保障出版社

简介

本书主要内容包括：三相异步电动机基本控制线路、典型机床电气控制线路、可编程控制器的原理与应用、数控机床电气控制。

本书由宗慧担任主编，陆雪影担任副主编，蒋琪、丁国明、黄秀勇、朱曦、吴萍参加编写。

图书在版编目(CIP)数据

机床电气控制/人力资源社会保障部教材办公室组织编写. -- 3 版. -- 北京：中国劳动社会保障出版社，2019

全国技工院校机械类专业通用教材. 高级技能层级

ISBN 978 - 7 - 5167 - 4028 - 6

Ⅰ.①机…　Ⅱ.①人…　Ⅲ.①机床-电气控制-技工学校-教材　Ⅳ.①TG502.35

中国版本图书馆 CIP 数据核字(2019)第 123424 号

中国劳动社会保障出版社出版发行

(北京市惠新东街 1 号　邮政编码：100029)

*

北京宏伟双华印刷有限公司印刷装订　　新华书店经销

787 毫米×1092 毫米　16 开本　13.5 印张　311 千字

2019 年 7 月第 3 版　　2023 年12月第 6 次印刷

定价：25.00 元

营销中心电话：400-606-6496

出版社网址：http://www.class.com.cn

http://jg.class.com.cn

前　言

为了更好地适应全国技工院校机械类专业的教学要求，全面提升教学质量，人力资源社会保障部教材办公室组织有关学校的一线教师和行业、企业专家，在充分调研企业生产和学校教学情况、广泛听取教师对教材使用反馈意见的基础上，对全国高级技工学校机械类专业通用教材进行了修订。本次修订后出版的教材包括：《机械制图（第四版）》《机械基础（第二版）》《机构与零件（第四版）》《机械制造工艺学（第二版）》《机械制造工艺与装备（第三版）》《金属材料及热处理（第二版）》《极限配合与技术测量（第五版）》《电工学（第二版）》《工程力学（第二版）》《数控加工基础（第二版）》《液压传动与气动技术（第二版）》《液压技术（第四版）》《机床电气控制（第三版）》《金属切削原理与刀具（第五版）》《机床夹具（第五版）》《金属切削机床（第二版）》《高级车工工艺与技能训练（第三版）》《高级钳工工艺与技能训练（第三版）》《高级焊工工艺与技能训练（第三版）》等。

本次教材修订工作的重点主要体现在以下几个方面：

第一，更新教材内容，体现时代发展。

根据机械类专业毕业生所从事岗位的实际需要和教学实际情况的变化，合理确定学生应具备的能力与知识结构，对部分教材内容及其深度、难度做了适当调整；根据相关专业领域的最新发展，在教材中充实新知识、新技术、新设备、新材料等方面的内容，体现教材的先进性；采用最新国家技术标准，使教材更加科学和规范。

第二，提升表现形式，激发学习兴趣。

在教材内容的呈现形式上，较多地利用图片、实物照片和表格等形式将知识点生动地展示出来，尤其是在《机械基础（第二版）》《机床夹具（第五版）》等教材插图的制作中全面采用了立体造型技术，力求让学生更直观地理解和掌握所学内容。针对不同的知识点，设计了许多贴近实际的互动栏目，在激发学生学习兴趣和自主学习积极性的同时，使教材“易教易学，易懂易用”。

第三，开发配套资源，提供教学服务。

本套教材配有习题册和方便教师上课使用的多媒体电子课件，可以通过职业教育教学资源和数字学习中心网站（http：//zyjy. class. com. cn）下载电子课件等教学资源。另外，在部分教材中使用了二维码技术，针对教材中的教学重点和难点制作了动画、视频、微课等多媒体资源，学生使用移动终端扫描二维码即可在线观看相应内容。

本次教材的修订工作得到了河北、辽宁、江苏、山东、河南、湖南、广东等省人力资源社会保障厅及有关学校的大力支持，在此我们表示诚挚的谢意。

人力资源社会保障部教材办公室

2018 年 8 月

目　　录

第一章　三相异步电动机基本控制线路

§1—1　电气控制系统图识读

学习目标

◎ 掌握电气原理图的绘制规则
◎ 能识读电气原理图
◎ 能识读电气元件布置图
◎ 能识读电气安装接线图

由于各种生产机械的工作性质和加工工艺不同，使得它们对电动机的控制要求不同。要使电动机按照生产要求正常安全地运转，必须由电气控制系统传递必要的信号，控制它们完成既定的动作。例如，使用平面磨床（见图 1—1）加工工件表面时，按下启动按钮后，工作电路接通，从而使对应的电动机被驱动工作。那么，按钮是如何实现对电动机的控制的？M7130 型平面磨床电气柜（见图 1—2）里都有哪些元件？起什么作用？要弄清这些问题，就需要识读图 1—3 所示的 M7130 型平面磨床电气控制原理图，理解电路的工作原理。

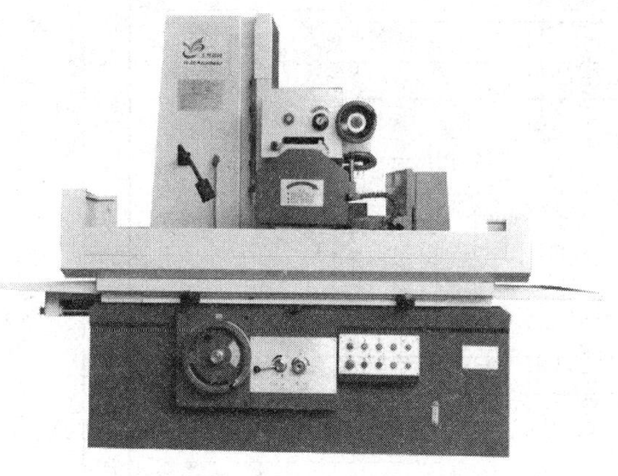

图 1—1　M7130 型平面磨床实物

图 1—2　M7130 型平面磨床电气柜

一、电气传动及其系统组成

电气传动是指用电动机把电能转换为机械能，利用电动机带动各种类型的机械设备运

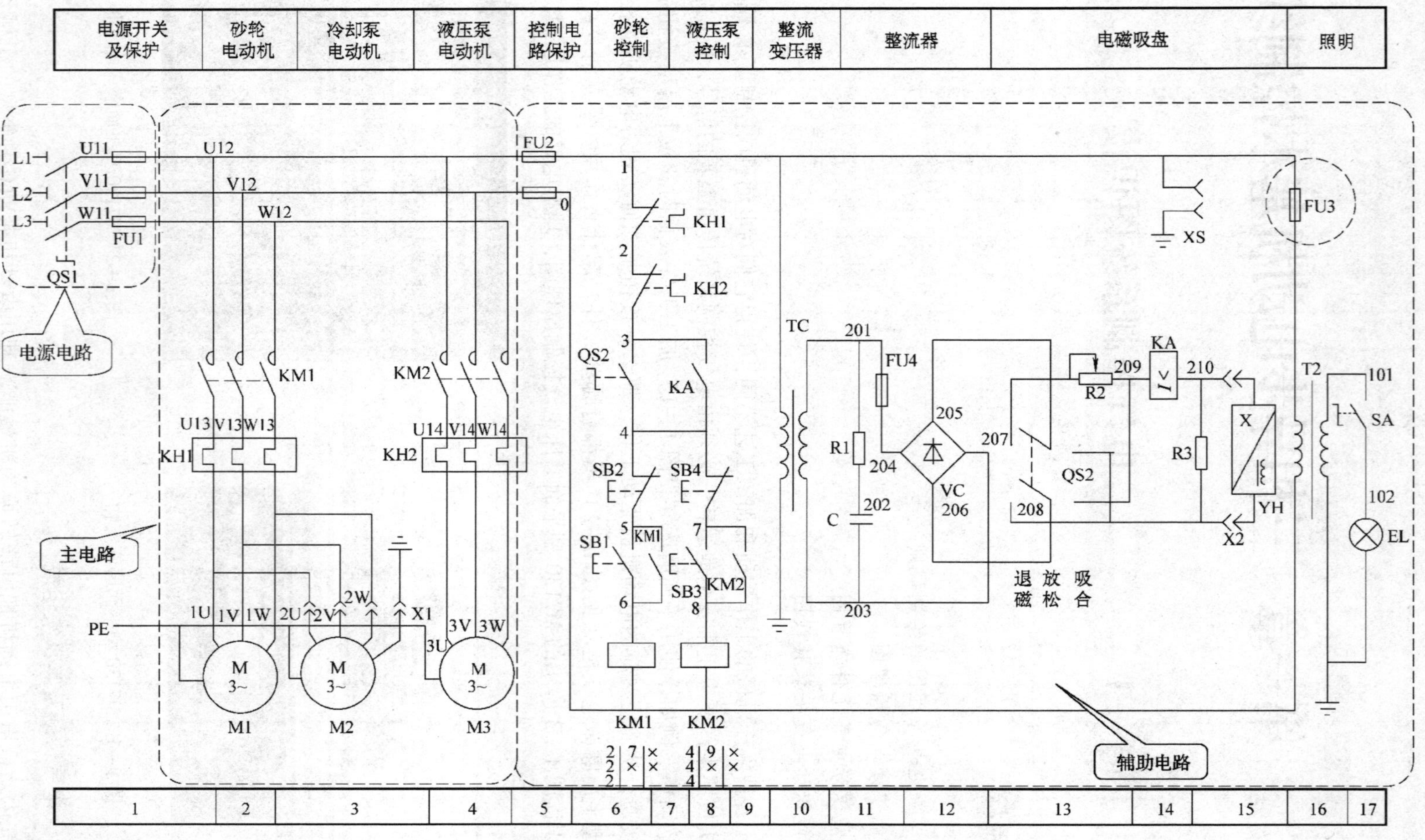

图 1—3 M7130 型平面磨床电气控制原理图

转，如车床、铣床、钻床、电瓶车、洗衣机等都是通过电气传动实现运转的。图 1—4 所示的洗衣机电动机由电源提供电能，控制器控制其运转的模式，电动机将外接电源的电能转换为动能，并通过带轮机构、离合器传递给波轮，波轮运动完成洗涤。电气设备千差万别，但与洗衣机类似，其基本组成都包括电动机、传动机构、控制系统和电源四部分，如图 1—5 所示，虚线框内为电气传动系统。

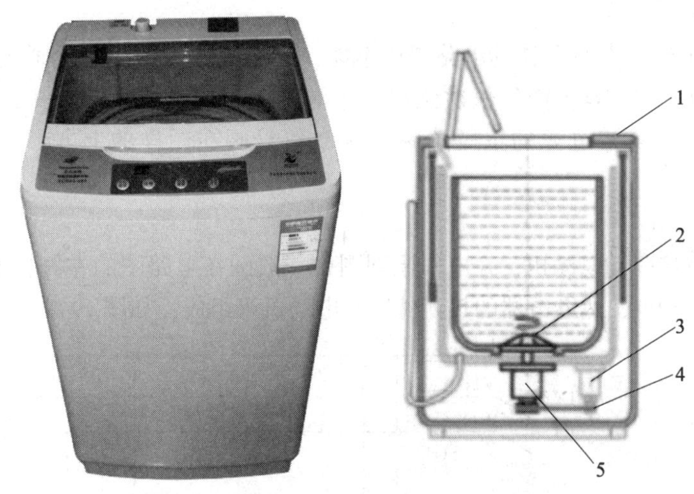

图 1—4　全自动波轮洗衣机及其组成

1—控制面板（控制）　2—波轮（执行）　3—电动机（动力）　4—带（传动）　5—离合器（传动）

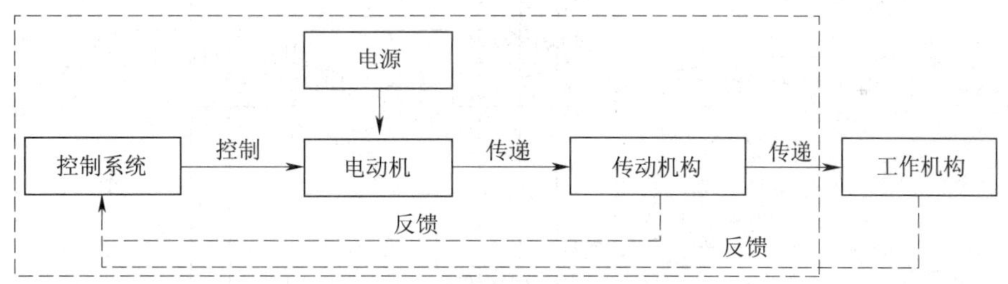

图 1—5　电气传动系统示意图

二、电气原理图

电气原理图是根据生产机械运动形式对电气控制系统的要求，采用国家标准规定的电气图形符号和文字符号，按照电气设备和电器的工作顺序，详细表示电路、设备或成套装置的全部基本组成和连接关系，而不考虑其实际位置的一种简图。

在生产实践中，生产机械的控制线路可能比较简单，也可能相当复杂，但任何复杂的控制线路都是由一些基本控制线路有机地组合起来的。分析生产机械电气线路时，首先应知道常用的电气元件图形符号并了解绘制、识读电气原理图的原则。

电气原理图能充分表达电气设备和电器的用途、作用和工作原理，是电气线路安装、调试和维修的理论依据。

电气原理图一般由电源电路、主电路和辅助电路三部分组成。图 1—3 所示为 M7130 型平面磨床的电气控制原理图。

1. 电气元件

在电气原理图中，电气元件采用国家标准规定的符号来表示，如图 1—3 中右侧圆圈所圈部分表示一个用于过载保护、短路保护的熔断器，它包括图形符号和文字代号两部分（见图 1—6）。各种电气元件的功能和表示方法将在后面各节中陆续学习。

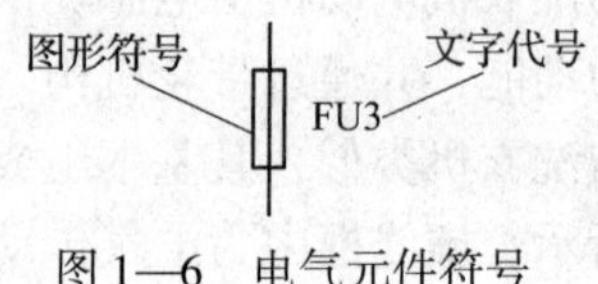

图 1—6　电气元件符号

2. 电源电路

电源电路用于给主电路和辅助电路提供电能，在电气原理图中一般画成水平线，三相交流电源相线 L1、L2、L3 自上而下依次画出，电源开关也应水平画出，中线 N 和保护线 PE 依次画在相线之下。直流电源的正极端用“+”符号画在图样的上方，而负极端用“-”符号在下边画出。

3. 主电路

主电路用于直接驱动电动机，在电气原理图中一般画在电路图的左侧且垂直于电源电路，一般由接触器的主触点、热继电器的热元件以及电动机等组成，如图 1—7 所示。

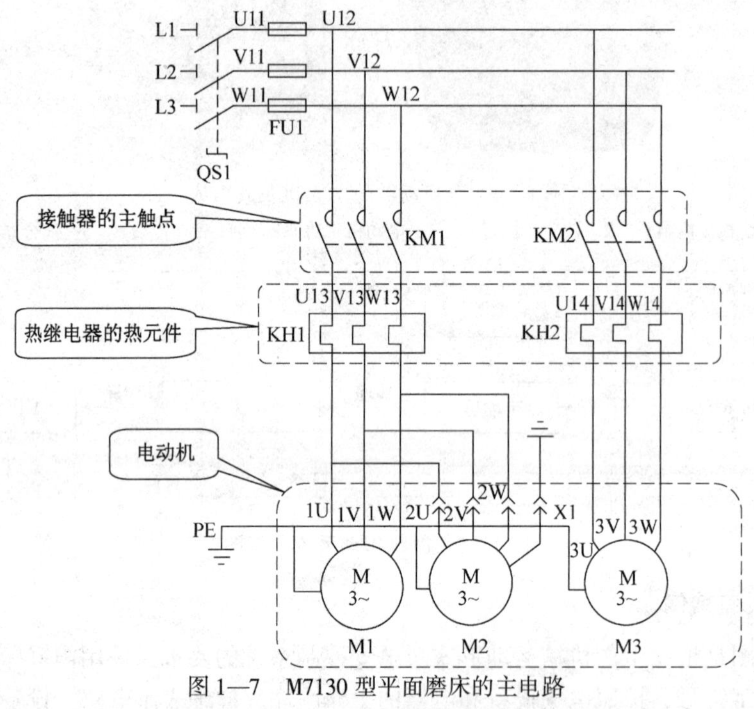

图 1—7　M7130 型平面磨床的主电路

4. 辅助电路

辅助电路包括控制电路、指示电路和局部照明电路。控制电路用于实现对电动机的控制操作，指示电路用于提示操作人员电动机运行状态，局部照明电路则用于给控制台提供照明。辅助电路一般由主令电器的触点、接触器线圈及辅助触点、继电器线圈及触点、指示灯和照明灯等组成。一般按照控制电路、指示电路和照明电路的顺序从左到右依次垂直画在主电路图的右侧，且电路中与下边电源线相连的耗能元件（如接触器线圈、指示灯、照明灯等）要画在电路图的下方，而电器的触点画在耗能元件与上边电源线之间。M7130 型平面磨床的辅助电路如图 1—8 所示。识读电气原理图一般是按“自左至右，自上而下”的顺序识读。

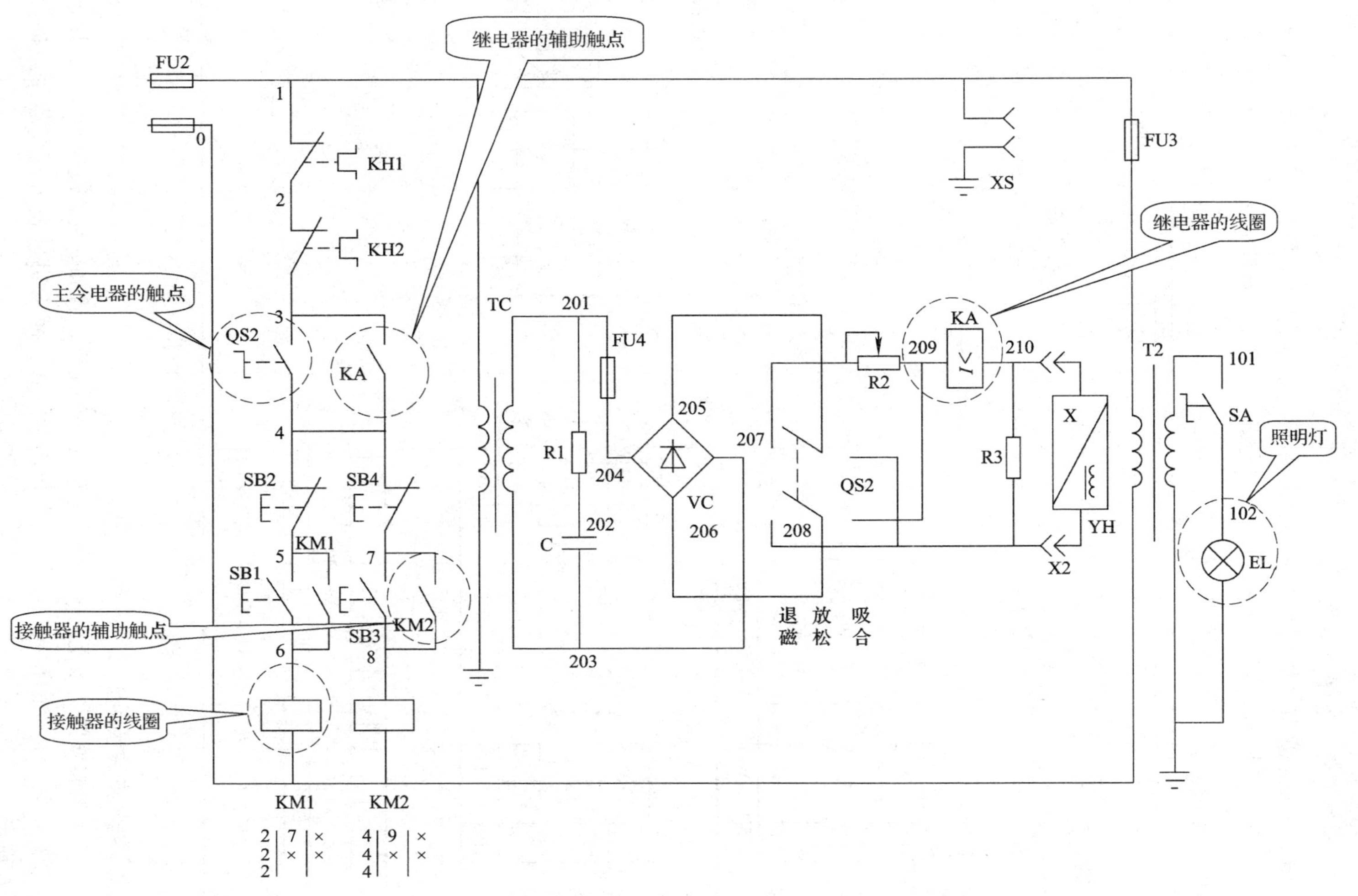

图 1—8　M7130 型平面磨床的辅助电路

三、电气安装图

1. 电气元件布置图

电气元件布置图是根据电气元件在控制板上的实际安装位置，采用简化的外形符号（如正方形、矩形、圆形等）而绘制的一种简图。图中各元器件的文字符号必须与电路图和接线图上的标注相一致，如图 1—9 所示。

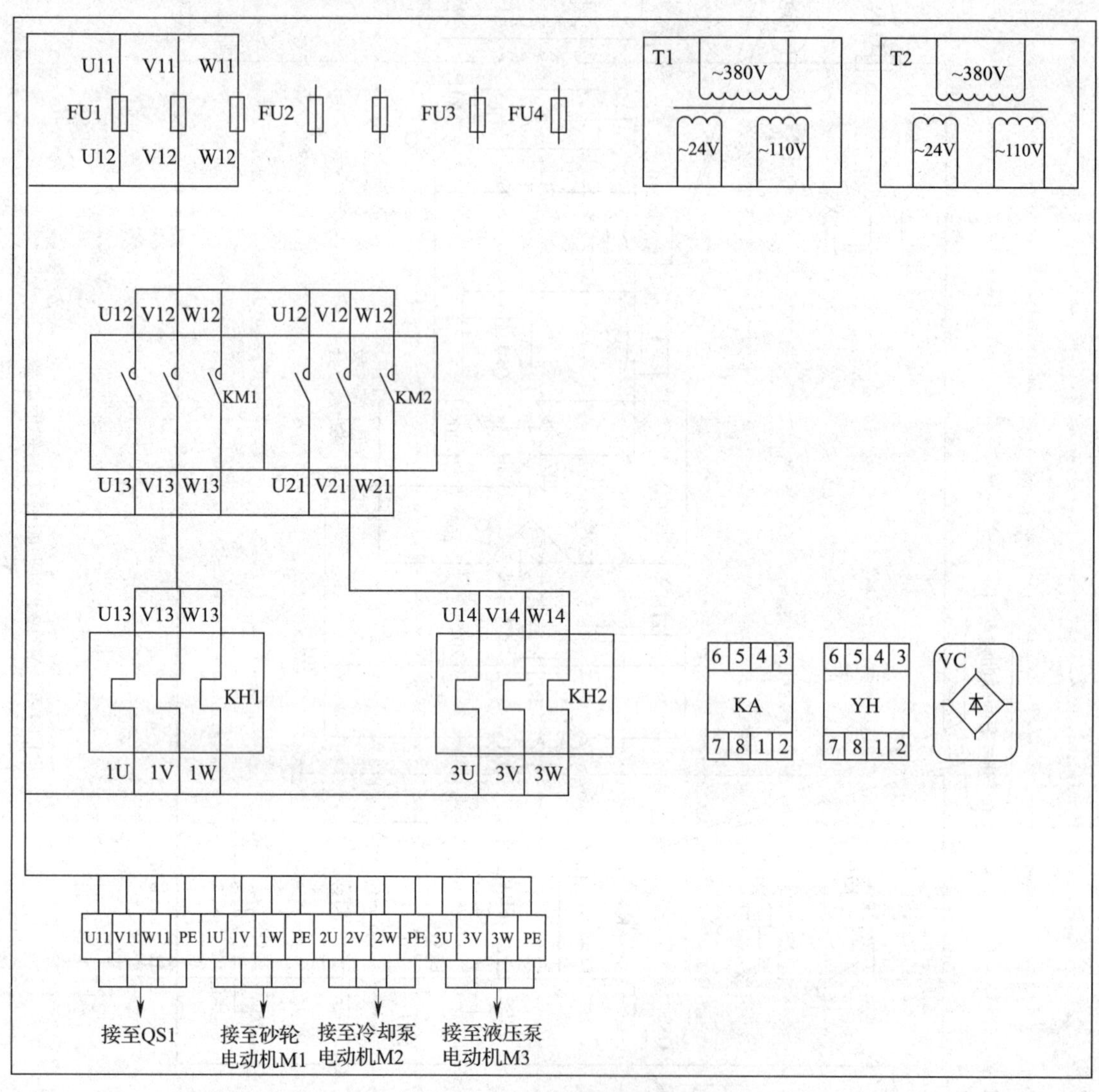

图 1—9　电气元件布置图

2. 电气安装接线图

电气安装接线图是根据电气设备和电气元件的实际位置和安装情况绘制的，只用来表示电气设备和电气元件的位置、配线方式和连接方式，而不明显表示电气动作原理，如图 1—10 所示。

识读电气安装接线图应遵循以下原则：

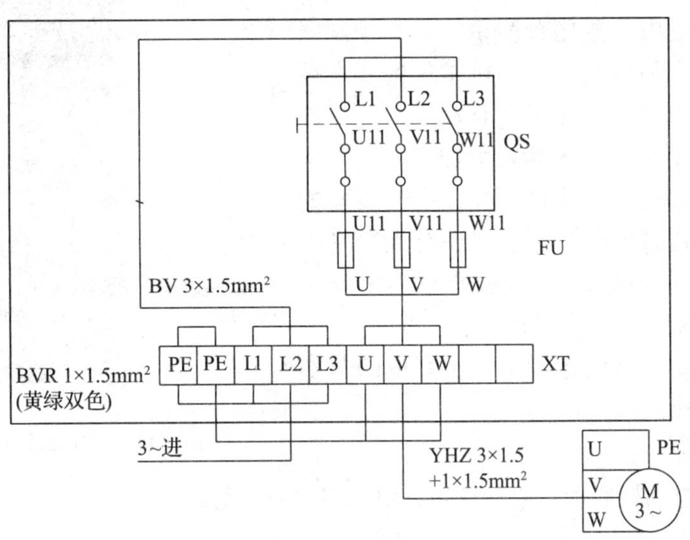

图 1—10　电气安装接线图

（1）电气安装接线图中一般表示出如下内容：电气设备和电气元件的相对位置、文字符号、端子号、导线号、导线类型、导线横截面积、屏蔽等。

（2）所有的电气设备和电气元件都按其所在的实际位置绘制在图样上，且同一电器的各元件根据实际结构，使用与电气原理图相同的图形符号画在一起，其文字符号以及接线端子的编号应与电气原理图中的标志一致，以便对照检查接线。

（3）电气安装接线图中的导线有单根导线、导线组（或线扎）、电缆等之分，可用连续线和中断线来表示。

§1—2　电动机单向运行控制

学习目标

◎ 掌握低压开关、熔断器、交流接触器、热继电器、按钮的作用并能绘制其图形符号

◎ 掌握点动正转控制线路及接触器自锁正转控制线路的控制原理

◎ 掌握接触器自锁正转控制线路的通电操作过程

◎ 掌握多地控制线路及顺序控制线路的控制原理

三相异步电动机在传动系统中起着提供动力、驱动机械设备运转的作用，如图 1—11 所示 M7130 型平面磨床，由一系列的低压电器组成的电气传动系统控制电动机的单向运转，从而实现对工件表面的磨削。在电力驱动控制系统中，电动机始终沿着一个方向连续运转的，称为单向运行。

三相异步电动机的控制主要针对启动、制动、改变转向等几个方面，生产机械的工艺要

求不同，相应的控制要求也就不同，但任何复杂的控制线路，都是由一些比较简单的基本控制线路和基本环节组合而成的。电动机常见的基本控制有电动机的短时控制，如工厂移动大门；电动机的连续运转控制，如车床的切削加工；电动机的正反转控制，如行车的往返工作；电气设备的顺序控制，如传送带的分步运行；还有大功率电动机的启动和制动控制等。本节主要学习电动机单向运行的短时控制和连续控制。

图 1—11　M7130 型平面磨床实物

电动机在控制线路的作用下，所完成的基本动作包括以下几种：

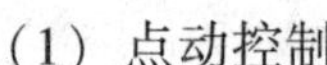

（1）点动控制

按下按钮，电动机启动；松开按钮，电动机停止运行。

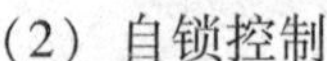

（2）自锁控制

按下启动按钮再松开，电动机保持连续运行，这时电动机仍然保持通电状态。

（3）多地控制

除了机床上有电动机的控制按钮外，在车间控制室也需要能够控制机床的启动、停止或者加工动作。

（4）顺序控制

为了保证加工的安全，机床上的多台电动机需要按照顺序启动运行，如主轴电动机启动后，进给电动机才能够进给，避免因为车刀进给但零件未转动导致车刀折断而造成严重的加工事故等。

一、点动控制与自锁控制

1．常用低压电器

所谓低压电器通常是指工作在交流 1 200 V 及以下、直流 1 500 V 及以下电路中的电器。按动作方式可分为手控电器和自控电器两大类。手控电器是指电器的动作由操作人员手动操作，如低压开关、按钮开关等。自控电器是指按照指令或物理参数（如电流、电压、时间、速度等）的变化而自动动作的电器，如接触器、热继电器等。

低压电器按照用途可分为控制电器和保护电器。控制电器主要在低压配电系统及动力设备中起控制作用，如刀开关、低压断路器、接触器等。保护电器主要在低压配电系统及动力设备中起保护作用，如熔断器、热继电器等。

电动机直接与 380 V、50 Hz 的工频三相电源连接。要控制电动机按照要求完成各类动作，需要使用具备相应功能（如接通和断开电路、维持电动机供电、延迟不同电动机供电等）的控制元器件组合，形成具有相应功能的控制电路。

（1）低压开关

低压开关主要用于隔离、转换以及接通和分断电路用。多数作为机床电路的电源开关、局部照明电路的控制，有时也可用来直接控制小容量电动机的启动、停止和正反转控制。常用的低压开关有开启式负荷开关、封闭式负荷开关、低压断路器等，它们的外形与图形符号、特点、用途见表1—1。

表1—1　　**常用低压开关**

外形与图形符号	特点	用途
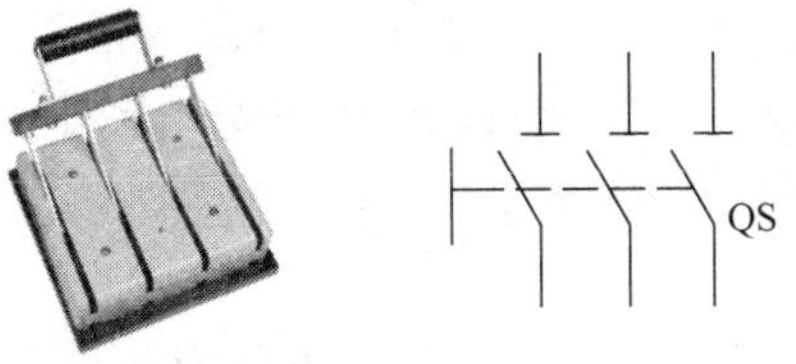 QS HK系列开启式负荷开关	结构简单、价格低、使用及维修方便，应用广泛	该开关主要作为电气照明电路和电热电路、小容量电动机电路的非频繁控制开关，也可作为分支电路的配电开关
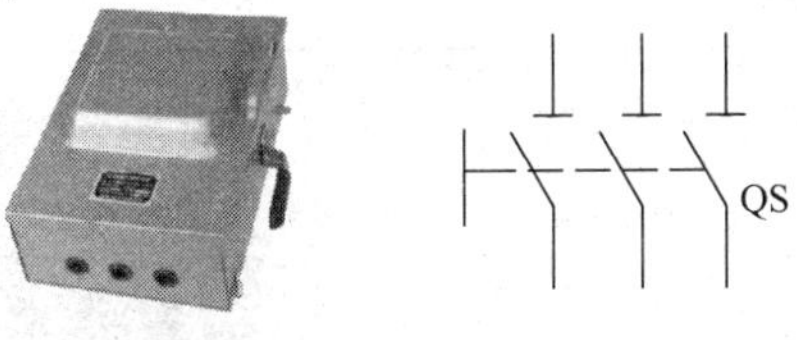 QS HH系列封闭式负荷开关	主要由钢板外壳、触刀开关、操作机构、熔断器等组成，触刀开关带有灭弧装置，能够通断负荷电流，熔断器用于短路保护	一般用于小型电力排灌、电热器、电气照明线路的配电设备中，用于非频繁地接通与分断电路，也可直接用于异步电动机的非频繁全压启动控制
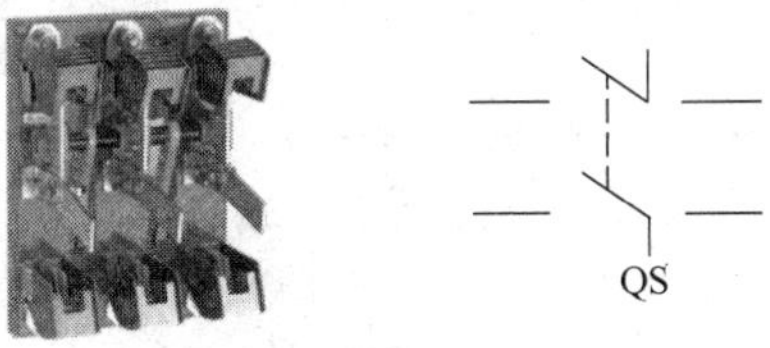 QS HS系列双投刀开关	具有机械互锁的结构特点，可以防止双电源并联运行和两条供电线路同时供电	常用于双电源的切换或双供电线路的切换等
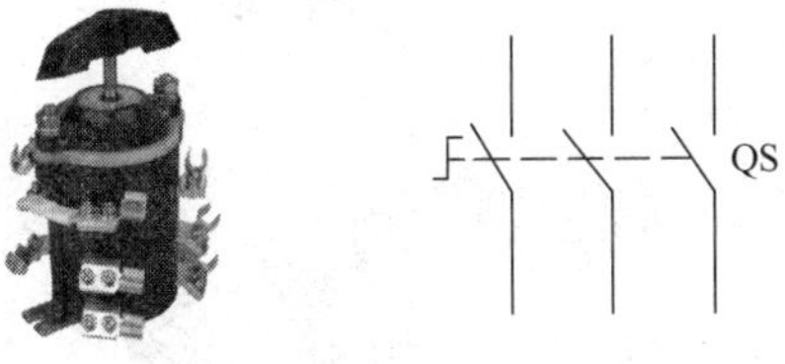 QS HZ系列组合开关（又称转换开关）	控制容量比较小，结构紧凑，手柄可以沿任何一个方向转动	常用于空间比较狭小的场所，如机床和配电箱等。一般用于电气设备的非频繁操作、切换电源和负载及小容量感应电动机和小型电器的控制
 QF DZ5系列自动空气断路器、低压断路器	它集控制和多种保护功能于一体，操作安全方便、动作值可调、分断能力较强、动作后不需要更换元件	可用于非频繁地接通和断开电路以及控制电动机的运行。当电路中发生短路、过载或失压等故障时，能自动切断故障电路，有效地保护供电线路及电气设备

（2）熔断器

熔断器是一种结构简单、使用方便、价格低廉的保护电器。使用时串联在被保护的电路中，当电路发生过载或短路故障时，通过熔断器的电流达到或超过某一定值，熔断器的熔体上产生足够的热量使熔体熔断，从而切断电路，达到保护电路的目的。熔断器的图形符号如图 1—12 所示。

FU

图 1—12　熔断器的图形符号

常用熔断器有瓷插式 RC1A 系列、螺旋式 RL1 系列、无填料封闭管式 RM10 系列、有填料封闭管式 RT0 系列、快速熔断器 RLS 系列及 RS 系列、自恢复熔断器 PPTC 系列等，见表 1—2。

（3）交流接触器

交流接触器广泛用于电力驱动系统的通断和控制电路。交流接触器可分为电磁式、永磁式和真空式三种，如图 1—13 所示，其图形符号如图 1—14 所示。

表 1—2　　常用熔断器

种类	图示
瓷插式熔断器 常用系列：RC1A 系列 适用场合：广泛用于工频 50 Hz、额定电压 380 V 及以下、额定电流 200 A 及以下的低压线路末端或分支电路中，提供短路保护	 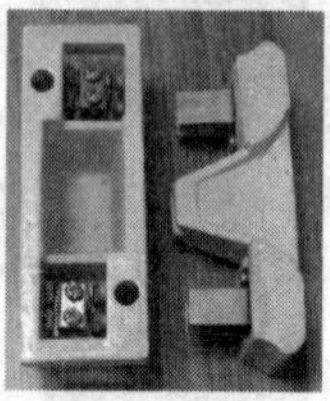
螺旋式熔断器 特点：熔断管的上端有一个小红点（熔断指示器），熔体熔断时，熔断指示器自动脱落，此时需更换一只同规格的熔断管 常用系列：RL1 系列 适用场合：广泛应用于额定电压 500 V 及以下、额定电流 200 A 及以下的电路中，提供过载和短路保护	
无填料封闭管式熔断器 常用系列：RM10 系列 适用场合：适用于工频 50 Hz、额定电压 380 V 及以下或直流额定电压 440 V 及以下的低压电力网络、配电设备中，提供短路和过载保护	
有填料封闭管式熔断器 常用系列：RT0 系列 适用场合：适用于短路电流较大的电力输配电系统中，为导线、电缆和电气设备提供短路保护或为导线、电缆提供过载保护	

续表

种类	图示
快速熔断器 常用系列：RLS 系列、RS 系列 适用场合：RLS 系列适用于小容量硅整流元件的短路和过载保护，RS 系列适用于半导体整流元件的短路和过载保护	
自恢复熔断器 常用系列：PPTC 系列 适用场合：适用于无线电产品、电池组、充电器产品中。自恢复熔断器只能限制短路电流，不能真正分断电路，其优点在于不必更换熔体，能重复使用	

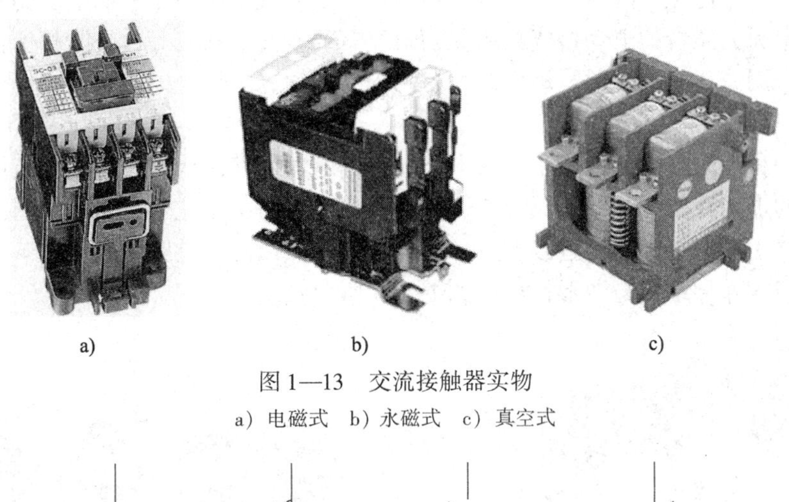

图 1—13　交流接触器实物

a）电磁式　b）永磁式　c）真空式

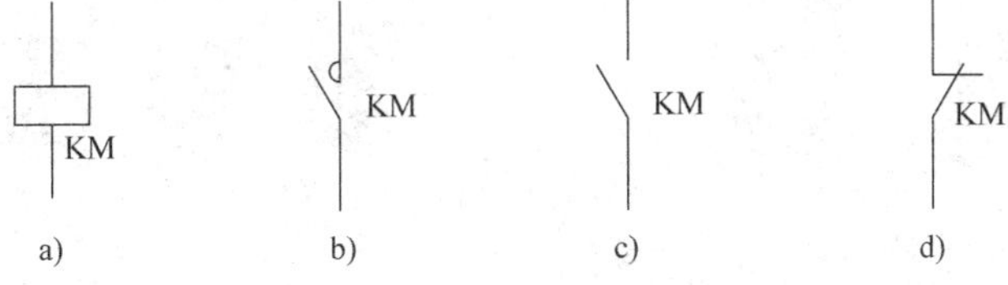

图 1—14　交流接触器的图形符号

a）线圈　b）主触点　c）辅助常开触点　d）辅助常闭触点

常用的交流接触器有国产的 CJ0、CJ10 和 CJ20 等系列，以及从德国引进的 3TH 和 3TB 等系列。小型的交流接触器经常作为中间继电器配合主电路使用。

（4）热继电器

热继电器是利用电流的热效应原理来工作的保护电器。它可以根据过载电流的大小自动调整动作时间，具有反时限保护特性，即过载电流越大，动作时间越短；过载电流越小，动

作时间越长；当电动机的运行电流为额定电流时，热继电器不应动作。热继电器实物及图形符号如图 1—15 所示。

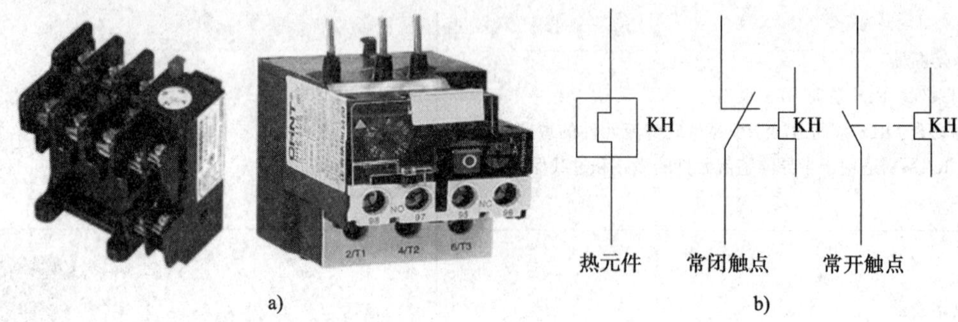

图 1—15　热继电器

a）实物图　b）图形符号

常用热继电器主要有国产 JR0、JR5、JR10、JR16 及 JR20 等系列，以及从德国引进的 T 系列。热继电器按极数可分为单极、两极和三极三种，其中三极的又可分为带断相保护装置和不带断相保护装置两种。按复位方式可分为自动复位式和手动复位式两种。两极结构的热继电器应用于一般情况下的电路；三极结构的热继电器主要应用于电源电压的均衡性和工作环境差、经常无人照看的电动机或功率差别较显著的多台电动机等；带断相保护装置的热继电器应用于采用三角形连接的电动机。

（5）按钮

按钮是一种短时接通或分断小电流电路的控制电器，其结构简单，应用广泛。按钮的触点允许通过的电流较小，一般不超过 5 A，因此，一般情况下它不直接操纵主电路的通断，而在控制电路中发出指令，通过接触器、继电器等电器控制主电路。

常用按钮的外形结构与图形符号如图 1—16 所示。

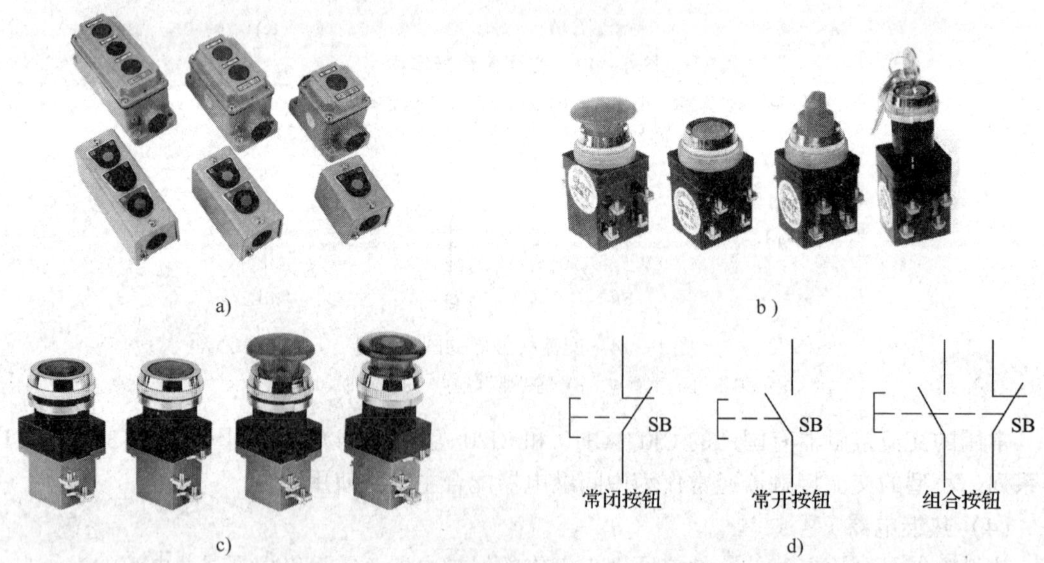

图 1—16　常用按钮的外形结构与图形符号

a）LA10 系列　b）LA18 系列　c）LA19 系列　d）图形符号

按钮按触点的结构不同可分为常开按钮（启动按钮）、常闭按钮（停止按钮）和复合按钮（常开常闭组合按钮），其动作特点见表 1—3。

表 1—3　　按钮的动作特点

按钮类型	未按下时触点状态	按下时触点状态	松开后触点状态
常开按钮	断开	闭合	自动复位断开
常闭按钮	闭合	断开	按钮自动复位
复合按钮	常闭触点闭合，常开触点断开	常闭触点先断开，然后常开触点再闭合	常开触点先断开，然后常闭触点再闭合

2. 点动正转控制线路

点动控制方式的特点是：按下启动按钮，电动机运转，松开启动按钮，电动机停转；电动机运行时间的长短，取决于启动按钮被按下的时间。这种控制方法常用于电动葫芦的起重电动机控制和车床拖板箱快速移动电动机控制。按钮和接触器控制的点动正转控制线路原理图如图 1—17 所示。

（1）电气原理图

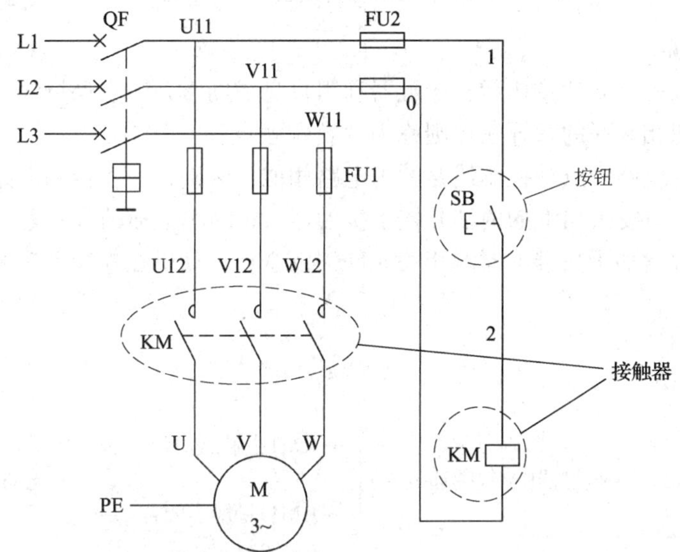

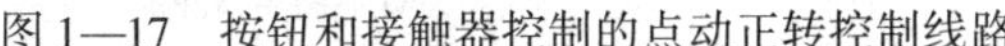
图 1—17　按钮和接触器控制的点动正转控制线路

（2）工作原理分析

合上断路器 QF。

启动：

按下 SB ⟶KM 线圈通电⟶KM 主触点闭合⟶电动机运转

停止：

松开 SB ⟶KM 线圈断电⟶KM 主触点断开⟶电动机停转

断开断路器 QF，切断电源。

3. 接触器自锁正转控制线路

对于点动正转控制线路，松开按钮后电动机便停止运行，若要实现电动机的连续运行，可采用如图 1—18 所示的接触器自锁正转控制线路。

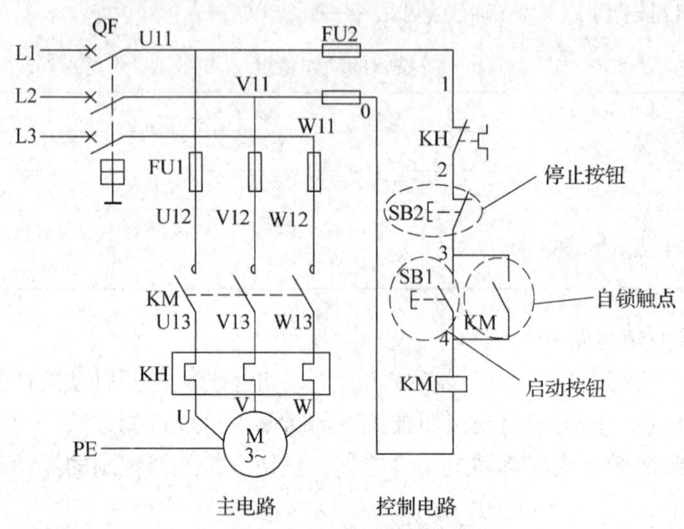

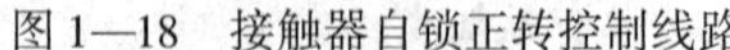
图 1—18　接触器自锁正转控制线路

（1）线路分析

自锁控制是指松开启动按钮后，接触器利用自身辅助常开触点保持线圈通电状态的控制方式，与启动按钮相并联的常开触点则称为“自锁触点”。

这种线路的主电路和点动控制线路的主电路相似，区别在于：控制电路中串接了一个停止按钮 SB2，在启动按钮 SB1 的两端并接了接触器 KM 的一个辅助常开触点。并且，在主电路和控制电路中都增加了热继电器的相关元件，以避免电动机在连续运转过程中出现过载现象。

（2）工作原理

合上断路器 QF。

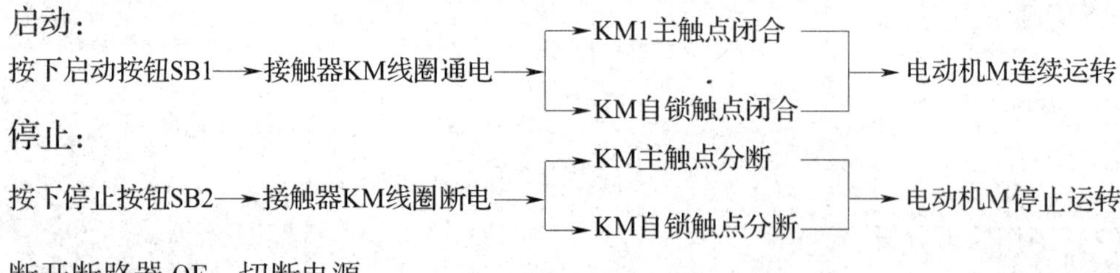

断开断路器 QF，切断电源。

（3）电路保护

接触器自锁正转控制线路还有一个非常重要的特点，就是线路本身具有的欠压保护和失压保护功能。

1）欠压保护。当外界电源电压由于某种原因下降（如下降到低于 85% 的额定电压）时，接触器线圈磁通减弱，产生的电磁吸力减小，不能克服弹簧的反作用力，动铁芯被迫释放，从而使主触点、自锁触点断开，自动切断电动机电源，使电动机停转，从而避免了电动机在欠压下运行而可能造成烧毁的现象，起到欠压保护的作用。

2）失压（零压）保护。当线路由于某种原因突然断电时，电动机断电停转，相应的生产机械也随之停止运动。当重新恢复供电时，要保证电动机不能自行启动。如果电动机重新自行启动，很可能引起设备或人身事故。采用接触器自锁正转控制线路时，即使电源恢复供电，但由于接触器主触点和自锁触点在电源断开时已经断开，接触器线圈不会通电，所以电动机不会自行启动。只有当操作人员重新按下启动按钮时，电动机才能重新启动，从而避免了可能出现的事故，实现了失压（或零压）保护。

3）短路保护。上述线路中熔断器 FU1、FU2 起短路保护作用，为了扩大保护范围，短路保护元件在线路中安装得越靠近电源越好，所以熔断器一般直接装在电源开关的下面。

4）过载保护。热继电器 KH 为电动机提供过载保护，当电动机过载时热继电器常闭触点能自动切断控制电路电源，从而断开主电路，使电动机停转，避免因过载而引起定子绕组过热，损坏电动机绝缘甚至烧毁电动机。

课堂活动

接触器自锁正转控制线路的通电操作

通过观察教师演示或实际操作练习，进一步熟悉接触器自锁正转控制线路的工作过程。

在本课程的学习和实训过程中，电气线路的安装、调试主要通过控制线路板来完成。如图 1—19 所示是已经完成接线的接触器自锁正转控制线路板。

接触器自锁正转控制线路通电操作步骤如下：

（1）接通电源，合上断路器 QF。

（2）如图 1—20 所示，按下正转启动按钮 SB1。如图 1—21 所示，接触器 KM 通电吸合并自锁，电动机 M 连续正转。

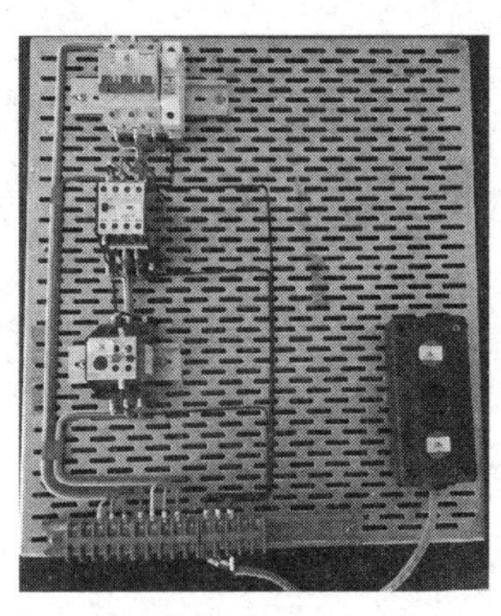

图 1—19　接触器自锁正转控制线路板

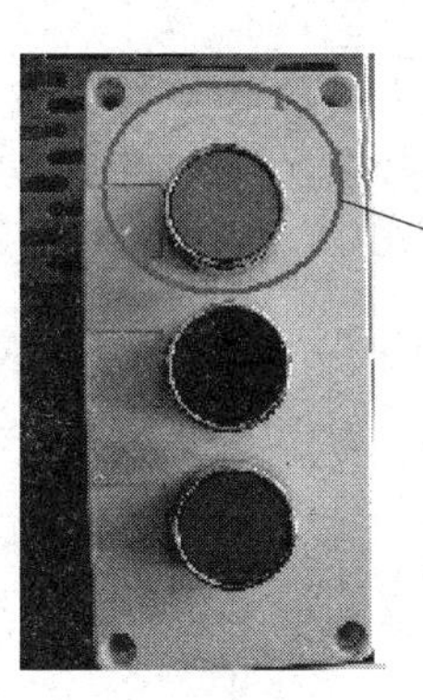

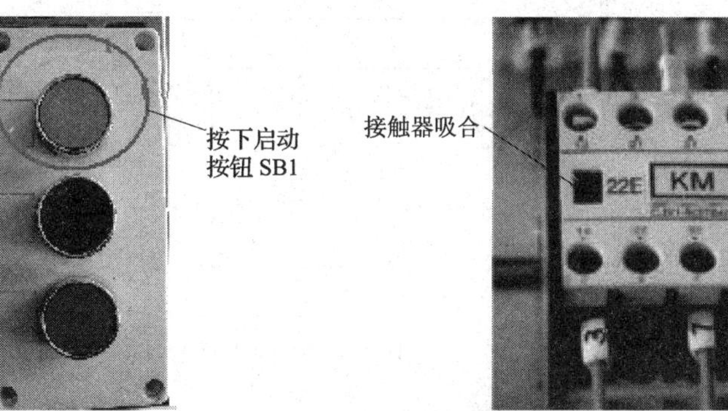

图 1—20　按下启动按钮

图 1—21　接触器 KM 通电吸合并自锁

（3）如图 1—22 所示，按下停止按钮 SB2。如图 1—23 所示，接触器 KM 断电释放。电动机 M 断电停止正转。

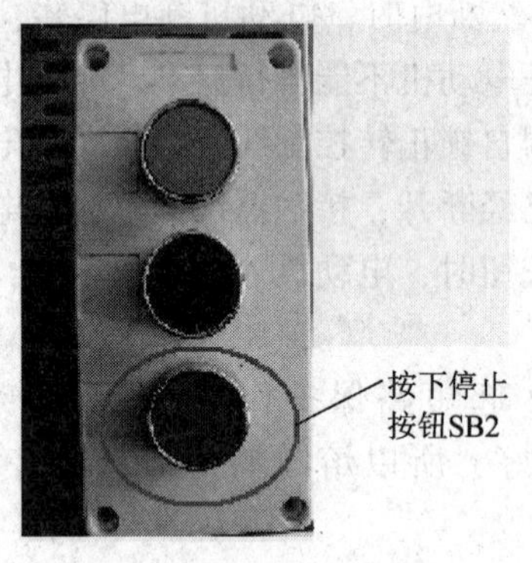

图 1—22 按下停止按钮

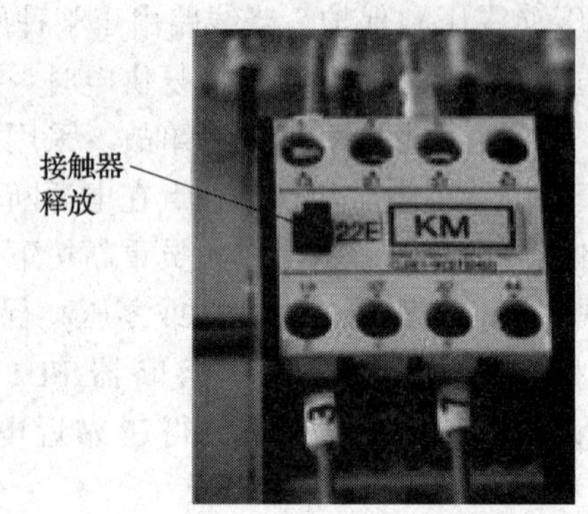

图 1—23 接触器 KM 断电释放

（4）断开断路器 QF，切断电源。

二、多地控制与顺序控制

1. 多地控制线路

在实际生产过程中，经常需要操作人员在多个不同的地点均可对电动机进行控制，能在两地或多地控制同一台电动机的控制方式称为电动机的多地控制。如图 1—24 所示为两地控制的具有过载保护的接触器自锁正转控制电路图。其中，SB11、SB12 为安装在甲地的启动按钮和停止按钮；SB21、SB22 为安装在乙地的启动按钮和停止按钮。线路的特点是：两地的启动按钮 SB11、SB21 要并联接在一起，两地的停止按钮 SB12、SB22 要串联接在一起。这样就可以分别在甲、乙两地启动和停止同一台电动机，达到两地控制的目的。

同样，对三地或多地控制，只要把各地的启动按钮并接、停止按钮串接就可以实现。

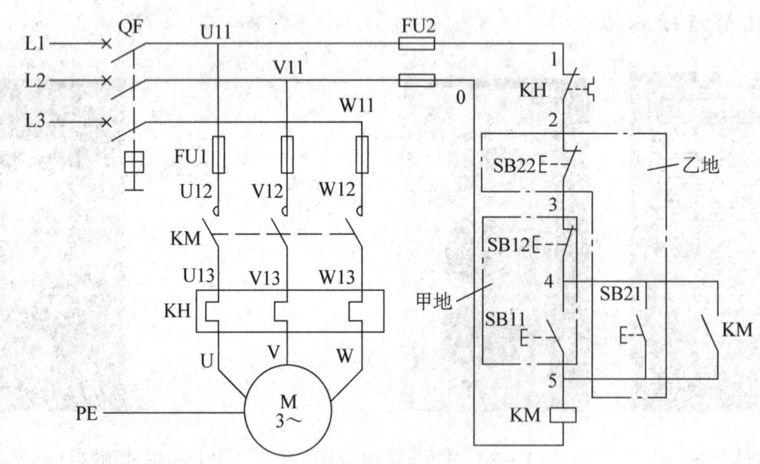

图 1—24 两地控制线路

2. 顺序控制线路

在装有多台电动机的生产机械上，各台电动机所起的作用是不同的，有时需按一定的顺序启动或停止，才能保证操作过程的合理和工作的安全可靠。例如，X62W 型万能铣床要求主轴电动机启动后，进给电动机才能启动；M7120 型平面磨床的冷却泵电动机要求当砂轮电动机启动后才能启动。像这种要求几台电动机的启动或停止必须按一定的先后顺序来完成的控制方式，称为顺序控制。在电力驱动控制系统中要实现顺序控制，可以从主电路和控制电路分别来实现。

（1）主电路顺序控制

主电路实现顺序控制的电路如图 1—25 所示。线路的特点是电动机 M2 的主电路接在接触器 KM（或 KM1）主触点的下面。在这两种顺序控制中，前者直接在主电路上实现顺序控制，适于短时工作等临时场所；后者则是利用控制电路来实现主电路的顺序控制，更加安全可靠，适于连续工作的场合。

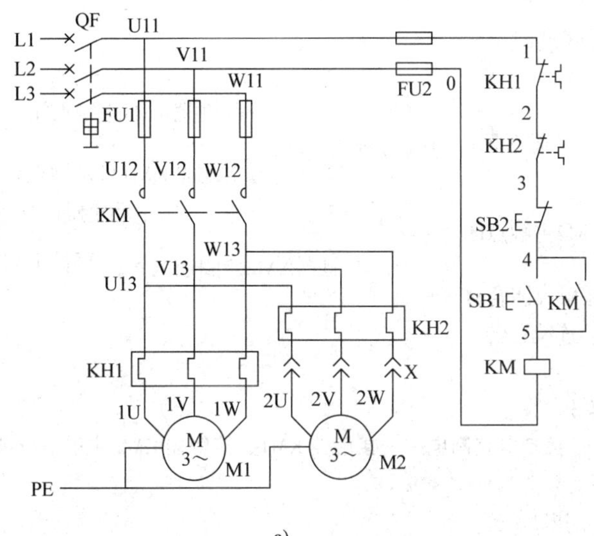

a)

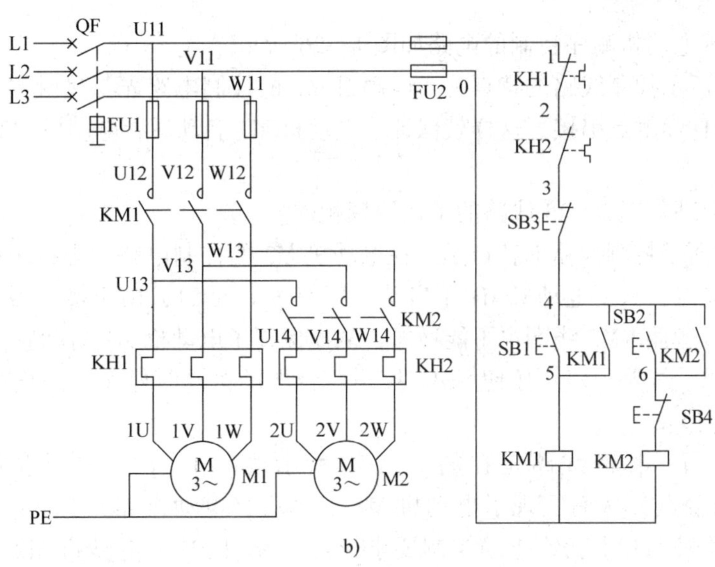

b)

图 1—25　主电路顺序控制线路

在如图 1—25a 所示控制线路中，电动机 M2 是通过接插器 X（类似于电源插头的电源连接器）接在接触器 KM 主触点的下面，当需要运行电动机 M2 时，可将接插器插上接通电路。因此，只有当接触器 KM 主触点闭合，电动机 M1 启动运转后，电动机 M2 才可能接通电源启动运转。M7120 型平面磨床的砂轮电动机和冷却泵电动机就采用这种顺序控制线路。

在如图 1—25b 所示控制线路中，电动机 M1 和 M2 分别通过接触器 KM1 和 KM2 来控制，接触器 KM2 的主触点接在接触器 KM1 主触点的下面，这样就保证了当 KM1 主触点闭合、电动机 M1 启动运转后，电动机 M2 才可能接通电源启动运转。

线路的工作原理如下：

先合上断路器 QF。

按先 M1 后 M2 顺序启动：

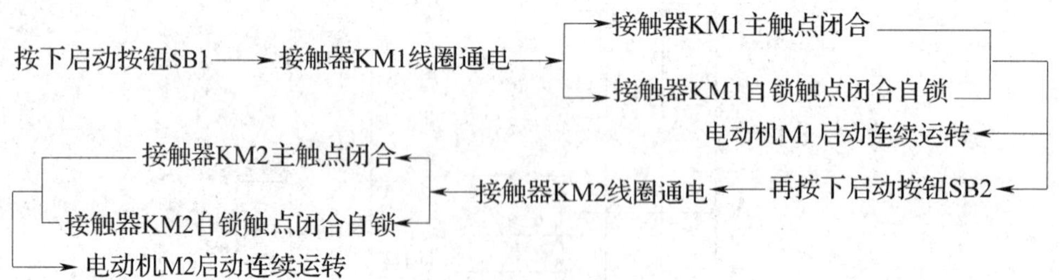

M1、M2 同时停转：

按下停止按钮 SB3 ⟶控制电路断电⟶接触器 KM1、接触器 KM2 主触点分断⟶电动机 M1、M2 同时停转

断开断路器 QF，切断电源。

（2）控制电路顺序控制

控制电路实现电动机顺序控制的电路如图 1—26 所示。

如图 1—26a 所示控制线路的特点是：电动机 M2 的控制电路先与接触器 KM1 的线圈并接后再与 KM1 的自锁触点串接，这样就保证了电动机 M1 启动后，电动机 M2 才能启动的顺序控制要求。

线路的工作原理与图 1—25 线路的工作原理相同。

如图 1—26b 所示控制线路的特点是：在电动机 M2 的控制电路中串接了接触器 KM1 的常开辅助触点。显然，只要电动机 M1 不启动，即使按下 SB21，由于接触器 KM1 的常开辅助触点未闭合，接触器 KM2 线圈也不能通电，从而保证了电动机 M1 启动后，电动机 M2 才能启动的控制要求。线路中停止按钮 SB12 控制两台电动机同时停止，停止按钮 SB22 控制电动机 M2 的单独停止。

如图 1—26c 所示控制线路是在图 1—26b 所示线路中 SB12 的两端并接了接触器 KM2 的常开辅助触点，从而实现了电动机 M1 启动后，电动机 M2 才能启动；而电动机 M2 停止后，电动机 M1 才能停止的控制要求，即电动机 M1、电动机 M2 顺序启动，逆序停止。

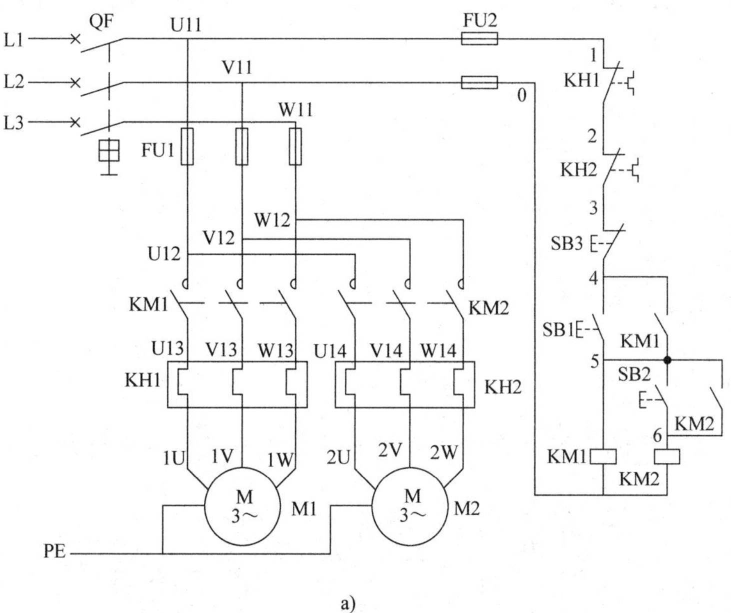

a）

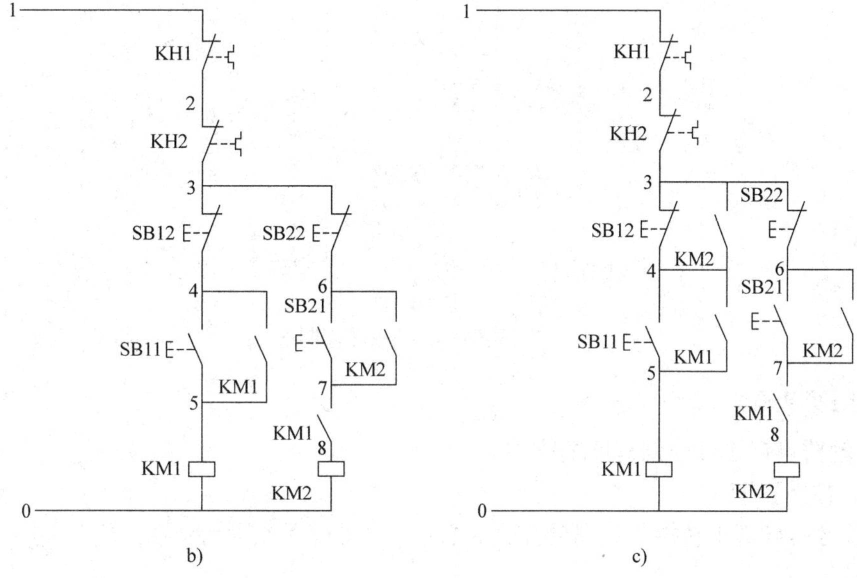

b）　　　c）

图 1—26　控制电路顺序控制线路

a）顺序启动同时停止顺序控制线路　b）顺序启动分别停止顺序控制线路

c）顺序启动逆序停止顺序控制线路

实训一　接触器自锁正转控制线路的安装与调试

学习目标

◎ 熟练使用各种常用电工工具

◎ 掌握接触器自锁正转控制线路的安装与调试

◎ 会绘制元件布置图及线路安装接线图

一、任务要求

独立完成图 1—27 所示的接触器自锁正转控制线路的安装，并能熟练地进行通电调试。

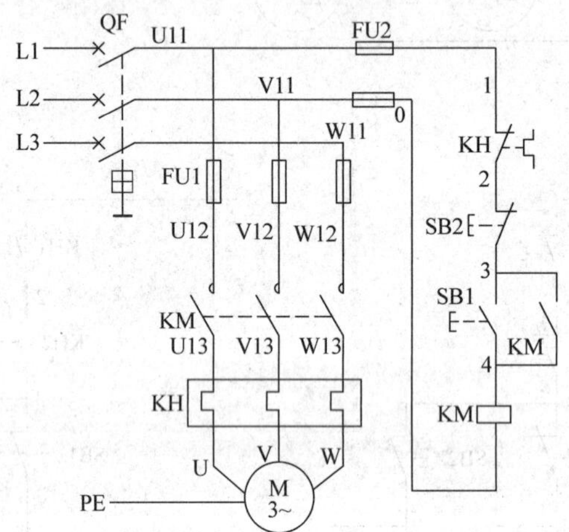

图 1—27　接触器自锁正转控制线路

二、任务实施

1. 接触器自锁正转控制线路的安装

（1）元件布置图

抄画接触器自锁正转控制线路的元件布置图，如图 1—28 所示。

（2）线路安装接线图

元件布置图经教师检查合格后，在控制板上安装电气元件。线路安装应遵循“由内到外、横平竖直”的原则。尽量做到：

1）布线的距离合理，导线成束，没有交叉重叠现象。布线的距离合适，靠近电气元件走线。

2）线路编号正确、齐全。

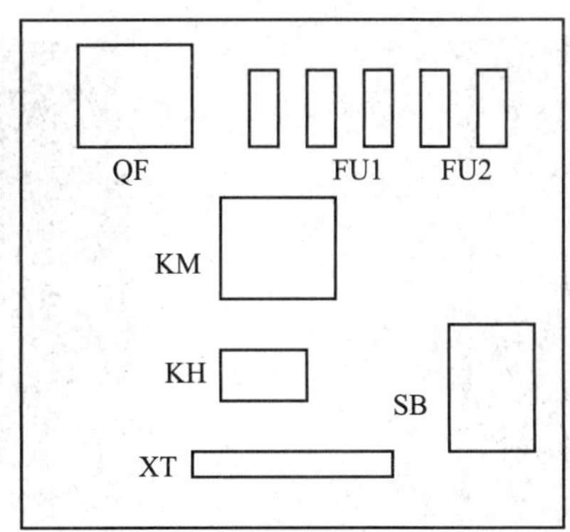

图 1—28　接触器自锁正转控制线路的元件布置图

3）接线可靠，与电气元件连接牢固不松动，不将导线绝缘接入触点。在连接螺钉时，导线顺时针接入，避免损伤线芯。

接触器自锁正转控制线路的安装接线图如图 1—29 所示。电气元件安装应牢固，并符合安装工艺要求。

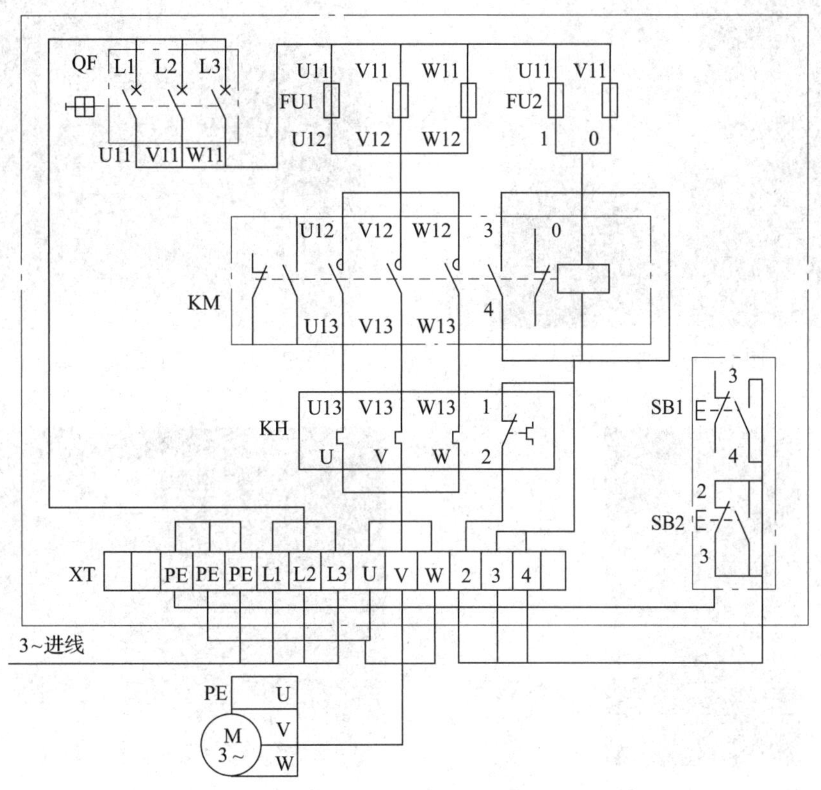

图 1—29　接触器自锁正转控制线路的安装接线图

（3）连线安装

1）按钮盒连线。按钮接线端子上同时有两根引出线，如图 1—30 所示，按钮盒连线完成效果如图 1—31 所示。

图 1—30　按钮盒接线

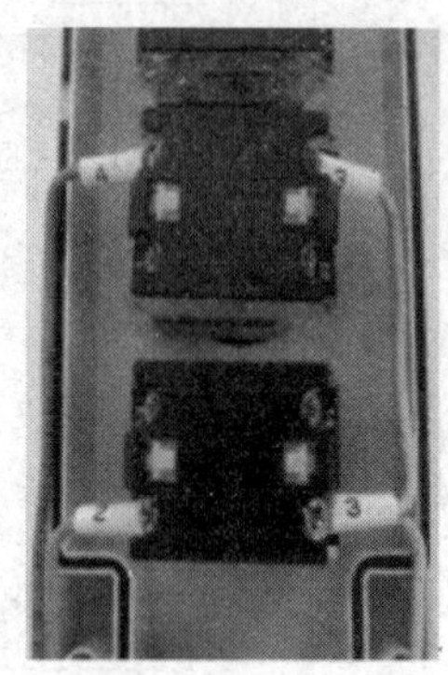

图 1—31　按钮盒连线完成效果

2）端子引出线的扎线方法。线扣绑扎如图 1—32 所示，线扣绑扎效果如图 1—33 所示。缠绕管绑扎如图 1—34 所示，缠绕管绑扎效果如图 1—35 所示。

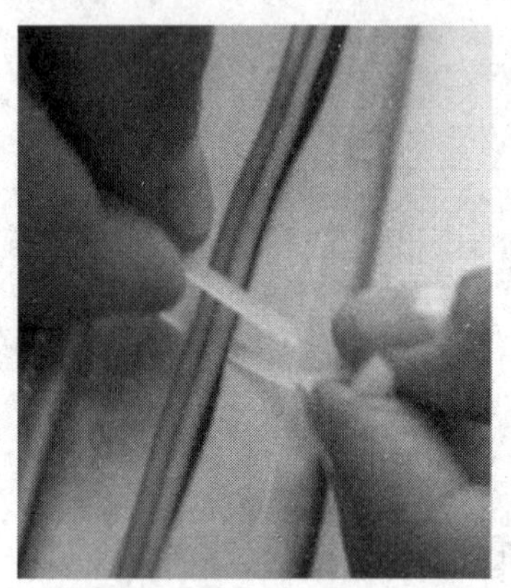

图 1—32　线扣绑扎

图 1—33　线扣绑扎效果

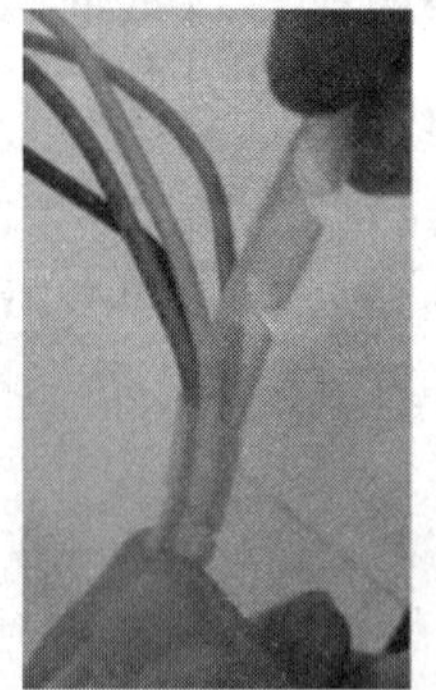

图 1—34　缠绕管绑扎

图 1—35　缠绕管绑扎效果

2. 接触器自锁正转控制线路的调试

（1）自检

控制线路板安装完毕后，必须对照线路原理图进行认真检查后，才允许进行通电试验，以防止错接、漏接造成电路不能正常工作。如果查出电气设备有不安全的因素存在，应立即整改，然后重新通电调试。

1）检查时，应选用倍率适当的电阻挡。测量电阻时，观察指针是否停在中线附近，若停在中线附近则证明所选倍率适当；若指针离中线较远则需重新选择倍率适当的电阻挡。在检测接触器自锁正转控制线路安装板时，一般将量程和功能转换开关打到 $R\times100$ 或 $R\times1$ k 电阻挡进行测量，如图 1—36 所示。在测量之前将红黑表笔短接，看指针是否指在零刻度位置上，如果没有指在零刻度位置，调节调零旋钮使指针指在零刻度位置上并进行校零，如图 1—37 所示。

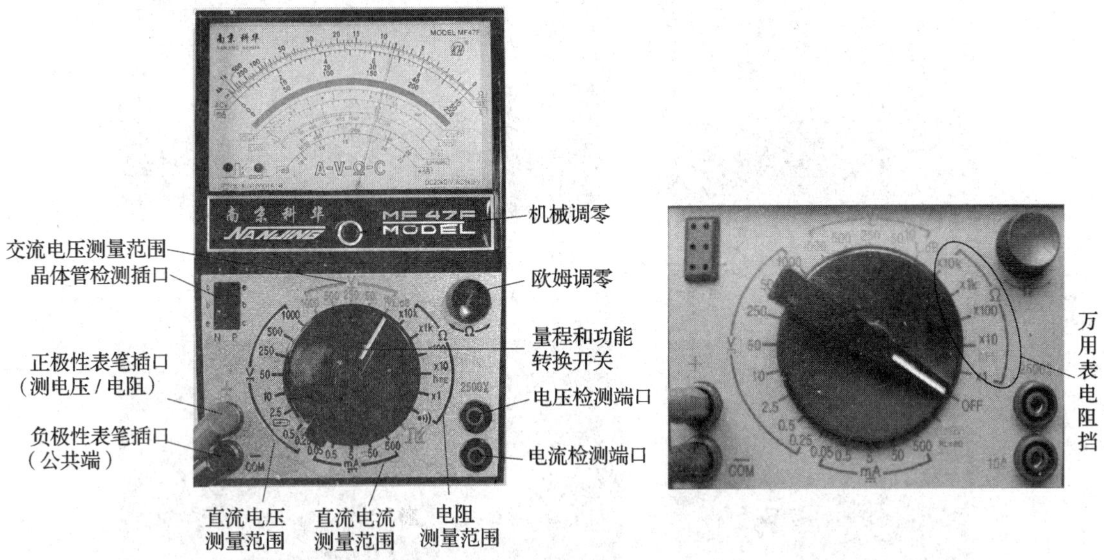

图 1—36　万用表面板及电阻挡

图 1—37　万用表校零

2）首先检测有无短路。检查控制电路（可断开主电路）时，可将表笔分别搭在 U11、N 线端上，读数为“∞”时则说明控制电路没有短路，如图 1—38 所示。按下启动按钮时，若电路正常工作，读数应为接触器线圈的冷态直流电阻值（200 ~ 250 Ω），如图 1—39 所示。然后，断开控制电路再检查主电路有无开路和短路现象。此时，可手动闭合接触器触点，模拟接触器通电进行检查，如图 1—40 所示。用同样的方法模拟热继电器保护动作，测量电阻值为“∞”，如图 1—41 所示。

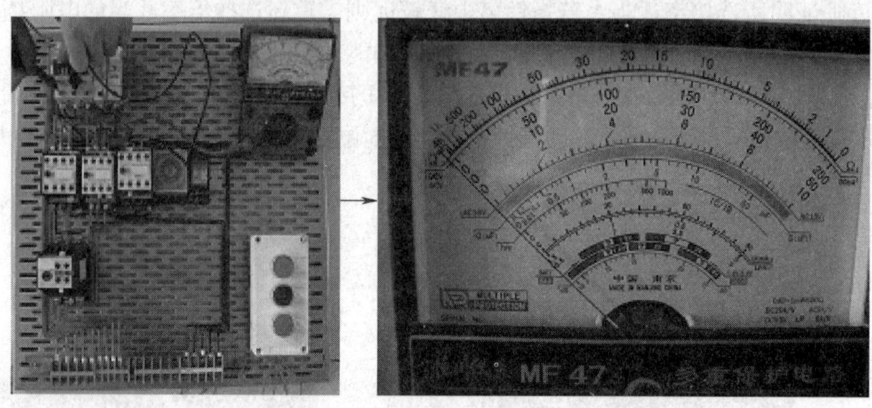

图 1—38　用万用表检查控制电路

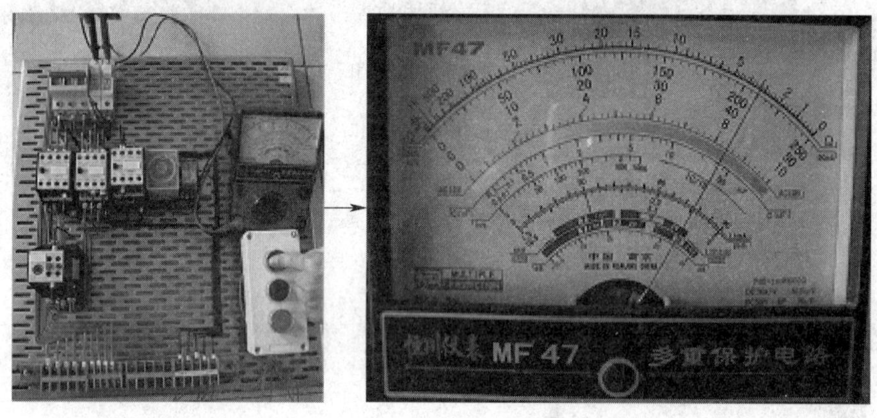

图 1—39　按下启动按钮

强行闭合交流接触器的触点，模拟接触器通电状态

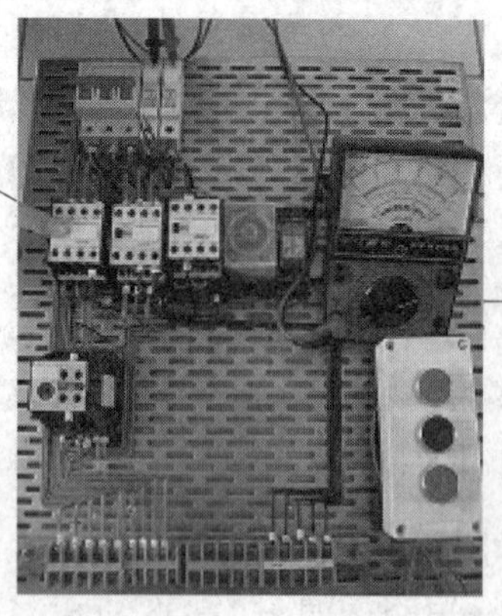

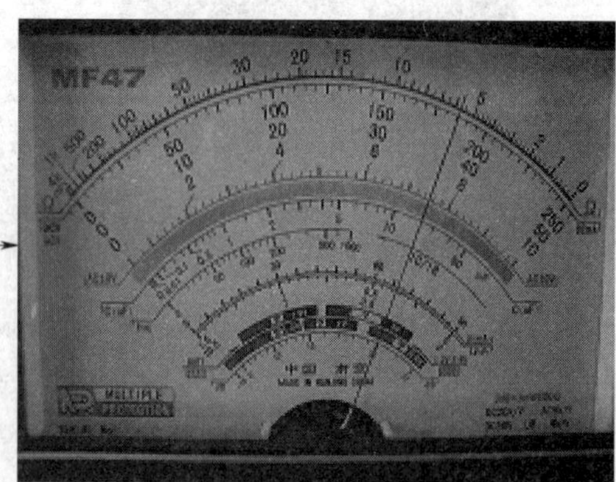

图 1—40　手动模拟接触器通电

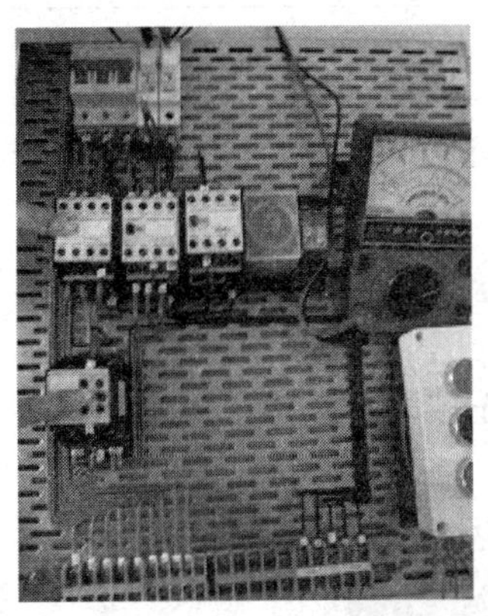

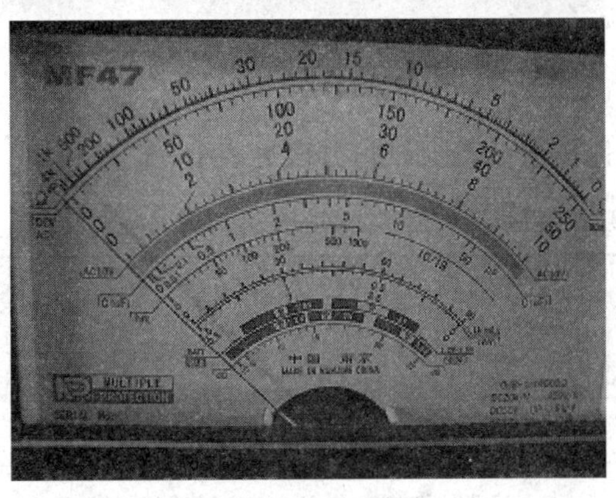

图 1—41　模拟热继电器保护动作

3）测量线路在不同模拟工作状态下的阻值，将测量结果记录在断电检测调试表中，见表 1—4。

表 1—4　　**断电检测调试表**

测量参数	状态	测量值
电阻值	控制电源端（未按下启动按钮 SB1）	
	按下启动按钮 SB1	
	强制接触器 KM 动作	
	热继电器测试	

（2）通电调试

1）通电操作前，必须征得教师同意，并由教师接通控制电源，同时在现场监护。学生合上电源开关后，用万用表检测熔断器出线端，有电压则说明电源接通。

2）按下启动按钮，观察接触器情况是否正常，是否符合线路功能要求。观察电气元件动作是否灵活，有无卡阻及噪声过大等现象。

3）观察电动机运行是否正常。用万用表检查电动机接线端子线电压是否正常。

4）若有异常现象，应马上切断电源。

〔提示〕

1. 调试现场始终要有教师监护。为保证人身安全，在通电试运行时，要认真执行安全操作规程的有关规定，一人监护，一人操作。

2. 工作人员应穿长袖衣服，扣紧袖口，穿绝缘鞋或站在干燥的绝缘垫上，并戴绝缘手套和安全帽，严禁穿背心和短裤进行带电工作。

3. 应使用合格的有绝缘手柄的钳子、螺钉旋具、活扳手等工具，严禁使用剪刀或金属尺。

4. 应将可能接近的导电部分及接地物体等用绝缘物隔开，防止相间短路或接地短路。

三、任务评价

接触器自锁正转控制线路的安装与调试评分表见表1—5。

表1—5　　接触器自锁正转控制线路的安装与调试评分表

开始时间			结束时间		实际操作时间	
项目	考核内容	配分	评分标准	扣分	得分	备注
元件安装及标签（5分）	安装规范	3	安装不紧固、不规范，每处扣0.5分			
	元器件贴标签	2	元器件标签不齐全、标注不清晰、错标，每处扣0.5分			
布线工艺及规范（45分）	线路布局	20	布线不合理、不美观、交叉、架空、走线未达到工艺要求，每处扣2分			
	导线选择	3	主回路相序色标选择不正确，其他回路导线选择不正确，每处扣0.5分			
	按钮引出线	2	按钮引出线未用缠绕管缠绕、绑扎固定不合理，每处扣0.5分			
	按钮盒接线	2	按钮盒内接线不整齐，每处扣0.5分			
	冷压端子	3	冷压端子处理不规范，每处扣0.5分			
	接线规范	10	接线不牢固、压皮、损伤绝缘和线芯、露铜，端子入线方向错误，每处扣1分			
	号码管规范	5	未套号码管、号码管长短不一致、错标、漏标、标注方向不一致，每处扣0.5分			
通电调试（40分）	线路通电调试	40	第一次调试不合格扣20分，第二次调试不合格扣40分			

续表

项目	考核内容	配分	评分标准	扣分	得分	备注
职业素养（10分）	工具携带与摆放	5	操作过程中，未按规定携带与摆放工具，每次扣1分			
	工位的保洁	5	操作过程中与结束后工位不整洁，每次扣1分；垃圾未进整理箱，每次扣1分			
安全文明	安全操作	/	操作过程中发生人身与设备安全事故，倒扣20分			
考核时间	180 min	/	每超时1 min倒扣1分，最长不应超时15 min			
总分						

§1—3　电动机双向运行控制

学习目标

◎ 掌握电动机实现从正转到反转的控制原理

◎ 掌握接触器联锁和按钮接触器双重联锁正反转控制线路的控制原理

◎ 掌握行程开关的作用并能绘制其图形符号

在生产加工过程中，常常需要电动机改变旋转方向，即进行正反转运行，如建筑行业常用的井字架的升降；机床工作台的往返运动；万能铣床主轴的正反转；吊车吊钩的上升和下降运动等，如图1—42所示。

图1—42　吊车吊钩的运动

一、改变电动机转向的方法

由三相交流异步电动机的工作原理可知，电动机的转向由旋转磁场的旋转方向决定，如图 1—43 所示。因此，接入电动机三相绕组的电流相序决定了电动机的转向，只要调换电动机任意两相绕组所接的电源线（相序），旋转磁场即反向转动，电动机也随之反转。

二、接触器联锁正反转控制线路

电动机的正反转控制线路实质上由控制电动机正转和反转的两个单向运转控制电路组成，采用两个接触器来进行控制。

如图 1—44 所示线路是接触器联锁正反转控制线路。

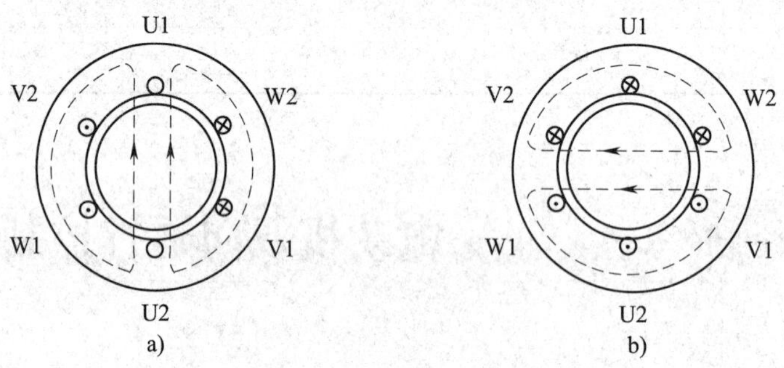

图 1—43　通过改变电动机的旋转磁场来改变电动机转向

a）顺时针旋转　b）逆时针旋转

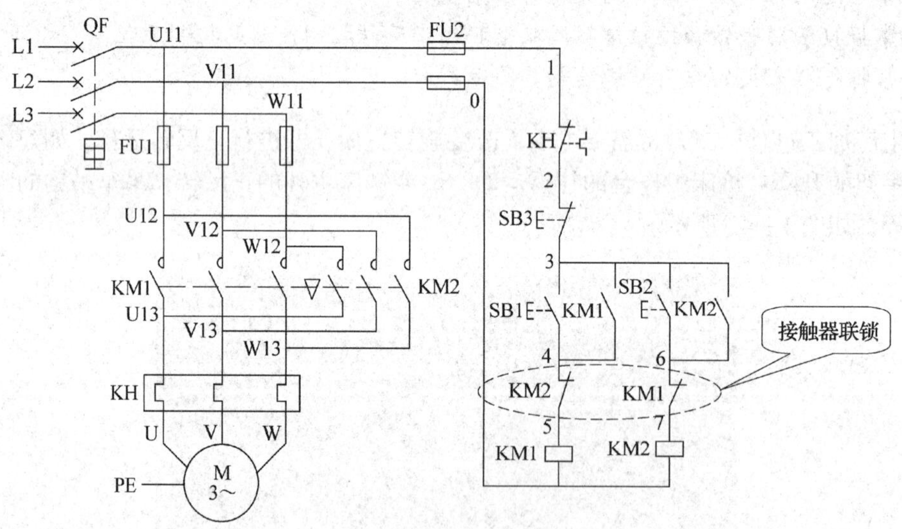

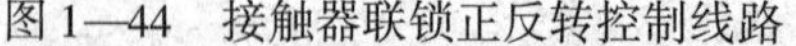

图 1—44　接触器联锁正反转控制线路

在图 1—44 所示电路中，电动机主回路由接触器 KM1 和 KM2 主触点控制。当 KM1 主触点闭合时，电动机正转；当 KM2 主触点闭合时，电源线 L1 与 L3 对调后通入电动机定子绕组，即改变了通入定子绕组的电源相序，电动机将反转。KM2 主触点的接线方式为：中间相不变，两边相对调。懂得这个要领，电动机正反转控制线路的安装、维修都较易掌握。

由按钮和接触器线圈组成的控制回路，与前面分析过的电动机单向运转控制线路大体相同。不同之处是：把控制正转的接触器 KM1 的常闭辅助触点串接在控制反转的接触器 KM2 线圈回路中，而把控制反转的接触器 KM2 的常闭辅助触点串接在控制正转的接触器 KM1 线圈回路中，如图 1—44 所示。当一个接触器通电动作时，其常闭辅助触点断开，使另一个接触器线圈不能通电动作，接触器间这种相互制约的作用，称为“接触器联锁（或互锁）”。实现联锁（或互锁）作用的常闭辅助触点称为“联锁触点（或互锁触点）”。

采用接触器联锁的目的是避免因误操作引起两个接触器同时吸合而造成电源相间短路故障，在这两个单向运转电路中加设联锁触点，以确保两个接触器不会同时吸合。

线路工作原理分析如下（合上断路器 QF）：

正转控制：

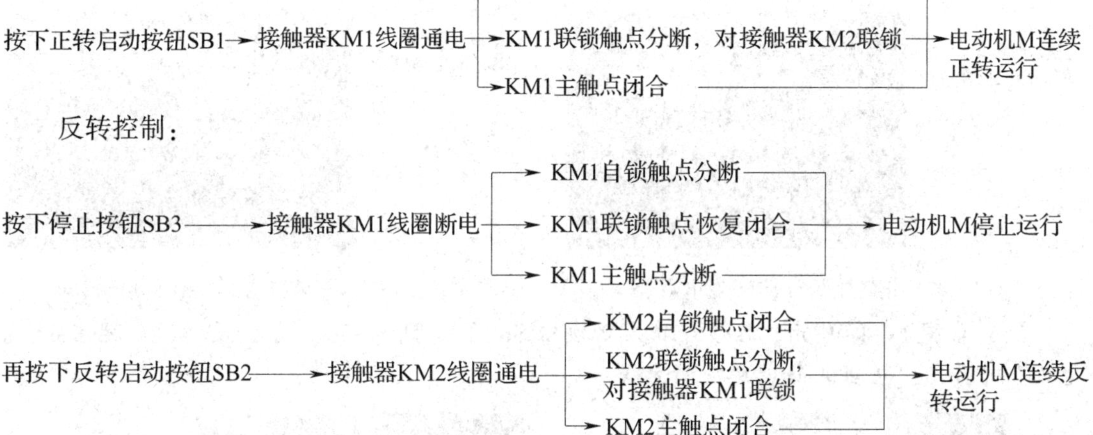

反转控制：

停止：

按下停止按钮SB3 → 控制电路断电 → 接触器KM1(或KM2)主触点分断 → 电动机M停止运行

断开断路器 QF，切断电源。

上述控制线路有一个缺点，即电动机要进行正反转切换时，必须先按停止按钮后才能反向启动，操作不方便，但在此电路的基础上增加按钮联锁功能就可以解决这一问题。

课堂活动

接触器联锁正反转控制线路的通电操作

如图 1—45 所示的是已经完成接线的接触器联锁正反转控制线路板。通过观察教师演示或实际操作练习，进一步熟悉接触器联锁正反转控制线路的实际运行过程。

接触器联锁正反转控制线路通电操作步骤如下：

（1）接通电源，合上断路器 QF。

（2）如图 1—46 所示，按下正转启动按钮 SB1。如图 1—47 所示，正转接触器 KM1 通电吸合并自锁，电动机 M 连续正转。

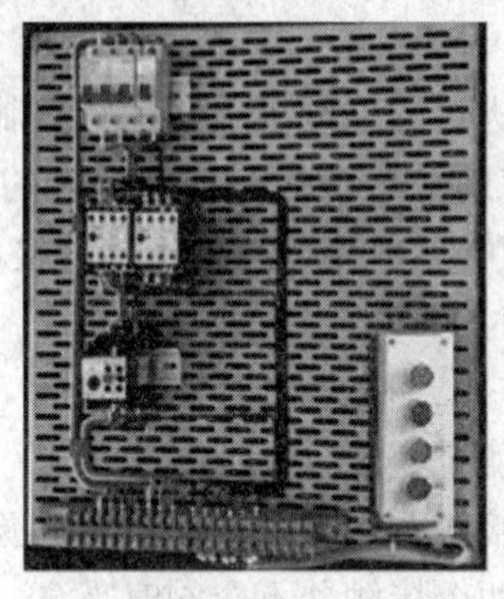

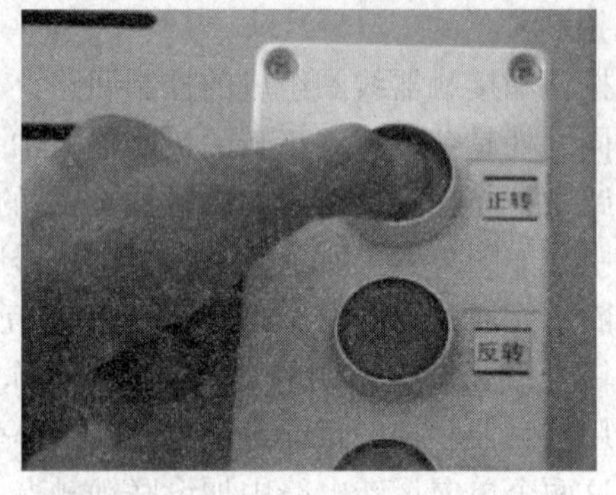

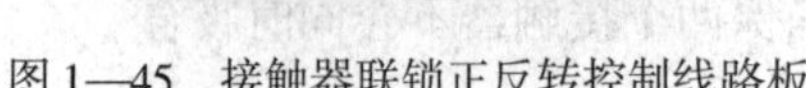

图 1—45　接触器联锁正反转控制线路板　　　图 1—46　按下正转启动按钮 SB1

（3）按下停止按钮 SB3，正转接触器 KM1 断电释放，如图 1—48 所示，电动机 M 断电停止正转。

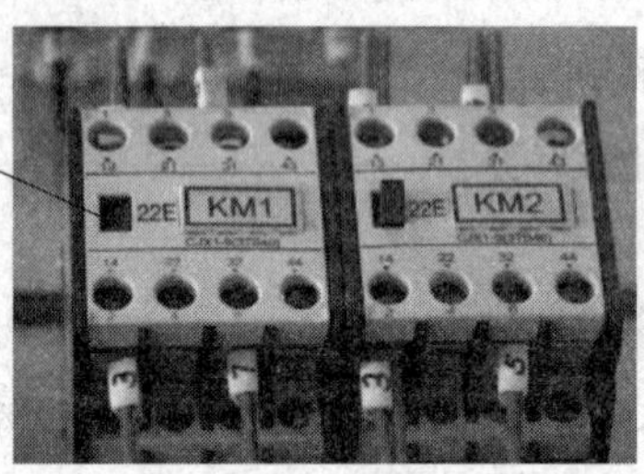

图 1—47　正转接触器 KM1 通电吸合

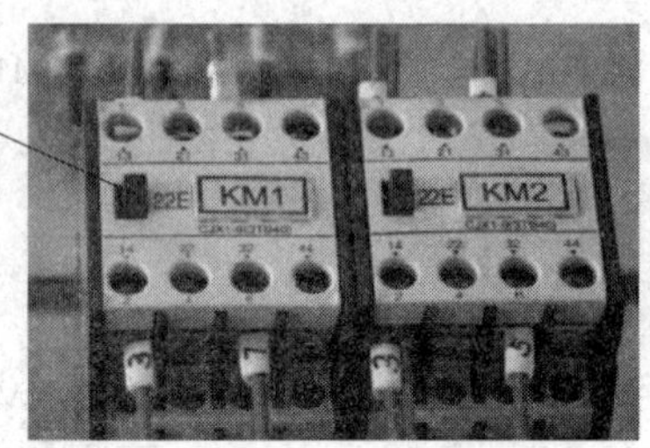

图 1—48　正转接触器 KM1 断电释放

（4）如图 1—49 所示，按下反转启动按钮 SB2。如图 1—50 所示，反转接触器 KM2 通电吸合并自锁，电动机 M 连续反向运转。

图 1—49　按下反转启动按钮 SB2

图 1—50　反转接触器 KM2 通电吸合

（5）按下停止按钮 SB3，反转接触器 KM2 断电释放，电动机 M 断电，停止反转。

（6）断开断路器 QF，切断电源。

〔提示〕

由于控制回路中接触器 KM1 和 KM2 的常闭触点起相互制约的作用，使两个接触器在运行中不可能同时通电动作，电动机要进行正、反转切换时，必须按下停止按钮后才能反向启动。

三、按钮、接触器双重联锁正反转控制线路

在接触器联锁正反转控制线路中，电动机从正转变为反转时，必须按下停止按钮后，才能按反转启动按钮，否则由于接触器的联锁作用，不能实现反转。为克服此线路的不足，可采用按钮联锁或按钮、接触器双重联锁正反转控制线路。

1. 按钮联锁正反转控制线路

为克服接触器联锁正反转控制线路操作不便的缺点，把正转启动按钮 SB1 和反转启动按钮 SB2 换成两个复合按钮，并用两个复合按钮的常闭触点代替接触器的联锁触点，这样就构成了按钮联锁正反转控制线路，如图 1—51 所示。

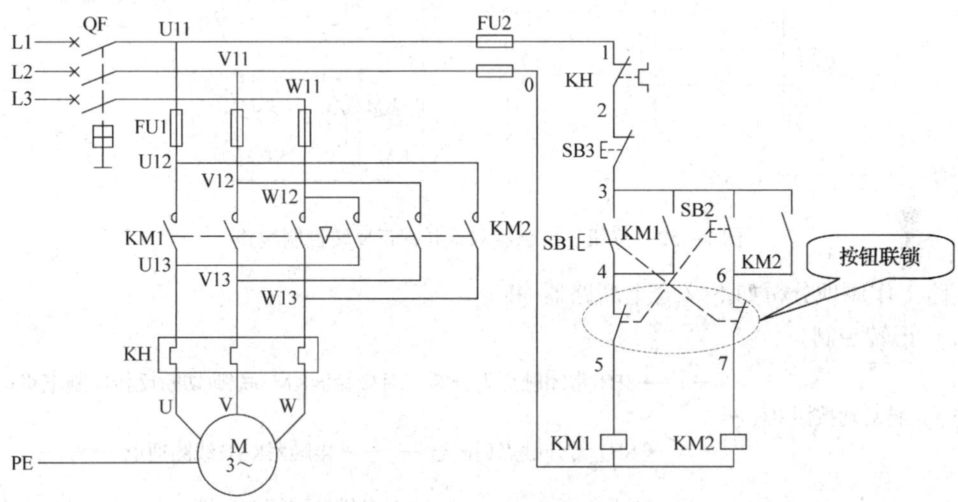

图 1—51　按钮联锁正反转控制线路

按钮联锁正反转控制线路的工作原理与接触器联锁正反转控制线路的工作原理基本相同。只是当电动机从正转改变为反转时，只要直接按下反转启动按钮 SB2 即可实现，不必先按停止按钮 SB3 再按反转启动按钮 SB2。因为当按下反转启动按钮 SB2 时，串接在正转控制线路中反转启动按钮 SB2 的常闭触点先分断，使正转接触器 KM1 线圈断电，正转接触器 KM1 的主触点和自锁触点分断，电动机 M 断电，惯性运转。反转启动按钮 SB2 的常闭触点分断后，其常开触点随后闭合，接通反转控制线路，电动机 M 变为反转。这样既保证了接触器 KM1 和 KM2 的线圈不会同时通电，又可不按停止按钮而直接按下反转按钮实现反转。同样，若是电动机从反转变为正转时，也只需直接按下正转启动按钮 SB1 即可。

这种线路的优点是操作方便，缺点是容易产生电源两相短路故障。例如，当正转接触器 KM1 发生主触点熔焊或被杂物卡住等故障时，即使正转接触器 KM1 线圈断电，主触点也分断不开，这时若直接按下反转启动按钮 SB2，反转接触器 KM2 通电动作，主触点闭合，必然造成电源两相短路故障。所以采用此线路工作有一定的安全隐患。在实际工作中，经常采用按钮、接触器双重联锁的正反转控制线路。

2. 按钮、接触器双重联锁的正反转控制线路

为克服接触器联锁正反转控制线路和按钮联锁正反转控制线路的不足，在按钮联锁控制线路的基础上，又增加了接触器联锁，构成按钮、接触器双重联锁正反转控制线

路，如图 1—52 所示。该线路兼有两种联锁控制线路的优点，操作方便，且工作安全可靠。

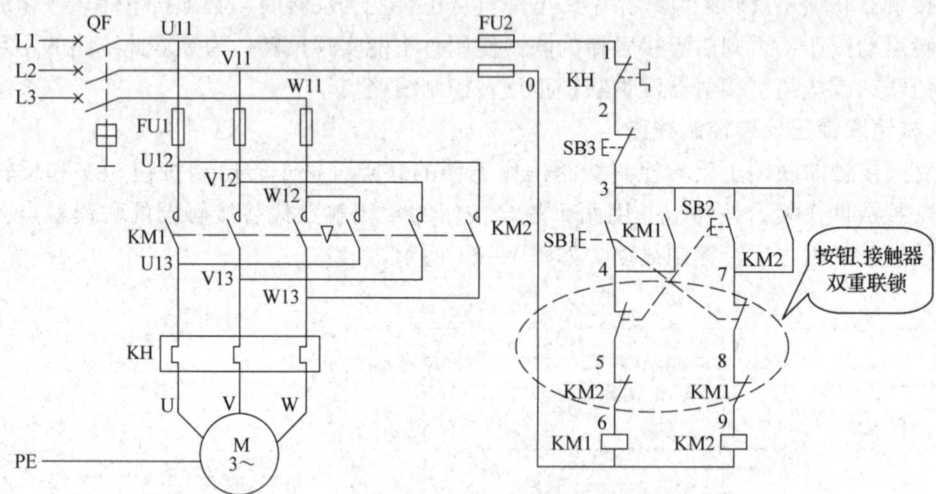

图 1—52　按钮、接触器双重联锁正反转控制线路

线路工作原理分析如下（合上断路器 QF）：

（1）正转控制

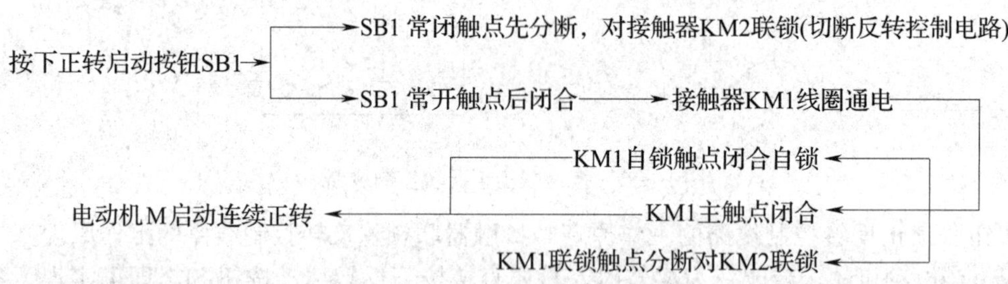

（2）反转控制

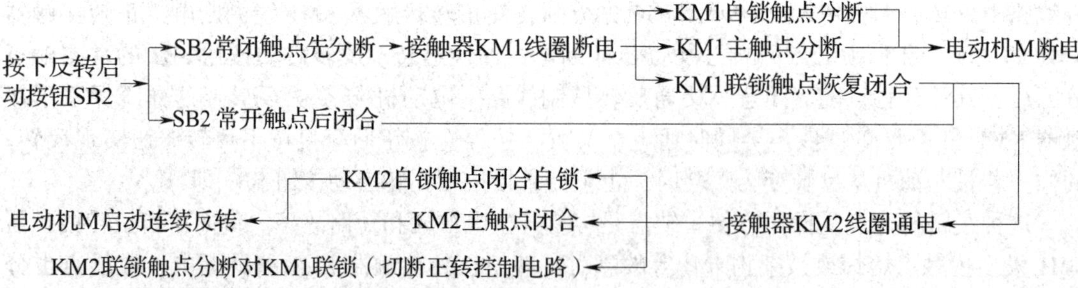

若要停止，按下停止按钮 SB3，整个控制电路断电，主触点分断，电动机 M 断电停转。断开断路器 QF，切断电源。

四、工作台自动往返运动控制线路

1. 行程开关

在生产过程中，常遇到一些生产机械运动部件的行程或位置控制，或者需要其运动部件在一定范围内自动往返循环运动等。如行车在两端安装部件，使小车运行到终点时自动切断电路停止运行的位置控制；万能铣床在加工工件时铣刀的自动往返运动控制。行程开关是该类控制线路的主要电气元件之一。

行程开关（又称位置开关或限位开关）是一种将机械信号转换为电气信号，以控制运动部件位置或行程的自动控制电器。它的作用与按钮相同，区别在于它不是靠手动操作，而是利用生产机械运动部件上的挡铁与位置开关碰撞来接通或断开电路，以实现对生产机械运动部件的位置或行程的自动控制。

如图 1—53 所示是工厂车间里的行车及其运动示意图，在行车运行线路的两头终点处各安装一个行程开关 SQ1 和 SQ2，它们的常闭触点分别串接在正转控制电路和反转控制电路中。当安装在行车前后的挡铁 1 和挡铁 2 撞击行程开关的滚轮时，行程开关动作，切断控制电路，使行车自动停止运行。

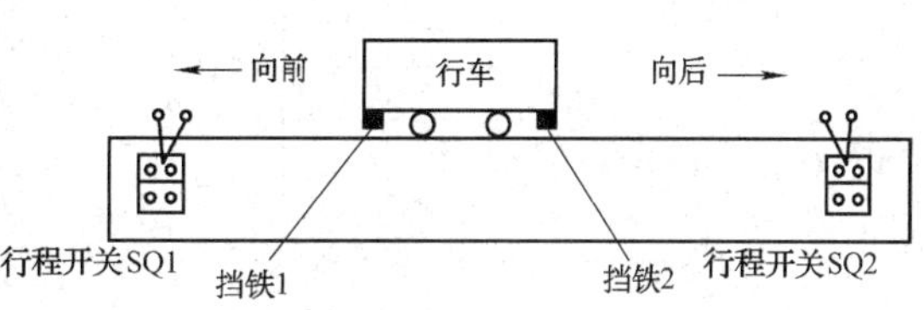

图 1—53　行车实物图及运动示意图

行程开关根据操作头的不同分为单轮旋转式（能自动复位）、直动式（又称为按钮式，能自动复位）和双滚轮式（不能自动复位，需机械部件返回时再碰撞一次才能复位）。以单轮旋转式为例，当运动机械的撞铁压到行程开关的滚轮时，杠杆连同转轴一起转动，使凸轮推动撞块。当撞块被压到一定位置时，推动微动开关快速动作，使其常闭触点断开、常开触点闭合；撞铁移开滚轮后，复位弹簧就使行程开关各部分复位。

目前常用的行程开关有 LX19 和 JLXK1 系列，如图 1—54 所示。不同系列的行程开关的基本结构大致相同。根据动作的传动装置不同，行程开关可分为按钮式和旋转式。

a)

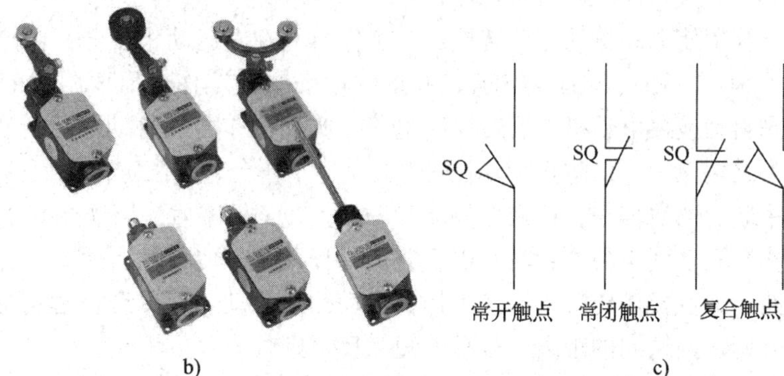

b)　c)

图 1—54　行程开关与图形符号

a）LX19 系列　b）JLXK1 系列　c）图形符号

2. 工作台自动往返运动控制线路

位置控制线路可以控制行车或工作台的行程和位置，而有些生产机械要求工作台在一定的行程内能自动往返运动，以便实现对工件的连续加工，提高生产效率。这就要求电气控制线路能对电动机实现自动转换正反转控制。由行程开关控制的工作台往返运动控制线路如图 1—55 所示。如图 1—56 所示为工作台自动往返运动的示意图。

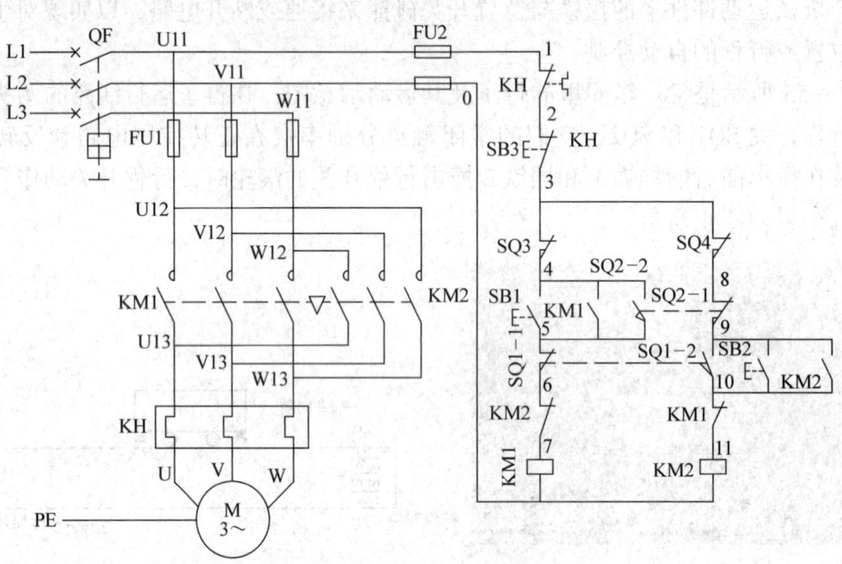

图 1—55　工作台自动往返运动控制线路

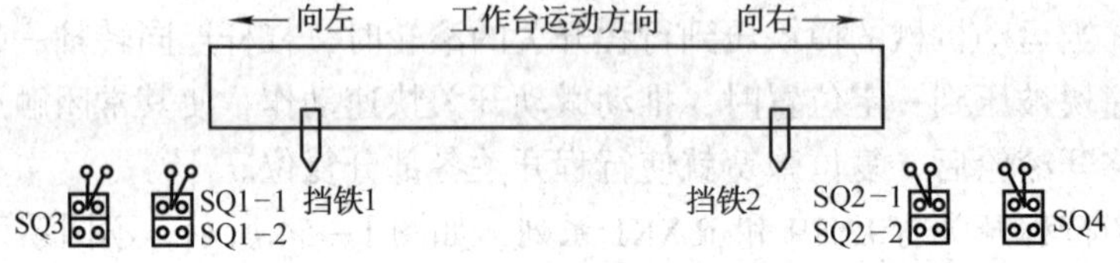

图 1—56　工作台自动往返运动的示意图

为了使电动机的正反转控制与工作台的左右运动相结合，在控制线路中设置了四个行程开关 SQ1、SQ2、SQ3 和 SQ4，并把它们安装在工作台需要限位的地方。其中 SQ1、SQ2 被用来自动换接电动机正反转控制电路，实现工作台的自动往返行程控制；SQ3、SQ4 被用来作为终端保护，以防止 SQ1、SQ2 失灵，工作台越过限定位置而造成事故。在工作台的 T 形槽中装有两块挡铁，挡铁 1 只能和 SQ1、SQ3 相碰撞，挡铁 2 只能和 SQ2、SQ4 相碰撞。当工作台运动到极限位置时，挡铁碰撞行程开关，使其触点动作，自动换接电动机正反转控制电路，通过机械传动机构使工作台自动往返运动。工作台行程可通过移动挡铁位置来调节，拉开两块挡铁间的距离，行程就短，反之则长。

线路工作原理分析如下（合上断路器 QF）：

启动：

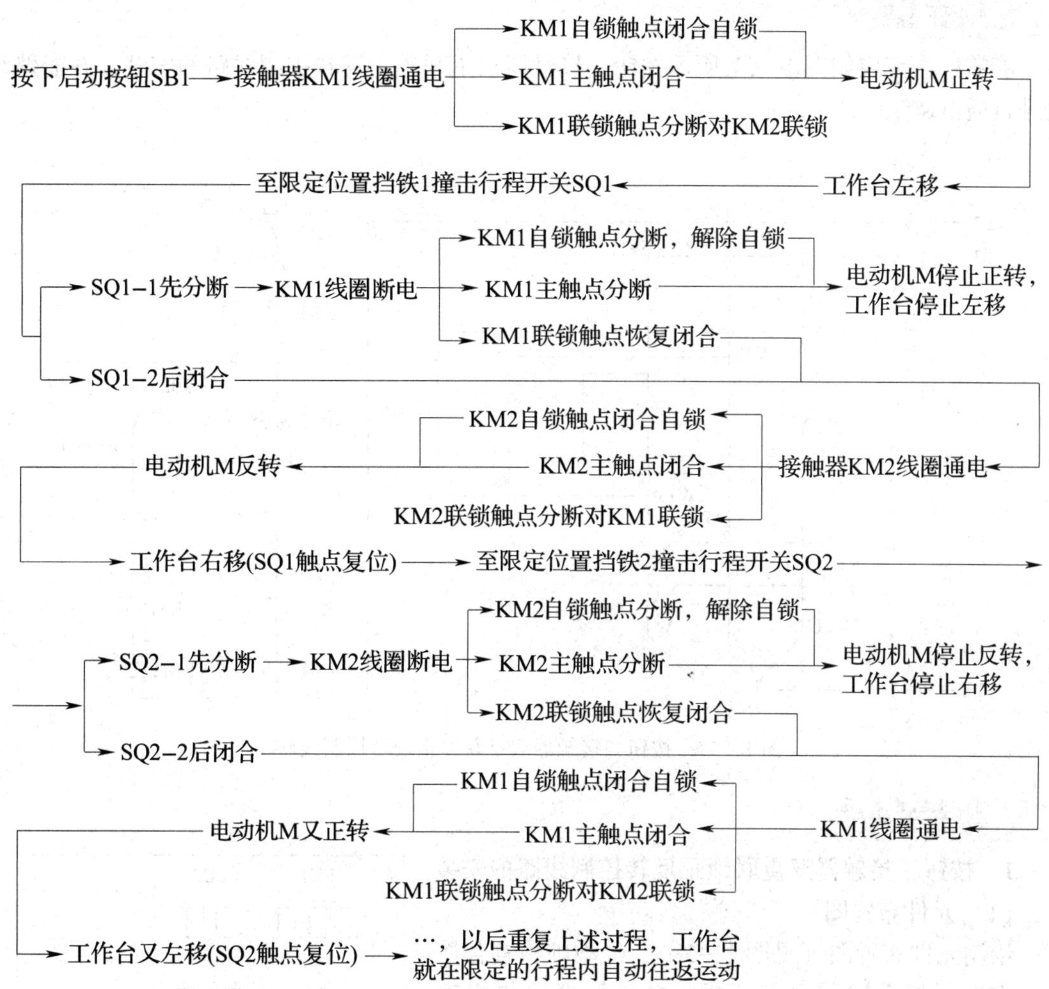

停止：

按下停止按钮 SB3 ⟶整个控制电路断电⟶KM1（或 KM2）主触点分断⟶电动机 M 断电停转

断开断路器 QF，切断电源。

实训二 按钮、接触器双重联锁正反转控制线路的安装与调试

学习目标

◎ 熟练使用各种常用电工工具

◎ 掌握按钮、接触器双重联锁正反转控制线路的安装与调试

◎ 能够准确绘制线路安装接线图

一、任务要求

能够独立完成如图 1—57 所示按钮、接触器双重联锁正反转控制线路的安装，并能熟练地进行通电调试。

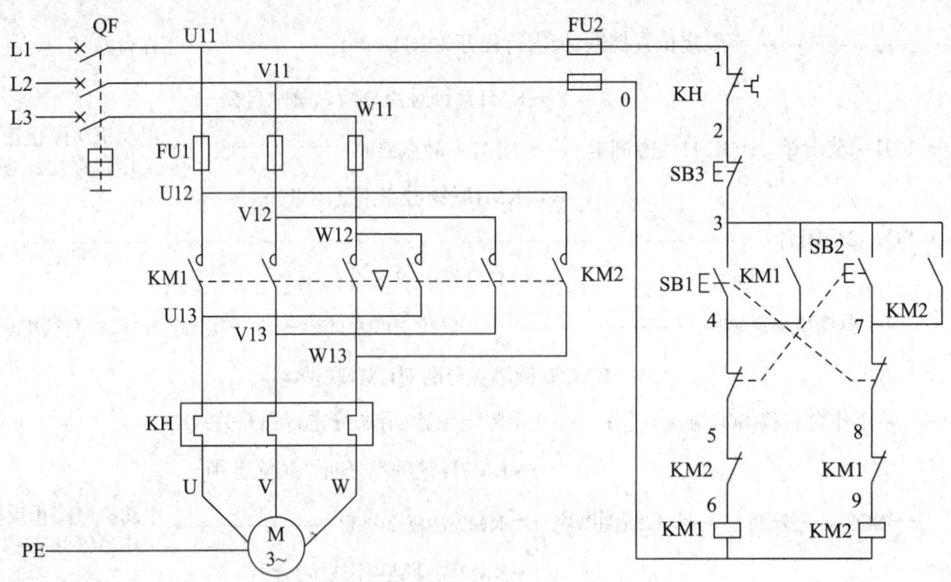

图 1—57　按钮、接触器双重联锁正反转控制线路

二、任务实施

1. 按钮、接触器双重联锁正反转控制线路的安装

（1）元件布置图

绘制元件布置图（见图 1—58），经教师检查合格后，在控制板上安装电气元件。电气元件安装应牢固，并符合安装工艺要求。

（2）线路安装接线图

在绘制线路安装接线图（见图 1—59）过程中，可将主电路与控制电路分开绘制，一边绘制一边检查，待绘制准确后，开始线路安装。线路安装应遵循由内到外、横平竖直的原则；尽量做到合理布线、就近走线；编码正确、齐全；接线可靠，不松动、不压皮、不反圈、不损伤线芯。

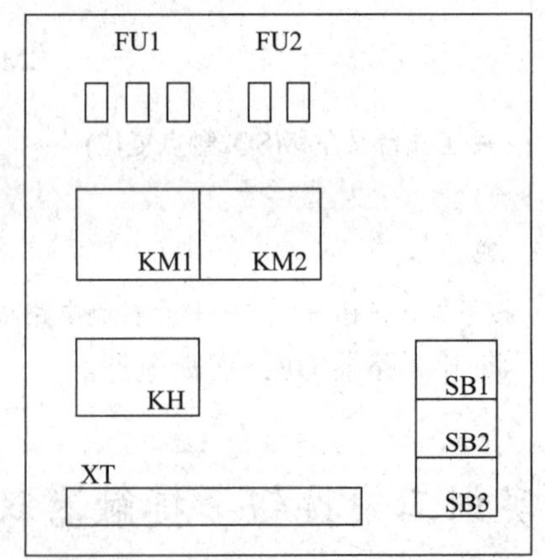

图 1—58　按钮、接触器双重联锁正反转控制线路元件布置图

2. 按钮、接触器双重联锁正反转控制线路的调试

（1）自检

安装完毕的控制线路板必须认真检查以后才允许通电试运行，以防止错接、漏接，造成电路不能正常工作。

1）首先检测有无短路。在检测前必须切断电源，检查时，应选用倍率适当的电阻挡，

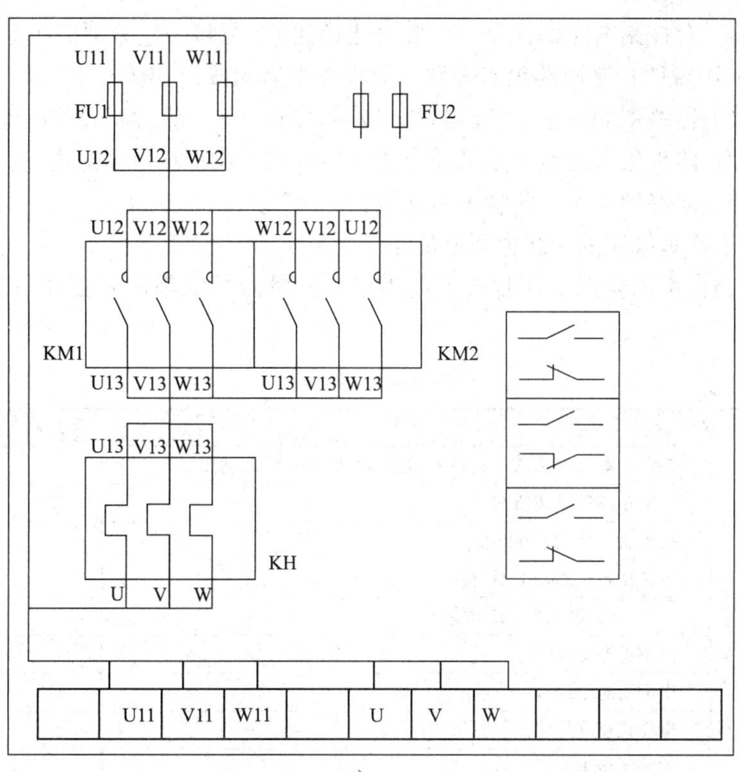

a)

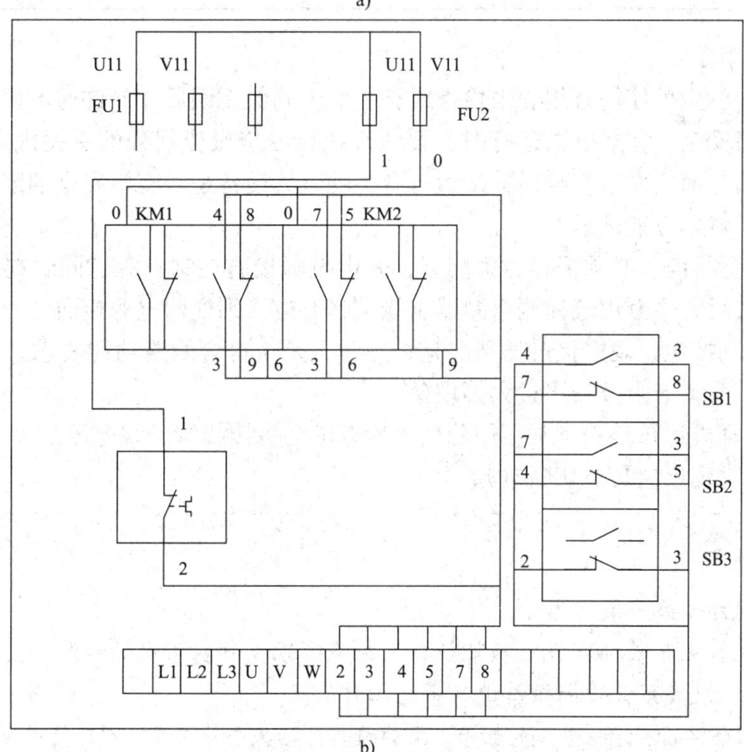

b)

图 1—59　按钮、接触器双重联锁正反转控制线路安装接线图

a）主电路接线图　b）控制电路接线图

并进行欧姆校零。对控制电路的检查（可断开主电路），可将表笔分别搭在 U11、N 线端上，读数为“∞”时则说明控制电路没有短路。分别按下启动按钮 SB1、SB2 时，若电路正常工作，读数应为接触器线圈的冷态直流电阻值（200 ~ 250 Ω）。然后断开控制电路，再检查主电路有无开路和短路现象，此时可手动闭合接触器触点，模拟接触器通电进行检查。用同样的方法模拟热继电器保护动作，测量电阻值应为“∞”。

2）用兆欧表检查线路的绝缘电阻不应小于 1 MΩ。

3）测量线路在不同模拟工作状态下的阻值，并将测量结果记录在断电检测调试表中，见表 1—6。

表 1—6　　断电检测调试表

测量参数	状态	测量值
电阻值	控制电源端（未按下正转启动按钮 SB1 或反转启动按钮 SB2）	
	按下正转启动按钮 SB1	
	按下反转启动按钮 SB2	
	强制正转接触器 KM1 动作	
	强制反转接触器 KM2 动作	
	热继电器测试	
绝缘电阻值	电动机对地绝缘	
	电动机相间绝缘	
	线路绝缘电阻	

（2）通电调试

在该过程中学生可使用万用表来检查线路，要求确保无误后才允许通电调试。

为保证人身安全，在通电试运行时，要认真执行安全操作规程的有关规定，一人监护，一人操作。试运行前应先检查与通电试运行有关的电气设备是否有不安全的因素存在，若查出应立即整改，然后方能试运行。

1）通电试运行前，必须征得教师同意，并由教师接通控制电源，同时在现场监护。学生合上电源开关后，用万用表检测熔断器出线端，有电压则说明电源接通。

2）按下启动按钮，观察接触器情况是否正常，是否符合线路功能要求。观察电气元件动作是否灵活，有无卡阻及噪声过大等现象。

3）观察电动机运行是否正常。用万用表检查电动机接线端子线电压是否正常。

4）若有异常现象应马上切断电源。

〔提示〕

1. 调试现场始终有教师监护。

2. 工作人员应穿长袖衣服，扣紧袖口，穿绝缘鞋或站在干燥的绝缘垫上，并戴绝缘手套和安全帽，严禁穿背心和短裤进行带电工作。

3. 应使用合格的有绝缘手柄的钳子、螺钉旋具、活扳手等工具，严禁使用剪刀或金属尺。

4. 应将可能接近的导电部分及接地物体等用绝缘物隔开，防止相间短路或接地短路。

三、任务评价

按钮、接触器双重联锁正反转控制线路的安装与调试评分表见表1—7。

表1—7 按钮、接触器双重联锁正反转控制线路的安装与调试评分表

<table>
<tr><th>开始时间</th><th colspan="2"></th><th>结束时间</th><th></th><th>实际操作时间</th><th></th></tr>
<tr><th>项目</th><th>考核内容</th><th>配分</th><th>评分标准</th><th>扣分</th><th>得分</th><th>备注</th></tr>
<tr><td rowspan="2">元件安装及标签（5分）</td><td>安装规范</td><td>3</td><td>安装不紧固、不规范，每处扣0.5分</td><td></td><td></td><td></td></tr>
<tr><td>元器件贴标签</td><td>2</td><td>元器件标签不齐全、标注不清晰、错标，每处扣0.5分</td><td></td><td></td><td></td></tr>
<tr><td rowspan="7">布线工艺及规范（45分）</td><td>线路布局</td><td>20</td><td>布线不合理、不美观、交叉、架空、走线未达到工艺要求，每处扣2分</td><td></td><td></td><td></td></tr>
<tr><td>导线选择</td><td>3</td><td>主回路相序色标选择不正确，其他回路导线选择不正确，每处扣0.5分</td><td></td><td></td><td></td></tr>
<tr><td>按钮引出线</td><td>2</td><td>按钮引出线未用缠绕管缠绕、绑扎固定不合理，每处扣0.5分</td><td></td><td></td><td></td></tr>
<tr><td>按钮盒接线</td><td>2</td><td>按钮盒内接线不整齐，每处扣0.5分</td><td></td><td></td><td></td></tr>
<tr><td>冷压端子</td><td>3</td><td>冷压端子处理不规范，每处扣0.5分</td><td></td><td></td><td></td></tr>
<tr><td>接线规范</td><td>10</td><td>接线不牢固、压皮、损伤绝缘和线芯、露铜，端子入线方向错误，每处扣1分</td><td></td><td></td><td></td></tr>
<tr><td>号码管规范</td><td>5</td><td>未套号码管、号码管长短不一致、错标、漏标、标注方向不一致，每处扣0.5分</td><td></td><td></td><td></td></tr>
<tr><td>通电调试（40分）</td><td>线路通电调试</td><td>40</td><td>第一次调试不合格扣20分，第二次调试不合格扣40分</td><td></td><td></td><td></td></tr>
<tr><td rowspan="2">职业素养（10分）</td><td>工具携带与摆放</td><td>5</td><td>操作过程中，未按规定携带与摆放工具，每次扣1分</td><td></td><td></td><td></td></tr>
<tr><td>工位的保洁</td><td>5</td><td>操作过程中与结束后工位不整洁，每次扣1分；垃圾未进整理箱，每次扣1分</td><td></td><td></td><td></td></tr>
<tr><td>安全文明</td><td>安全操作</td><td>/</td><td>操作过程中发生人身与设备安全事故，倒扣20分</td><td></td><td></td><td></td></tr>
<tr><td>考核时间</td><td>180 min</td><td>/</td><td>每超时1 min倒扣1分，最长不应超时15 min</td><td></td><td></td><td></td></tr>
<tr><td colspan="4">总分</td><td colspan="3"></td></tr>
</table>

§1—4 电动机降压启动控制

学习目标

◎ 掌握时间继电器的作用并能绘制其图形符号
◎ 掌握定子绕组串电阻降压启动控制线路的控制原理
◎ 掌握Y－△降压启动的启动特点
◎ 掌握Y－△降压启动控制线路的控制原理

在生产过程中，电动机要经常启动与停机。而电动机启动时电流很大，会使电网电压降低，影响同一供电网络中其他设备的正常工作。例如当启动大功率空调时，会发现家中的照明受到影响。为避免大启动电流对电动机、电网的不良影响，可以通过减小启动负载或加大电网容量的方法实现。

但是如果当电动机功率和电网容量一定时，又该如何解决启动问题呢？为使电动机的启动电流减小，可以通过减小定子绕组电压的方法来实现，如Y－△降压启动、自耦变压器降压启动和定子绕组串电阻降压启动（适合小功率电动机）。如图 1—60 所示为自耦变压器降压启动控制柜。

图 1—60　自耦变压器降压启动控制柜

一、定子绕组串电阻降压启动控制线路

1. 时间继电器

时间继电器又称为延时继电器，它是利用电磁或者机械原理实现触点延时动作的自动电器，广泛用于按时间顺序进行控制的场合。其种类较多，按其动作原理可分为电磁式、空气阻尼式、电动式与电子式；按延时方式可分为通电延时型和断电延时型两种。时间继电器的种类及结构特点见表1—8，时间继电器的图形及文字符号如图1—61所示。

表1—8　　时间继电器的种类及结构特点

种类	图示	结构特点
电磁式时间继电器		利用电磁线圈断电后磁通缓慢衰减使电磁系统的衔铁延时释放而获得触点的延时动作，其结构简单，价格便宜，但体积和质量较大，且延时较短，只能用于直流电路的断电延时
空气阻尼式时间继电器		由电磁系统、延时机构和触点三部分组成，它是利用气囊中的空气通过小孔节流的原理来实现延时动作的。空气阻尼式时间继电器可以用于通电延时，也可以用于断电延时
电动式时间继电器		由微型同步电动机、减速齿轮机构、电磁离合系统及执行机构组成。电动式时间继电器具有延时时间长、延时精度高、结构复杂、不适宜频繁操作等特点
电子式时间继电器（晶体管式时间继电器）		由脉冲发生器、计数器、数字显示器、放大器及执行机构等部件组成。电子式时间继电器具有延时时间长、调节方便、精度高、触点容量较大、抗干扰能力差等特点

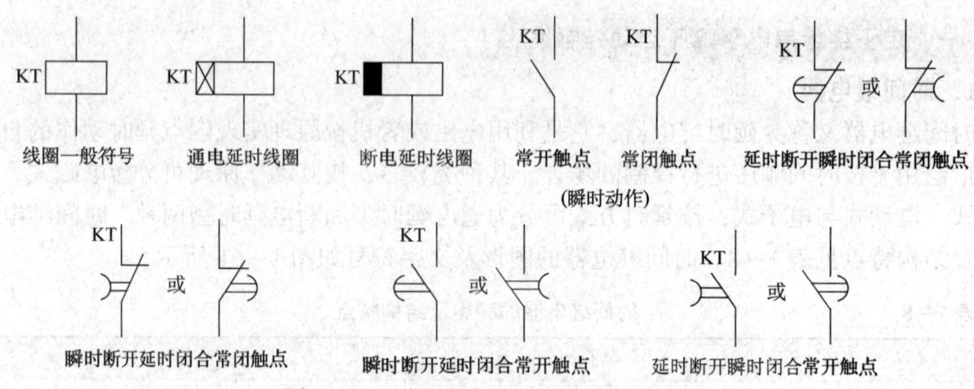

图 1—61　时间继电器的图形及文字符号

2. 定子绕组串电阻降压启动控制线路

启动时在定子绕组回路中串入电阻进行分压，以降低定子绕组电压，达到限制启动电流的目的。启动完毕后，将电阻短接，电动机全压运行。

在实际应用中，常采用时间继电器来进行降压启动自动控制，如图 1—62 所示电路即为典型的定子绕组串电阻降压启动自动控制线路。

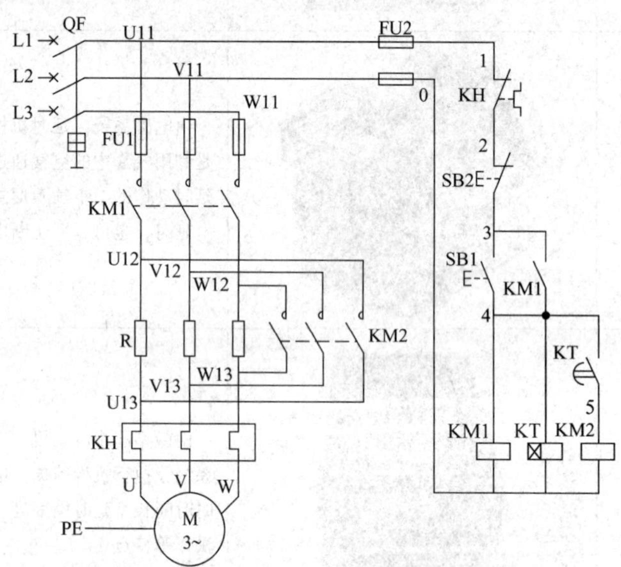

图 1—62　串电阻降压启动自动控制线路

线路工作原理如下（合上断路器 QF）：

降压启动：

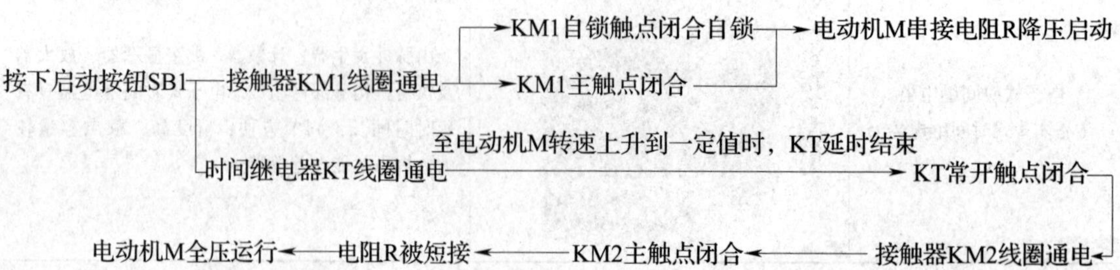

停止时，按下停止按钮 SB2 即可。

电动机定子绕组串电阻降压启动所需降压设备简单，成本较低。但启动电阻使控制设备体积增大，启动时电阻上要消耗大量的电能，且启动转矩较低，所以目前这种方法在生产现场中的应用已越来越少。

二、Y－△降压启动控制线路

1. 电动机定子绕组的Y形、△形连接方式

三相异步电动机的定子绕组在△形连接时有两种接法，一种是正序，一种是反序，如图 1—63 所示。

Y形连接时 U2、V2、W2 直接连接到一起，如图 1—64 所示。

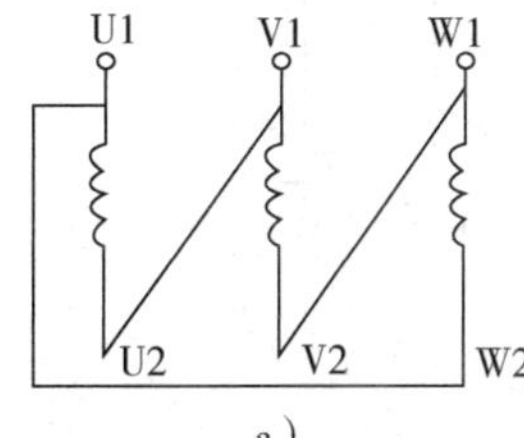

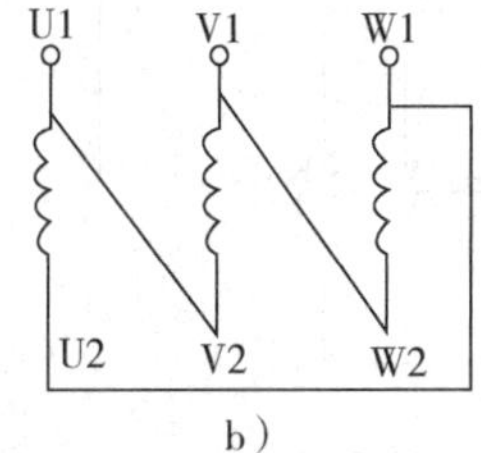

图 1—63　电动机定子绕组△形连接

a）正序　b）反序

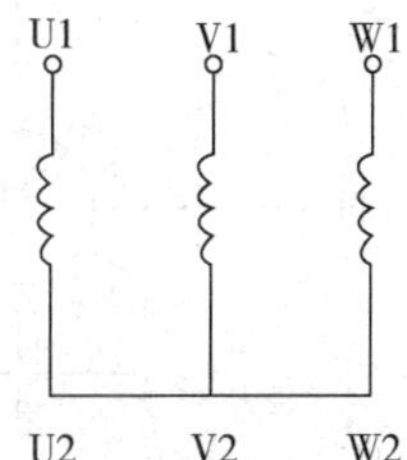

图 1—64　电动机定子绕组Y形连接

因此，电动机定子绕组的两种连接都应为正序，否则会造成电动机启动和运行时转向不一致，无法正常启动。

2. Y－△降压启动控制线路和动作原理

笼型异步电动机正常运行时定子绕组采用△形连接，但是在电动机启动时先将定子绕组作Y形连接。Y形连接时每相定子绕组承受的电压是电源相电压，为其线电压的 $1/\sqrt{3}$倍，启动电流为△形连接的 1/3。待转速上升到一定值时，将定子绕组的接线由Y形改接成△形，电动机便进入全压正常运行状态，这就是Y－△降压启动原理。凡是正常运转时定子绕组采用△形连接的笼型异步电动机，在轻载或空载启动时均可采用Y－△降压启动方法来达到限制启动电流的目的。

Y－△降压启动线路原理图如图 1—65 所示。

该电路实现Y－△控制，但无联锁保护，容易引起短路，安全性差，因此应加入联锁，改进后如图 1—66 所示。

图 1—66 所示电路的转换控制采用手动操作，不能实现自动控制。因此，可以加入电流检测和时间继电器，从而可实现自动转换，如图 1—67 所示。

图 1—67 所示的具有自动转换和电流监测功能的Y－△降压联锁启动线路的工作原理分析如下：

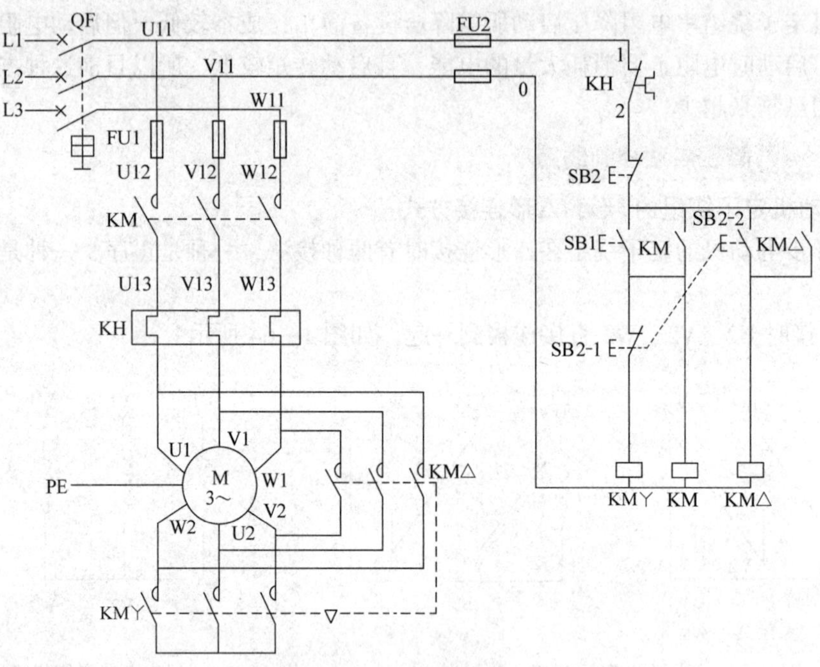

图 1—65　Y－△降压启动线路

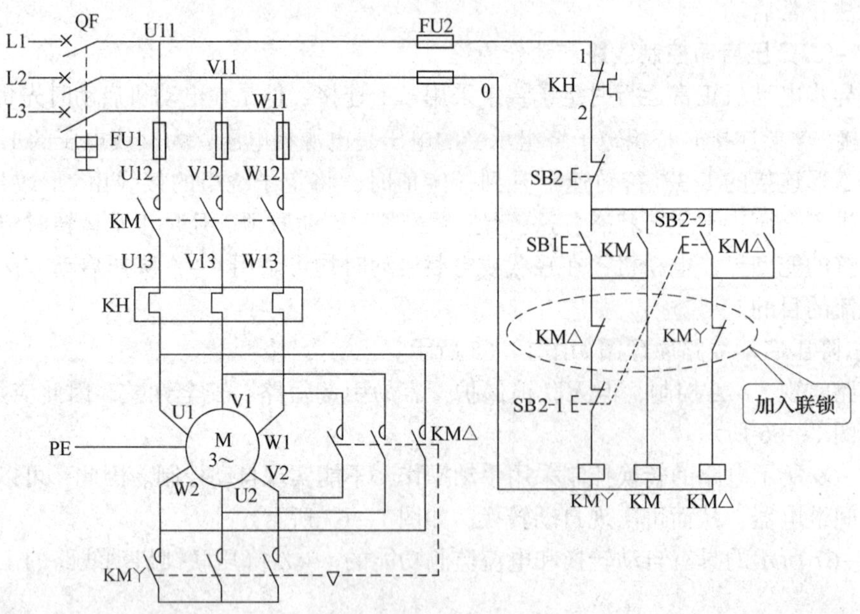

图 1—66　Y－△降压联锁启动线路

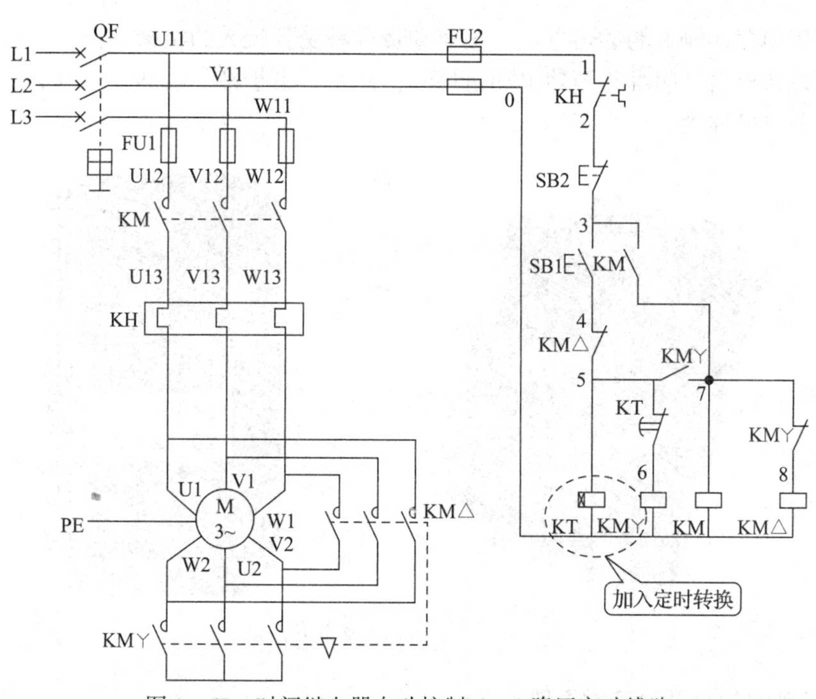

图 1—67　时间继电器自动控制Y－△降压启动线路

合上电源开关 QF，电源接通。

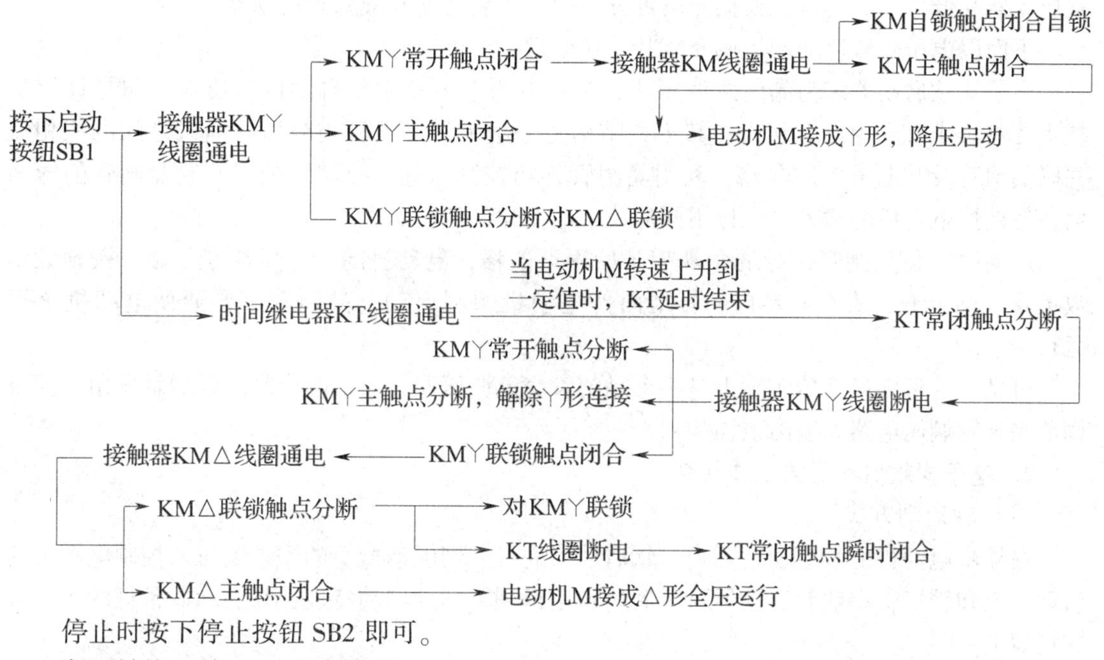

停止时按下停止按钮 SB2 即可。

断开转换开关 QF，切断电源。

三、软启动器降压启动控制

软启动器（见图 1—68）是一种集电动机软启动、软停机、轻载节能和多种保护功能于一体的新型电动机控制装置。它避免了其他降压启动方法的以下问题：启动转矩固定不可调节；启动过程中存在较大的冲击电流，被驱动负载易受到较大的机械冲击；一旦出现电网电压波动，还易造成启动困难甚至使电动机堵转；停止时由于都是瞬间断电，会造成剧烈的电网电压波动和机械冲击。

图 1—68　软启动器外形及面板

1. 软启动器的分类和工作原理

软启动器根据控制原理可分为电子式软启动器和磁控式软启动器；根据电压可分为高压软启动器和低压软启动器；根据介质可分为固态软启动器和液阻软启动器。

下面以电子式软启动器为例介绍其工作原理。

电子式软启动器多为晶闸管调压式，利用电力电子技术与自动控制技术（包括计算机技术）将强电和弱电结合起来，其主要结构是一组串接于电源与被控电动机之间的三相反并联晶闸管及其电子控制电路，利用晶闸管移相控制原理，控制三相反并联晶闸管的导通角，使被控电动机的输入电压按不同的要求而变化，从而实现不同的启动功能。

启动时，使晶闸管的导通角从零开始逐渐前移，电动机的端电压从零开始，按预设函数关系逐渐上升，直至满足启动转矩而使电动机顺利启动，晶闸管全导通使电动机全压运行。

可见，这种软启动器实际上是一个晶闸管交流调压器，通过改变晶闸管的触发角，就可调节晶闸管调压电路的输出电压。

2. 电子式软启动器的工作特性

（1）软启动方式

在异步电动机的软启动过程中，软启动器通过加到电动机上的平均电压来控制电动机的启动电流和转矩，一般软启动器可以通过设定得到不同的启动特性，软启动器常见的启动方式见表 1—9。

（2）减速软停控制

在电动机需要停机时，软启动器可以不立即切断电源，而是通过调节晶闸管的导通角，从全导通的状态逐渐减小导通角，从而使电动机的端电压逐渐降低直至切断电源。此过程称为减速软停控制，停机时间可以根据实际需要在一定范围内调节。

表 1—9 软启动器常见的启动方式

软启动方式	启动介绍	特点及应用
斜坡恒流软启动	在电动机启动的初始阶段启动电流逐渐增加，当电流达到预先所设定的值后保持恒定，直至启动完毕。启动过程中，电流上升变化的速率可以根据电动机负载调整设定。电流上升速率大，则启动转矩大，启动时间短	是应用最多的启动方式，尤其适用于风机、泵类负载的启动
阶跃启动	开机即以最短时间使启动电流迅速达到设定值	通过调节启动电流设定值，可以达到快速启动效果
脉冲冲击启动	在启动开始阶段，让晶闸管在极短时间内以较大电流导通一段时间后回落，再按原设定值线性上升，连入恒流启动	在一般负载中较少应用，适用于重载并需克服较大静摩擦的启动场所
电压双斜坡启动	在启动过程中，电动机的输出力矩随电压增加，在启动时提供一个初始的启动电压 U_S，U_S 根据负载可调，将 U_S 调到大于负载静摩擦力矩，使负载能立即开始转动，这时输出电压从 U_S 开始按一定的斜率上升（斜率可调），电动机不断加速。当输出电压达到达速电压 U_r 时，电动机也基本达到额定转速	在启动过程中自动检测达速电压，当电动机达到额定转速时，使输出电压达到额定电压
限流启动	是在启动过程中限制其启动电流不超过某一设定值的软启动方式	启动电流小，且可按需要调整，缺点是在启动时难以知道启动压降

（3）节能特性

软启动器会根据电动机功率因数的大小，自动判断电动机的负载情况。当电动机空载或轻载时，可以通过相位控制使晶闸管的导通角发生变化，从而改变输入电动机的功率，达到节能的目的。

3. 软启动器的适用场合

由于软启动器在工作特性方面的优势，在工业生产中的应用越来越为广泛，其适用场合如图 1—69 所示。

a）

b）

c）

d）

图 1—69　软启动器的适用场合

a）风机　b）冶金电动机　c）压缩机　d）石油电动机

课堂活动

时间继电器控制Y－△降压启动线路的通电操作

如图 1—70 所示为已经完成接线的时间继电器控制Y－△降压启动线路板。通过观察教师演示或实际操作练习，进一步熟悉时间继电器控制Y－△降压启动线路的实际运行过程。

时间继电器控制Y－△降压启动线路通电操作步骤如下：

（1）接通电源，合上电源开关 QF。

（2）按下启动按钮 SB1，如图 1—71 所示，时间继电器 KT、接触器 KMY、接触器 KM 通电吸合并自锁，如图 1—72 所示，电动机 M 接成Y形降压启动。

图 1—70　时间继电器控制Y－△降压启动线路板

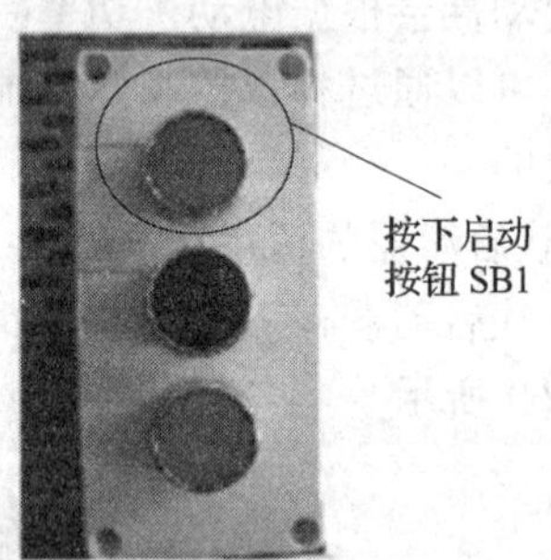

图 1—71　按下启动按钮 SB1

（3）经过整定时间后，接触器 KMY断电释放，接触器 KM△通电吸合并自锁，时间继电器 KT 断电释放，如图 1—73 所示，电动机 M 接成△形全压运行。

（4）按下停止按钮 SB2，如图 1—74 所示，所有元件触点恢复原始状态，如图 1—75 所示，电动机 M 停止运转。

（5）断开电源开关 QF，切断电源。

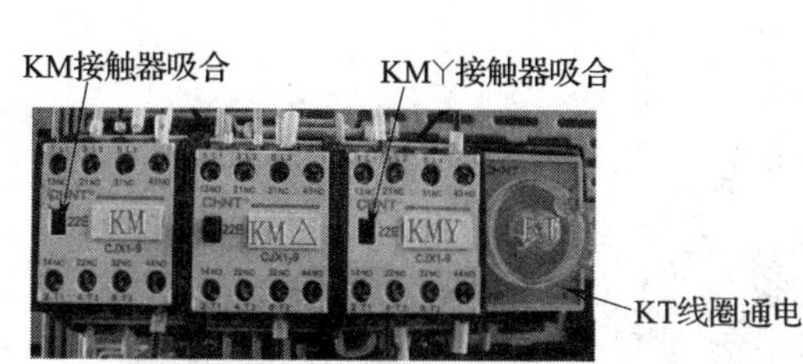

图 1—72　时间继电器 KT、接触器 KM丫、接触器 KM 通电吸合

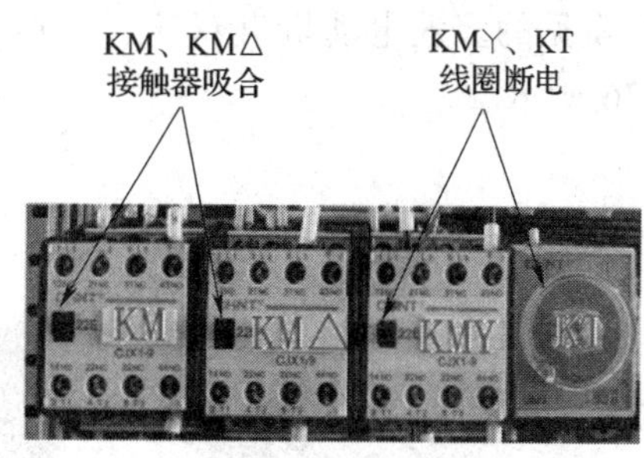

图 1—73　时间继电器 KT、接触器 KM丫断电释放，接触器 KM△通电吸合

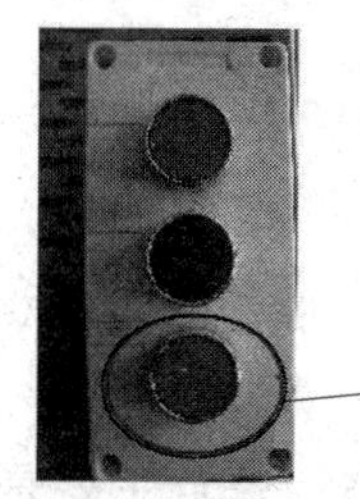

图 1—74　按下停止按钮 SB2

图 1—75　接触器及时间继电器断电

§1—5　电动机调速控制

学习目标

◎ 了解三相异步电动机的调速方法

◎ 正确理解双速异步电动机定子绕组的连接方法

◎ 正确分析接触器控制以及时间继电器控制双速电动机控制线路的工作原理

一、三相异步电动机的调速方法

近年来，随着电力电子技术的发展，异步电动机的调速性能大有改善，交流调速应用日益广泛，在许多领域有取代直流调速系统的趋势。由三相异步电动机的转速公式：$n=(1-S)\frac{60f_1}{p}$可知，改变异步电动机转速 n 可通过三种方法来实现：一是改变电源频率 f_1；二是改变转差率 S；三是改变磁极对数 p。

1. 变极调速

改变定子绕组的磁极对数 p 来改变转速的方法称为变极调速。变极调速的具体方法是通过对定子绕组引出线的不同连接方式，得到相应的磁极对数。变极调速属于有级调速，并且只适用于笼型异步电动机。凡磁极对数可改变的笼型异步电动机通常称为多速电动机，常见的多速电动机有双速、三速和四速等几种类型，其中双速异步电动机实物如图1—76所示。

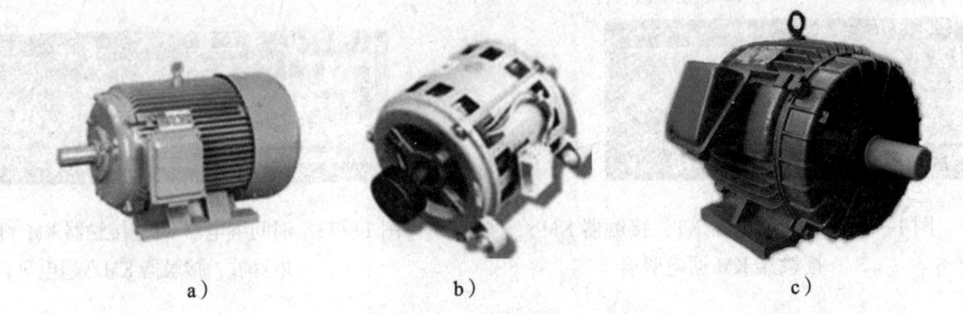

a）　　b）　　c）

图1—76　双速异步电动机

a）YD系列双速电动机　b）干洗机专用双速电动机　c）洗衣机用双速电动机

2. 变频调速

变频调速是指通过改变供电电网的频率来调速。在变频调速的同时，必须降低电源电压，使电源电压与电网频率的比值保持不变。

变频调速的优点主要是：能平滑调速，调速范围广，效率高。缺点主要是：系统较复杂，成本较高。随着晶闸管整流和变频技术的迅速发展，异步电动机的变频调速应用日益广泛，有逐步取代直流调速的趋势，目前主要用于驱动泵类负载，如通风机、水泵等。

3. 变转差率调速

（1）改变定子电压调速，此方法用于笼型异步电动机，电源电压调速过去都是采用定子绕组串电抗器来实现，目前已广泛采用晶闸管交流调压线路来实现。

（2）转子串电阻调速，此方法只适用于绕线式异步电动机，转子串电阻调速的优点是方法简单，主要用于中、小容量的绕线式异步电动机，如桥式起重机等。若转速太低，则转子损耗较大，且低速时效率不高。

（3）串级调速，此方法也适用于绕线式异步电动机，串级调速性能比较好，过去由于附加电动势的获得比较难，长期以来没能得到推广。近年来，随着可控硅技术的发展，串级调速有了广阔的发展前景。现已广泛用于水泵、风机的节能调速和不可逆轧钢机、压缩机等生产机械。

二、双速异步电动机定子绕组的连接

双速电动机定子绕组常见的连接方法有Y—YY和△—YY两种。如图1—77所示是双速异步电动机定子绕组的△—YY接线图。图中，三相定子绕组先由三个连接点接三个出线端U1、V1、W1，再从每相绕组的中点各接出一个出线端U2、V2、W2，这样定子绕组共有六个出线端。通过改变图中这六个出线端与电源的连接方式，就可以得到两种不同的转速。如图1—77a所示，将电动机定子绕组接成△形，磁极为四极，同步转速为1 500 r/min，电动机为低速工作；若想使电动机高速工作，只要将电动机定子绕组的接线改变接成如图1—77b所示的YY形，此时电动机将变为两极，同步转速为3 000 r/min。

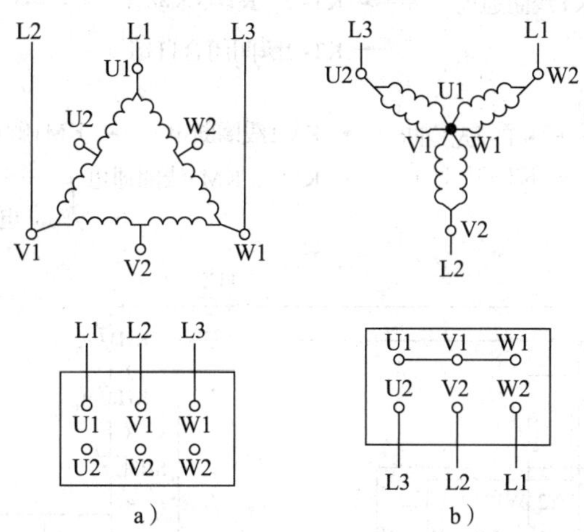

图 1—77　双速电动机三相定子绕组△/YY接线图

a）低速－△接法（四极）　b）高速－YY接法（两极）

由此可见，双速异步电动机是磁极减少一半而转速增加一倍，即高速运转速度是低速运转速度的两倍。值得注意的是：双速异步电动机定子绕组从一种接法改变为另一种接法时，必须把电源相序反接，以保证电动机的旋转方向不变。

三、双速异步电动机控制线路

1. 接触器控制双速电动机的控制

如图 1—78 所示线路中用接触器 KM1 把绕组接成三角形，实现低速控制。用接触器 KM2、KM3 把绕组接成双星形，实现高速控制。其工作过程为：合上电源开关 QS，当按下低速启动按钮 SB1 时，KM1 接触器线圈通电，将电动机定子绕组接成△形，电动机以四极低速运转。若按下高速启动按钮 SB2，则 KM1 线圈断电，同时 KM2、KM3 将定子绕组接成双星形，电动机以两极高速运转。运行中两种接法不能同时接通，因此，在电动机低速－高速控制回路中用了按钮、接触器双重联锁控制，既保证了低速与高速控制回路只能单独通电的可靠性，又能很方便地进行速度转换，控制方式灵活，线路可靠性好。

2. 时间继电器控制双速电动机的控制

但在生产实际中，一些生产机械是不允许进行高速启动的，而需要在低速启动后才能进入高速运转，因此必须对手动控制线路加以改进，通过采用时间继电器来控制双速电动机的低速启动及高速运转，如图 1—79 所示。

线路工作原理简述如下：

合上电源开关 QS。

低速启动运转：

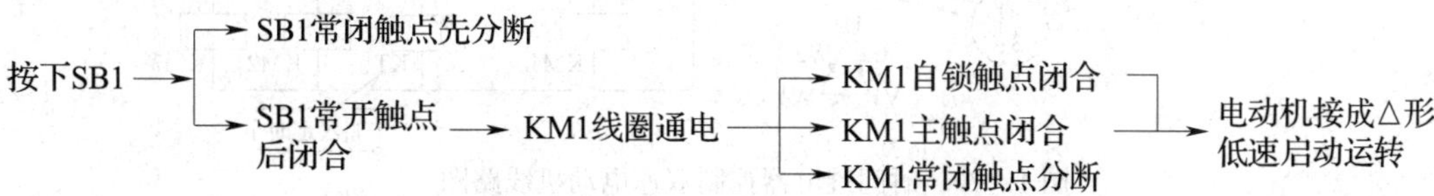

高速运转：

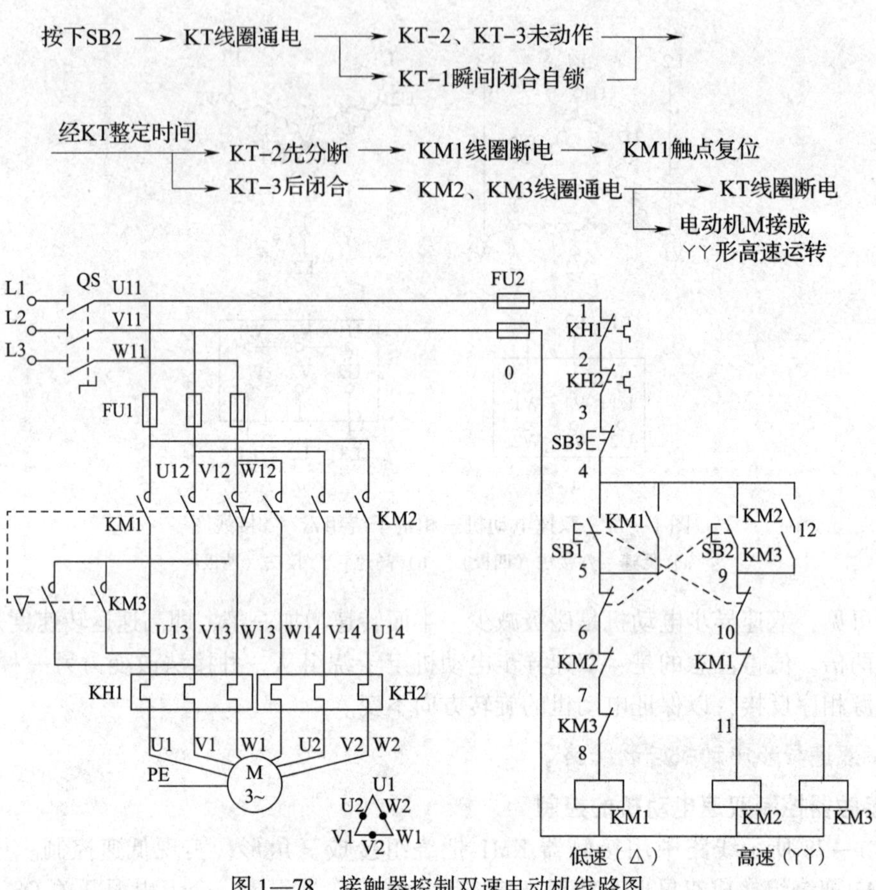

图 1—78　接触器控制双速电动机线路图

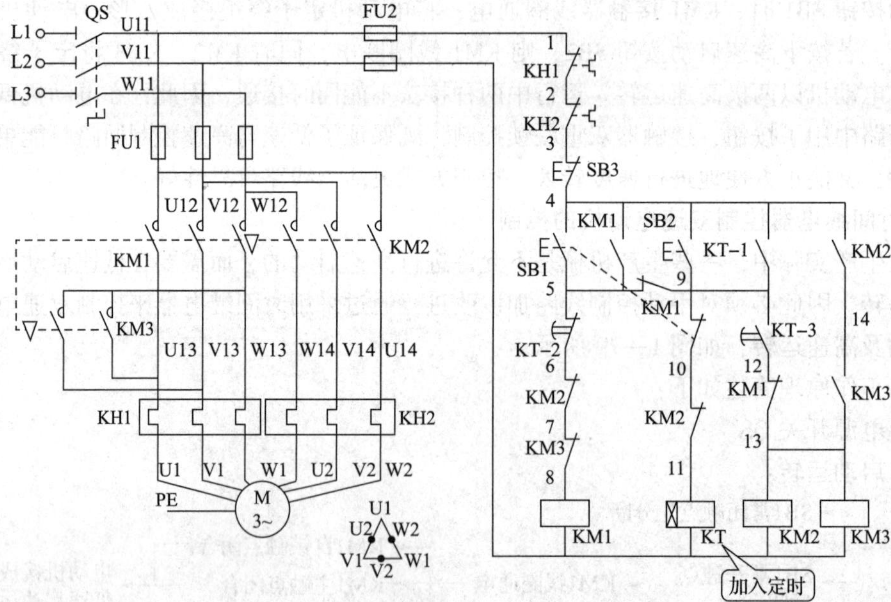

图 1—79　时间继电器控制双速电动机线路图

停转时，按下 SB3 即可实现。

本线路中电动机可进行低速运转和高速运转控制，但电动机在进行高速启动运转时，必须先进入低速启动后才可以换接到高速运转。如果直接按下高速运转按钮，电路无法正常先低速后高速运行。因此，可以对电路进行改良，使电路具有控制灵活、操作方便、可靠性好的特点。如图 1—80 所示，线路工作原理请自行分析。

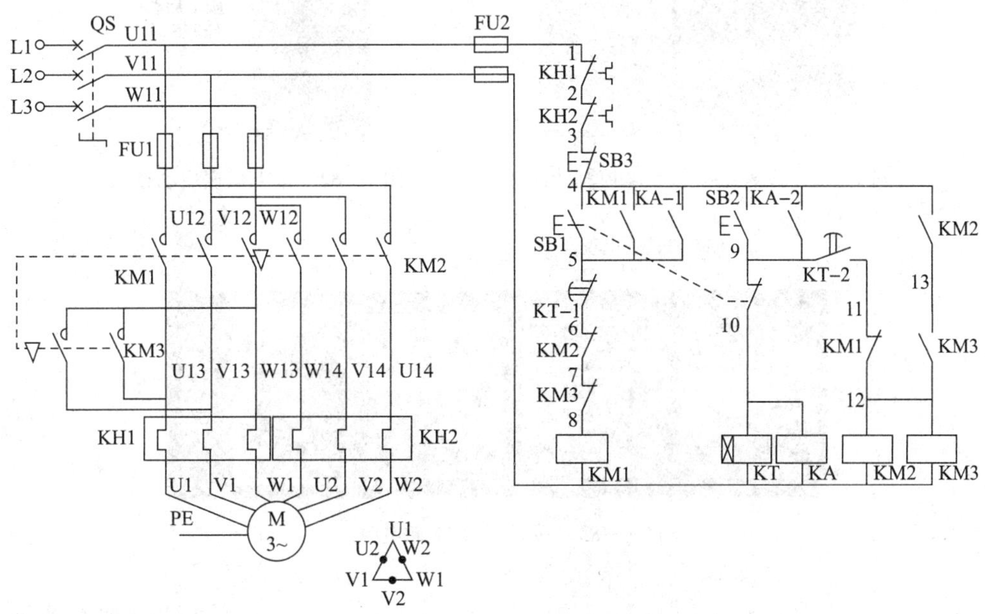

图 1—80　双速电动机自动控制线路图

课堂活动

时间继电器控制双速电动机控制线路的通电操作

如图 1—81 所示是已经完成接线的双速电动机自动控制线路板。通过观察教师演示或实际操作练习，进一步熟悉线路的实际运行过程。

双速电动机自动控制线路通电操作步骤如下：

（1）接通电源，合上转换开关 QS。

（2）先按下低速启动按钮 SB1，如图 1—82 所示，接触器 KM1 通电吸合并自锁，如图 1—83 所示，电动机 M 低速连续运行。

（3）再按下高速启动按钮 SB2，如图 1—84 所示，接触器 KM1 断电释放，中间继电器 KA 及时间继电器 KT 通电吸合，如图 1—85 所示，经过 KT 整定时间后，KT 的延时常闭触点断开，接触器 KM1 断电释放，电动机 M 停止低速运行，同时 KT 的延时常开触点闭合，接触器 KM2 和 KM3 通电吸合，如图 1—86 所示，电动机 M 高速连续运行。

图 1—81　双速电动机自动控制线路板

图 1—82　按下低速启动按钮

图 1—83　接触器 KM1 通电吸合

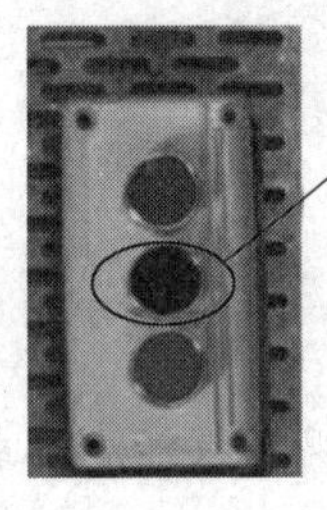

图 1—84　按下高速启动按钮

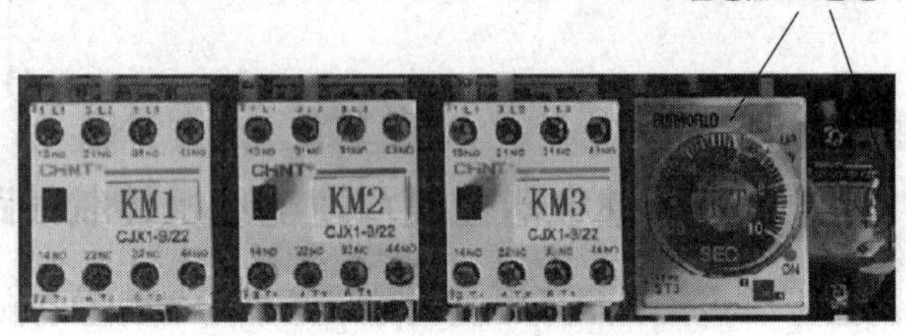

图 1—85　中间继电器 KA 及时间继电器 KT 通电吸合

图 1—86　接触器 KM2、KM3 线圈通电吸合

（4）按下停止按钮 SB3，如图 1—87 所示，接触器 KM2、KM3 断电释放，时间继电器 KT 及中间继电器 KA 断电，如图 1—88 所示，电动机 M 停止高速运行。

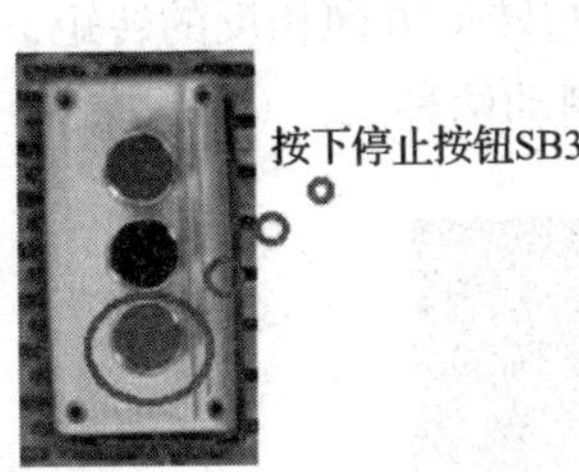

图 1—87　按下停止按钮

图 1—88　接触器、中间继电器及时间继电器断电

（5）若直接按下高速启动按钮 SB2，接触器 KM1、中间继电器 KA 及时间继电器 KT 线圈均通电，电动机 M 先低速启动运行，如图 1—89 所示，经过时间继电器 KT 整定时间后，KT 的延时常闭触点断开，接触器 KM1 断电释放，电动机 M 停止低速运行；同时 KT 的延时常开触点闭合，接触器 KM2、KM3 线圈通电，如图 1—86 所示，电动机 M 高速连续运行。

（6）按下停止按钮 SB3，接触器 KM2、KM3 断电释放，时间继电器 KT 及中间继电器 KA 断电，如图 1—88 所示，电动机 M 停止高速运行。

（7）断开转换开关 QS，切断电源。

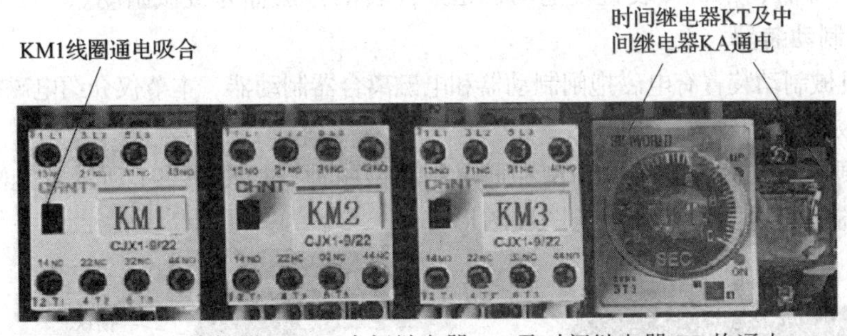

图 1—89　接触器 KM1、中间继电器 KA 及时间继电器 KT 均通电

§1—6　电动机制动控制

学习目标

◎ 掌握电动机制动原理及制动种类

◎ 掌握电磁抱闸制动器工作原理及机械制动控制原理

◎ 掌握能耗制动控制线路及反接制动控制线路的工作原理

◎ 掌握速度继电器的作用及图形文字符号

电动机断开电源后，由于电动机本身及带动的生产机械转动部分的惯性，还会继续旋转一定时间后才完全停下来，这往往不能适应某些生产机械的工艺要求。例如，起重机（见

图 1—90）的吊钩要准确定位、万能铣床要立即停转等，都要求电动机能够迅速而准确地停止运行。这就需要对电动机进行制动，即给电动机施加一个与转动方向相反的转矩，使其迅速停止转动（或限速）。制动的方法主要有机械制动与电气制动两种。

图 1—90　起重机实物

一、机械制动

在电源断开后利用机械装置使电动机迅速停转的方法称为机械制动。

1. 机械制动装置

常用的机械制动装置有电磁抱闸制动器和电磁离合器制动器。本节仅介绍电磁抱闸制动器。

（1）电磁抱闸制动器

电磁抱闸制动器分为断电制动型和通电制动型两种。如图 1—91 所示就是断电制动型电磁抱闸制动器的实物图、结构示意图和图形符号。

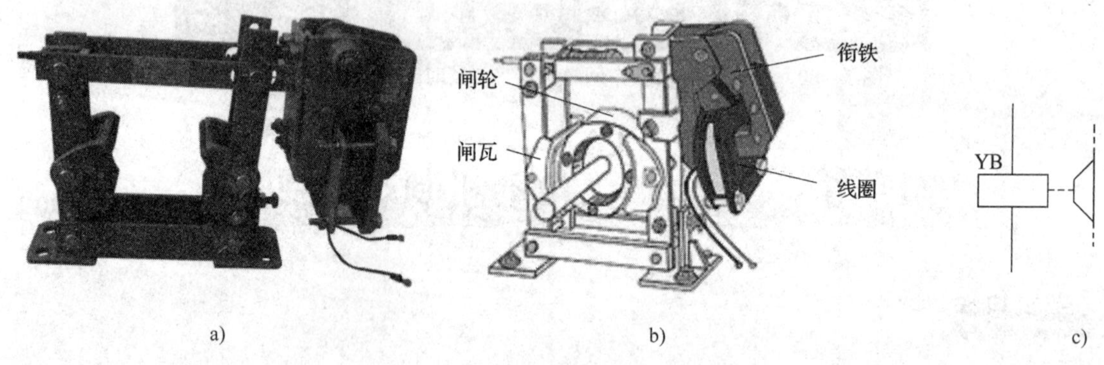

图 1—91　断电制动型电磁抱闸制动器

a）实物图　b）结构示意图　c）图形符号

（2）工作原理

闸轮与电动机装在同一根转轴上。对于断电制动型电磁抱闸制动器，当电磁铁线圈未通电时，闸轮被闸瓦抱住，与之同轴的电动机则不能转动；当电磁铁的线圈通电时，则闸瓦与闸轮松开，电动机可以转动。通电制动型电磁抱闸制动器则与之相反，当电磁铁线圈通电时，闸轮被闸瓦抱住，与之同轴的电动机则不能转动；当电磁铁的线圈未通电时，则闸瓦与闸轮松开，电动机可以转动。

2. 机械制动控制线路

如图 1—92 所示是断电制动型电磁抱闸制动器制动控制线路图，图中 YB 是电磁抱闸制动电磁铁的线圈，它与电动机定子绕组用同一个电源。若电动机断电，电磁抱闸制动电磁铁线圈 YB 也同时断电，闸轮即被闸瓦抱住，电动机转子也不能转动。按下启动按钮 SB1 时，接触器 KM 线圈通电并自锁，其主触点闭合使电动机及电磁抱闸制动电磁铁线圈同时通电，闸瓦与闸轮松开，电动机运转。要停止运行时，按下停止按钮 SB2，接触器 KM 线圈断电，其常开触点断开，电磁铁线圈与电动机同时断电，闸轮被闸瓦抱住，电动机立即停止转动。如果电动机在工作过程中因线路故障突然断电，断电制动型电磁抱闸制动器同样会使电动机立即停止转动。该控制电路可以在起重机械上应用，以避免重物自行坠落。

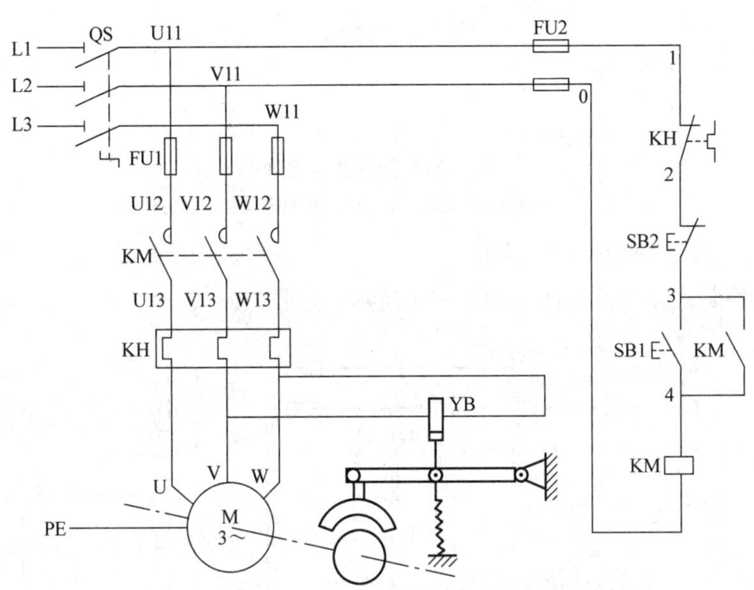

图 1—92　断电制动型电磁抱闸制动器制动控制线路图

二、电气制动

三相异步电动机在正常运转时，其转子是顺着旋转磁场方向转动的，这时电动机的转矩方向与旋转方向相同。如果电动机转矩与转子旋转方向相反，电动机即可处于制动状态。电气制动就是依靠电气方式使电动机产生与旋转方向相反的制动转矩，从而使电动机迅速停转的方法。常用的电气制动方法有两种：能耗制动和反接制动。

1. 能耗制动

（1）能耗制动原理

当切断交流电源后，立即在任意两相定子绕组中通入直流电，迫使电动机迅速停转的方法称为能耗制动，其制动原理如图 1—93 所示。先断开转换开关 QS1，切断电动机的交流电源，这时转子仍沿原方向惯性运转；随后立即合上转换开关 QS2，接入直流电源并合上 QS1，电动机 V、W 两相定子绕组通入直流电，使定子中产生一个恒定的静止磁场，这样做惯性运转的转子因切割磁感线而在转子绕组中产生感应电流，其方向可以用右手定则判断出来，上面应标“×”，下面应标“·”。转子绕组中一旦产生了感应电流，又立即受到静止磁场的作用，便产生电磁转矩，用左手定则判断，可知此转矩的方向正好与电动机的转向相反，使电动机受制动而迅速停转。由于这种制动方法是通过在定子绕组中通入直流电以消耗转子惯性运转的动能来进行制动，所以又称动能制动。

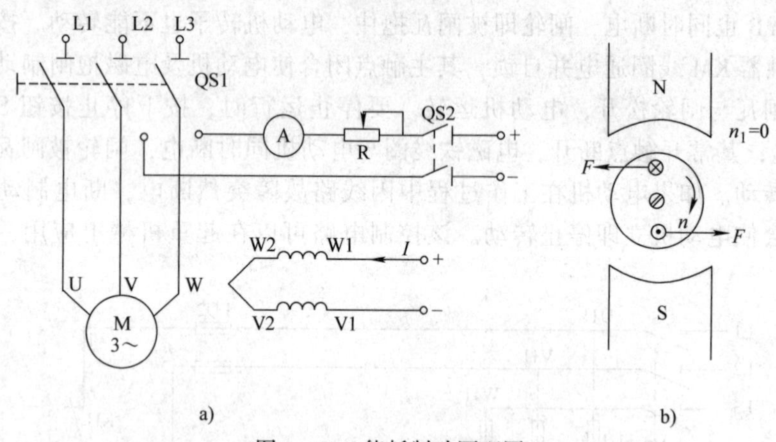

图 1—93　能耗制动原理图

a）定子绕组中通入直流电　b）电磁转矩方向与运转方向相反

（2）能耗制动控制线路工作原理

能耗制动控制线路的原理图如图 1—94 所示。

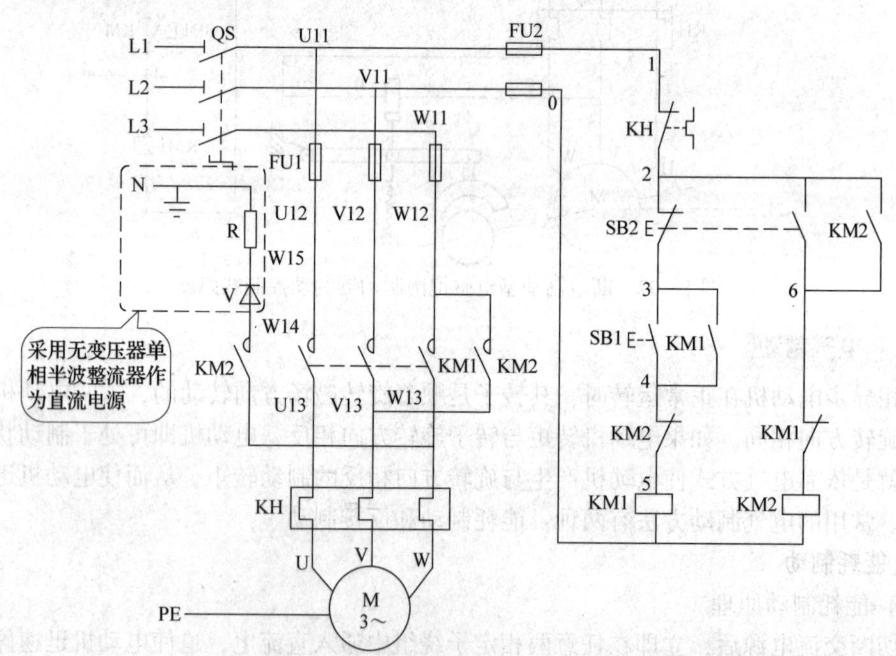

图 1—94　无变压器单相半波整流能耗制动手动控制线路

如图 1—94 所示电路能实现能耗制动，但制动结束时不能自行切断接触器电源，无法实现自动控制。因此，在电路中加入时间继电器，可满足自动控制要求，如图 1—95 所示。该线路采用无变压器单相半波整流器作为直流电源，所用附加设备较少，线路简单，成本低，常用于 10 kW 以下容量电动机，且对制动要求不高的场合。

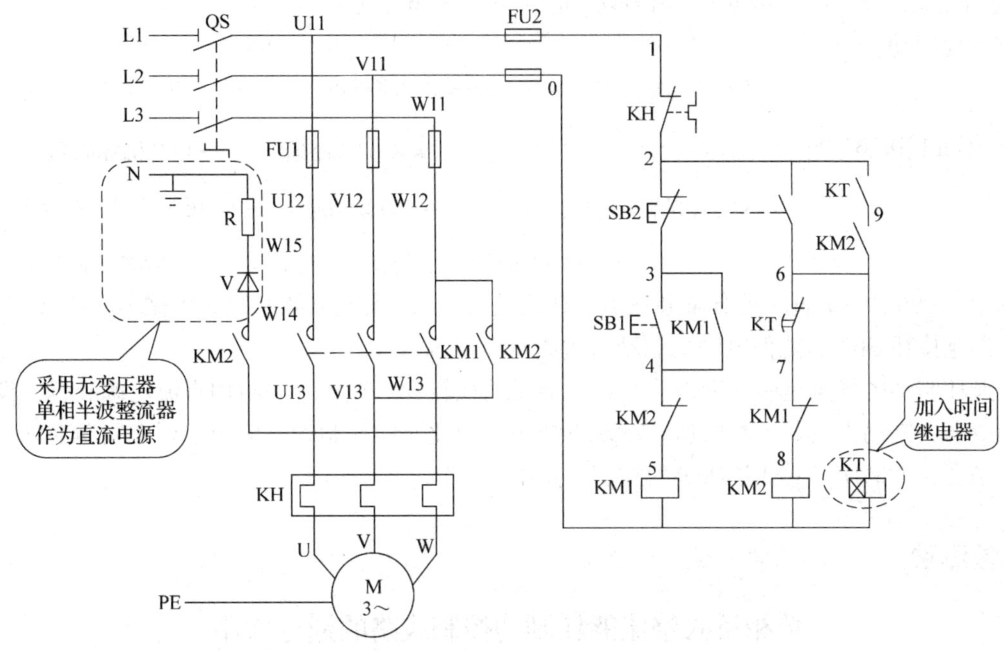

图 1—95　无变压器单相半波整流能耗制动自动控制线路

当电动机容量较大时，通常会采用单相桥式整流能耗制动自动控制线路，如图 1—96 所示。

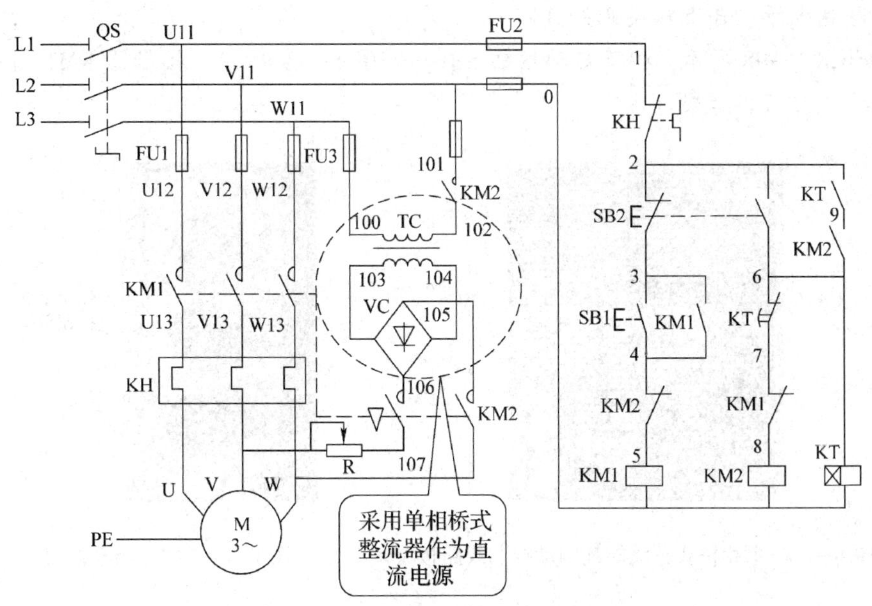

图 1—96　单相桥式整流能耗制动自动控制线路

工作原理分析（合上隔离开关 QS）：

启动（正转）：

按下启动按钮 SB1 ⟶接触器 KM1 线圈通电⟶电动机 M 正转

能耗制动：

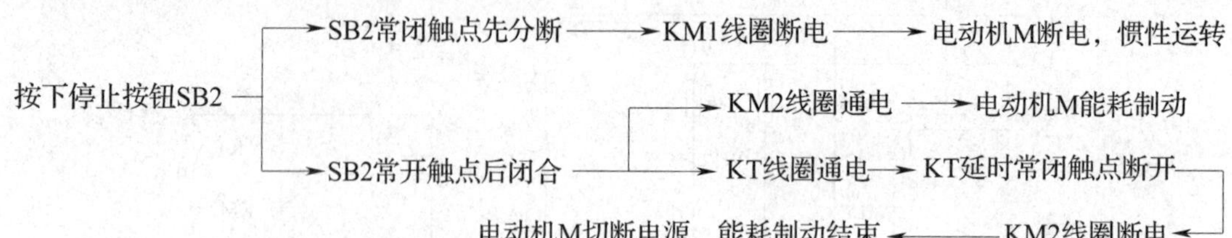

图 1—96 中 KT 瞬时闭合常开触点的作用是：当 KT 出现线圈断线或机械卡阻等故障时，松下停止按钮 SB2 后能使电动机制动后脱离直流电源。

能耗制动的优点是制动准确、平稳且能量消耗较少。缺点是需附加直流电源装置，设备费用较高，制动力较弱，在低速时制动力矩小。因此，能耗制动一般用于要求制动准确、平稳的场合，如磨床、立式铣床等的控制线路中。

课堂活动

单相桥式整流能耗制动控制线路的通电操作

如图 1—97 所示为已经完成接线的单相桥式整流能耗制动控制线路板。通过观察教师演示或实际操作练习，进一步熟悉单相桥式整流能耗制动控制线路的实际运行过程。

单相桥式整流能耗制动控制线路通电操作步骤如下：

（1）接通电源，合上转换开关 QS。

（2）如图 1—98 所示，按下启动按钮 SB1。如图 1—99 所示，接触器 KM1 通电吸合并自锁，电动机 M 连续正转。

图 1—97　单相桥式整流能耗制动控制线路板

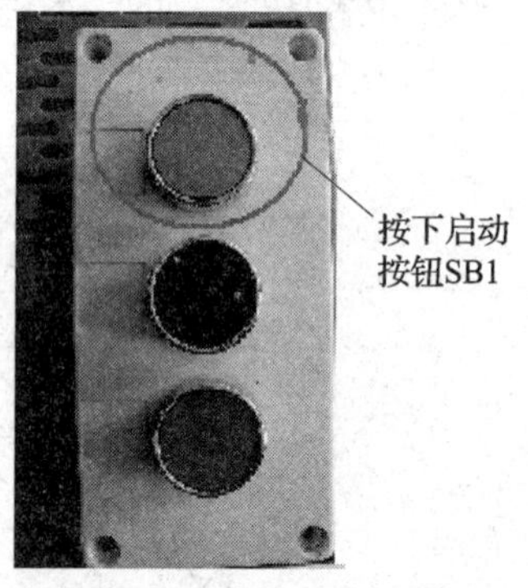

图 1—98　按下启动按钮

（3）如图 1—100 所示，按下停止按钮 SB2。如图 1—101 所示，接触器 KM1 断电释放，接触器 KM2 及时间继电器 KT 通电吸合并自锁，电动机 M 进行能耗制动。

图 1—99　接触器 KM1 通电吸合

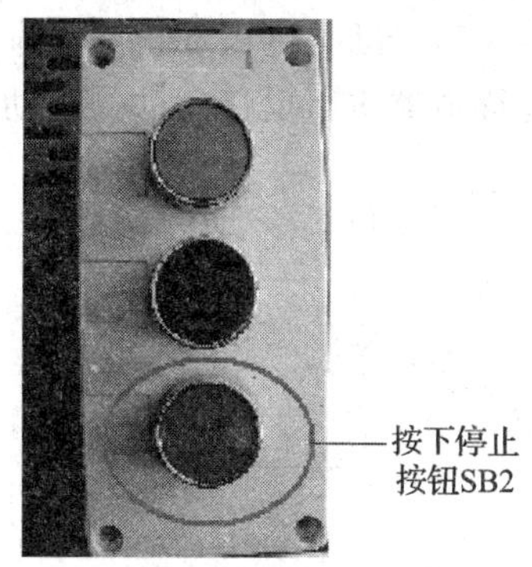

图 1—100　按下停止按钮

（4）经过整定时间后，时间继电器 KT 的延时触点断开，接触器 KM2 断电释放，如图 1—102 所示，电动机电源被切断，能耗制动结束。

（5）断开转换开关 QS，切断电源。

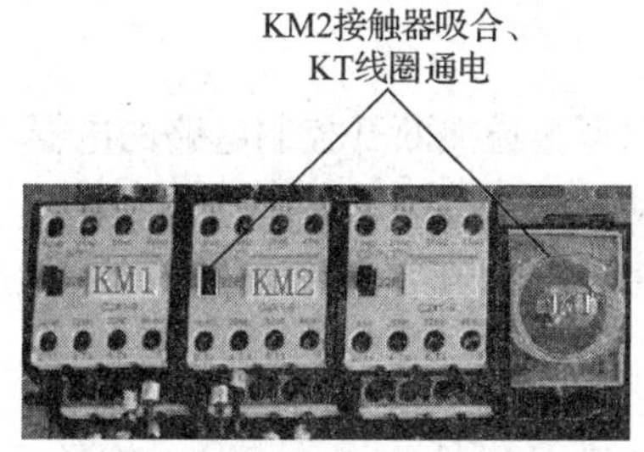

图 1—101　接触器 KM2 通电吸合、时间继电器 KT 线圈通电

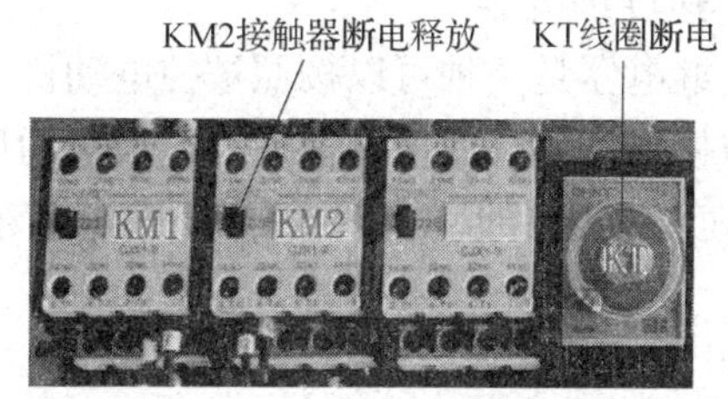

图 1—102　接触器 KM2 断电释放，时间继电器 KT 线圈断电

2. 反接制动

虽然能耗制动能量消耗较少，但其制动时间较长，且需要附加直流电源设备，制动力较弱。对于一些要求制动迅速、系统惯性较大的场合，则不能满足要求，在这类场合可以采用反接制动的方法。反接制动经常用于铣床、镗床等机床主轴的制动控制。

（1）反接制动原理

在电动机断开电源停止运行时，若迅速将三相电源线任意两相对调，就会使得旋转磁场反向，转矩方向也随之改变，但转子由于惯性仍按原方向转动，所以电动机因转矩方向与旋转方向相反而处于制动状态，这种制动称为反接制动。如图 1—103 所示线路为反接制动原理图。

反接制动工作原理分析如下：图 1—103a 中 QS 为倒顺开关，当 QS 向上投合时，通入定子绕组的电源相序为 L1—U、L2—V、L3—W 相，电动机正转；当电动机需停止运行时，先断开开关 QS，使电动机的三相电源断开，随后，将开关 QS 迅速向下投合，通过开关对调电源相序为 L1—V、L2—U 相，此时旋转磁场方向因电源相序改变而反向（见图 1—103b），转子因惯性而仍按原方向旋转，此时产生的转矩方向与电动机原转子转动方向相反，对电动机起制动作用，电动机速度迅速减慢直至为零。但如果倒顺开关在反接制动位置停留时间过长而没有及时分断，则电动机又将进入反转状态。为了避免这种现象，在实际电路中一般都采用速度继电器进行反接制动的自动控制。

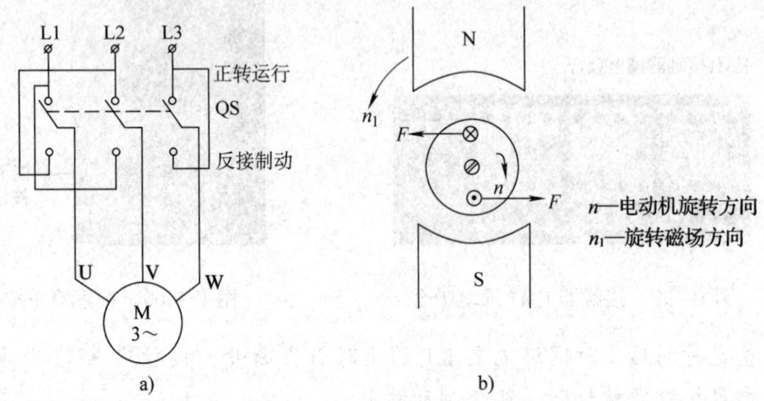

图 1—103　反接制动原理图

a）改变相序线路　b）电磁转矩方向与旋转方向相反

（2）速度继电器

速度继电器是一种可以按照被控电动机转速的高低接通或断开控制电路的电器。其主要作用是与接触器配合使用，实现对电动机的反接制动，故又称为反接制动继电器。

1）速度继电器的型号及含义。下面以 JFZ0 型速度继电器为例，介绍速度继电器的型号及含义：

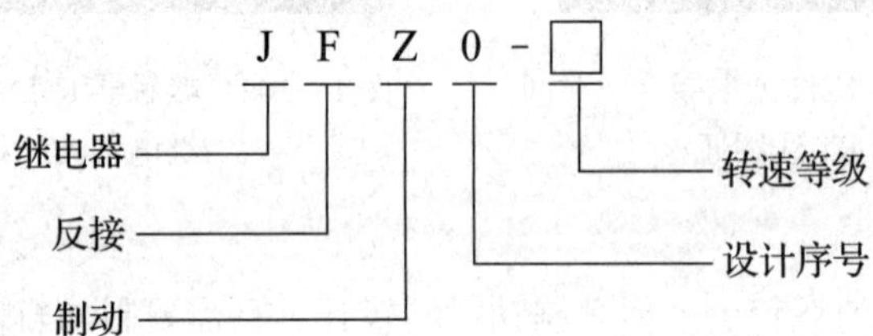

机床控制线路中常用的速度继电器有 JY1 型和 JFZ0 型，其外形和图形符号如图 1—104 所示。

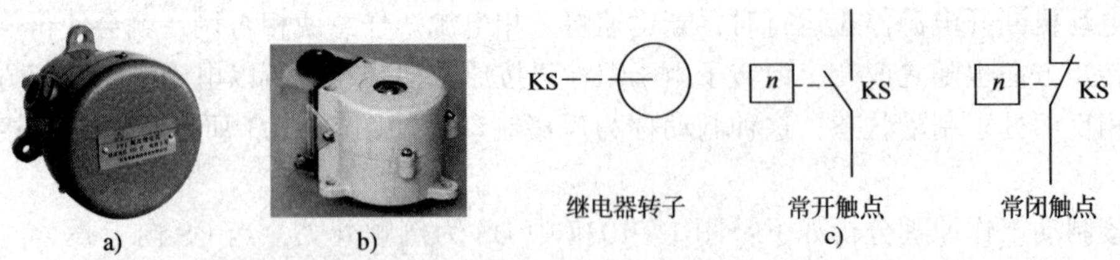

图 1—104　速度继电器的外形和图形符号

a）JY1 型　b）JFZ0 型　c）图形符号

2）速度继电器的结构。以 JY1 型速度继电器为例，介绍速度继电器的结构，如图 1—105 所示。它主要由转子、定子和触点系统三部分组成。转子是一个圆柱形永久磁铁，能绕轴转动，且与被控电动机同轴。定子是一个笼型空心圆环，由硅钢片叠成，并装有笼型绕组。触点系统由两组转换触点组成，分别在转子正转和反转时动作。

3）速度继电器的工作原理。当电动机轴旋转时，速度继电器的转子随之转动，从而在其转子和定子间隙中产生旋转磁场，在定子绕组上产生感应电流。该感应电流在转子（永久磁铁）的旋转磁场作用下，产生电磁转矩，使定子随转子转动的方向偏转，其偏转角度与电动机轴的转速成正比。当定子偏转到一定角度时，带动胶木摆杆向一侧摆动，并推动带触点的簧片，使常闭触点断开而常开触点闭合。当电动机转速低于某个值时，定子产生转矩减小，触点在簧片作用下复位，触点恢复原始状态（即常闭触点闭合，常开触点断开）。应用速度继电器，就可以使电动机反接制动电路的通断受电动机转速的控制。

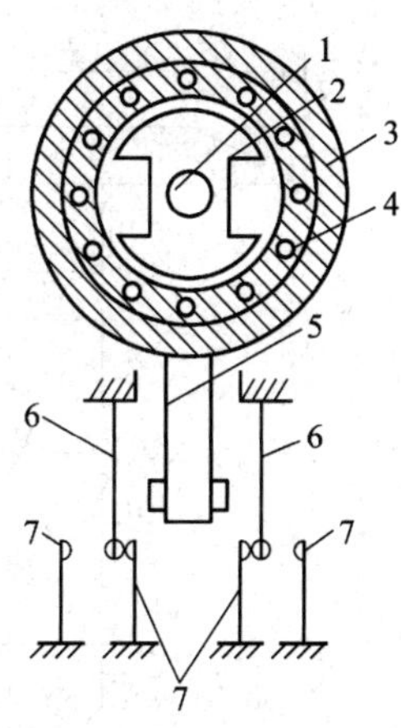

图 1—105　JY1 型速度继电器结构
1—电动机轴　2—转子（永久磁铁）
3—定子　4—定子绕组　5—胶木摆杆
6—动触点　7—静触点

一般速度继电器的触点动作转速为 120 r/min，触点复位转速在 100 r/min 以下。在连续工作制中，能在 3 000 ~3 600 r/min 的条件下可靠工作。

（3）反接制动控制线路

手动控制反接制动控制线路如图 1—106 所示。

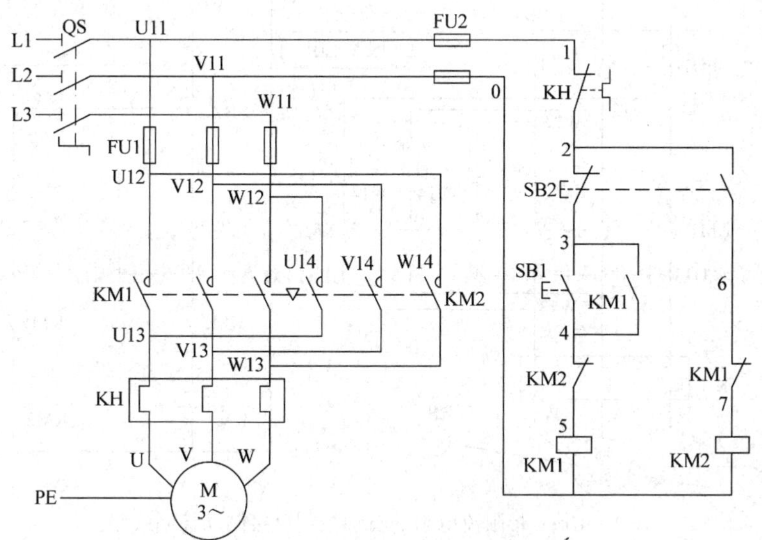

图 1—106　手动控制反接制动控制线路

如图 1—106 所示电路虽能实现反接制动，但在制动反接过程中必须按住按钮，并在转速为零时适时断开按钮，以免反转。实际应用中，常在反接制动线路中加入自锁功能，并使用速度继电器，以满足自动控制要求，如图 1—107 所示。

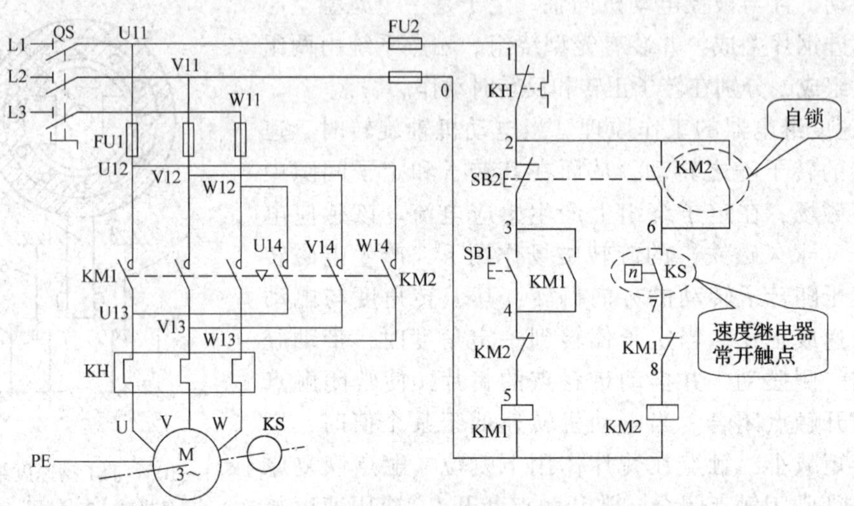

图 1—107　自动控制反接制动控制线路

反接制动时，由于旋转磁场与转子的相对转速（n_1+n）很高，故转子绕组中感应电流很大，致使定子绕组中的电流也很大，一般约为电动机额定电流的 10 倍。因此，反接时，一般在定子回路中串入限流电阻 R，以限制反接制动电流，如图 1—108 所示。

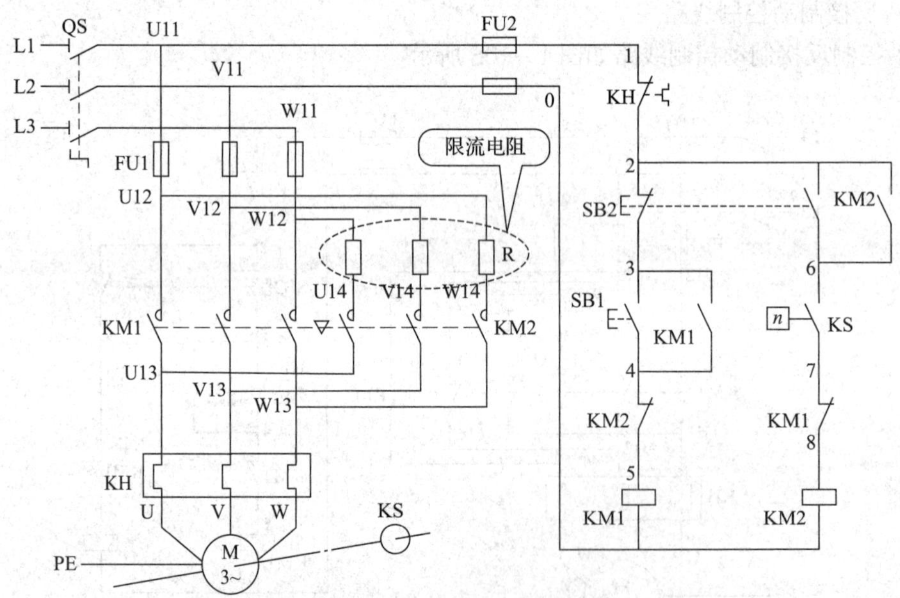

图 1—108　带限流电阻的自动控制反接制动控制线路

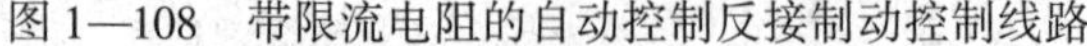

限流电阻 R 的大小可参考下述经验公式进行估算。

在电源电压为 380 V 时，若要使反接制动电流等于电动机直接启动时的启动电流的一半 $\left(\frac{1}{2}I_{ST}\right)$，则三相电路每相应串入的电阻 R 可取为：$R=1.5\times\frac{220}{I_{ST}}$；若使反接制动电流等于启

动电流 I_{ST}，则每相串入的电阻 R 可取为：$R=1.3\times\frac{220}{I_{ST}}$；若只在电源两相中串接电阻，则电阻 R 值应加大，分别取上述电阻值的 1.5 倍。

（4）线路工作原理分析

合上隔离开关 QS，接通电源。

启动：

按下启动按钮 SB1 ⟶接触器 KM1 线圈通电⟶电动机 M 正转⟶转速上升到120 r/min时，速度继电器 KS 常开触点闭合，为制动做准备

反接制动：

按下停止按钮SB2 ─┬→SB2常闭触点先断开⟶接触器KM1线圈断电⟶电动机M断电，惯性运转
　　　　　　　　　└→SB2常开触点后闭合⟶接触器KM2线圈通电⟶电动机M反接制动⟶

⟶电动机M转速下降到100 r/min 时，KS的常开触点打开⟶KM2线圈断电⟶电动机M停转，制动结束

断开隔离开关 QS，切断电源。

反接制动的优点是制动力强，制动迅速。缺点是制动准确性差，制动过程中冲击强烈，易损坏传动零件，制动能量消耗大，不宜频繁工作。因此，反接制动一般适用于制动要求迅速、系统惯性较大、不经常启动与制动的场合，如铣床、镗床、中型车床等主轴的制动控制。

§1—7　其他低压电器

学习目标

◎ 掌握中间继电器、电流继电器、电压继电器的作用并能正确绘制其图形、文字符号

◎ 能在继电器控制线路中正确应用中间继电器

◎ 能了解电磁阀的分类、连接方式及工作原理

在工业自动控制线路中，常常会出现这样的情况：控制线路需要使用接触器的常闭或常开触点才能达到控制目的，但是接触器本身所带的常闭或常开触点已经全部用完，无法完成控制任务。这时就需要使用中间继电器与原有的接触器并联，用中间继电器的常闭或常开触点去控制相应的元件，转换一下触点类型，达到所需要的控制目的。

一、中间继电器

中间继电器主要是起中间转换作用，将一个输入信号变成多个输出信号，其输入信号是线圈的通电或断电，输出信号为触点的动作。中间继电器通常用来增加触点的数量或者作为开关使用，有时在电子电路中也用来扩大触点的容量。常用的中间继电器有 JZ7、JZ14 等系列，JZ7 系列中间继电器和 JZ14 系列中间继电器的外观及图形符号如图 1—109 所示。

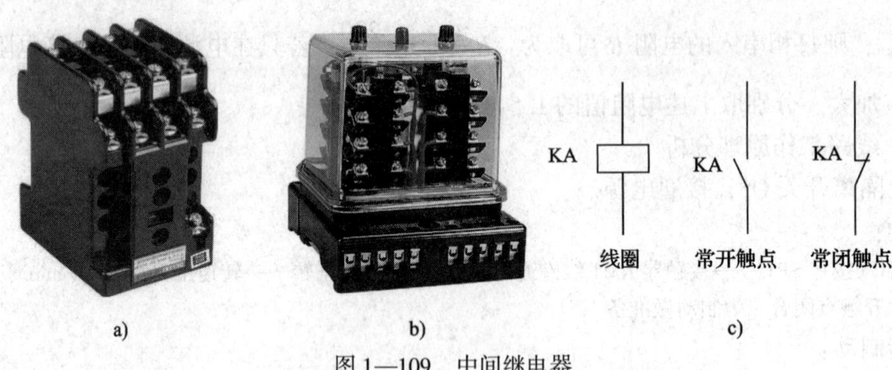

图 1—109　中间继电器

a）JZ7 系列　b）JZ14 系列　c）图形符号

JZ7 系列中间继电器的触点多达 8 对，可按 4 对常开、4 对常闭，6 对常开、2 对常闭或 8 对常开组合。线圈额定电压有 12 V、36 V、110 V、220 V、380 V 等。

JZ14 系列中间继电器为交流、直流通用。触点可按 6 对常开、2 对常闭，2 对常开、6 对常闭或 4 对常开、4 对常闭组合。线圈额定电压有交流 110 V、127 V、220 V、380 V 和直流 24 V、48 V、110 V、220 V。

中间继电器的动作原理和接触器相似，但中间继电器的触点数量多，且没有主、辅助触点之分，各对触点的电流大小相同，额定电流多为 5 A。在额定电流小于 5 A 的控制电路中，可用中间继电器代替接触器使用。图 1—109c 所示是中间继电器的图形符号。中间继电器一般根据负载电流的类型、电压等级和触点数量来选择。利用中间继电器控制三台电动机顺序启动、逆序停止的电路图如图 1—110 所示。

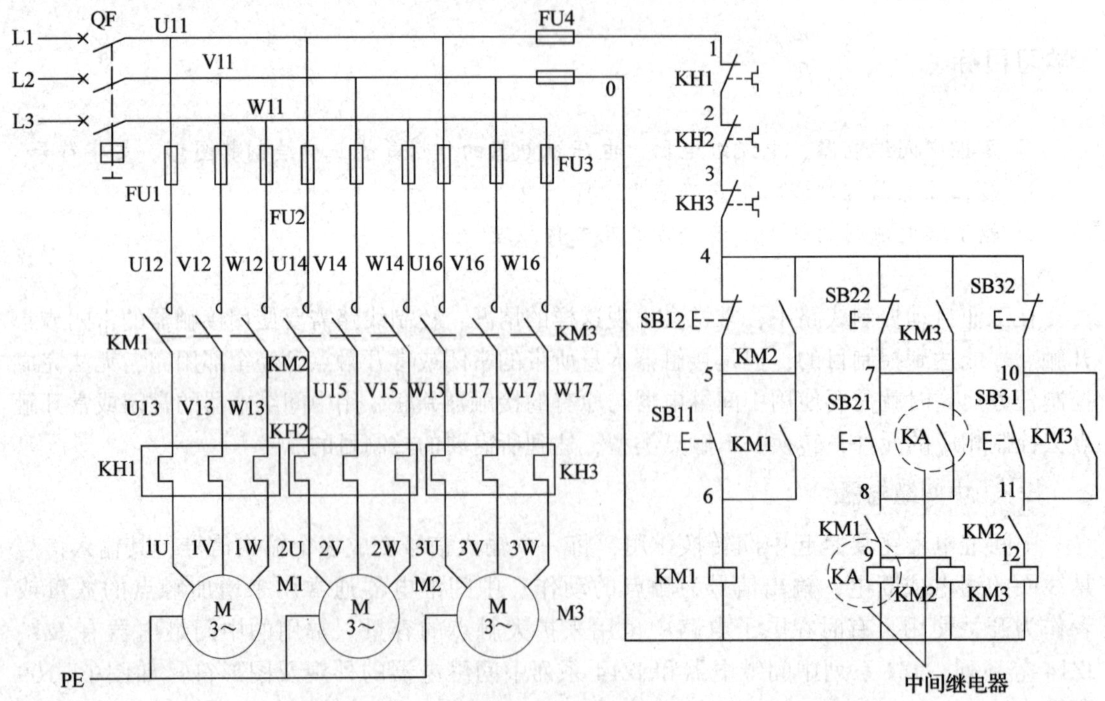

图 1—110　中间继电器控制三台电动机顺序启动、逆序停止线路

线路工作原理如下：

先合上电源开关 QF。

（1）电动机 M1、M2、M3 依次顺序启动

按下启动按钮SB11→接触器KM1线圈通电→KM1自锁触点闭合自锁、KM1主触点闭合→电动机M1启动；KM1常开辅助触点闭合→按下启动按钮SB21→接触器KM2线圈通电→中间继电器KA线圈通电→KA自锁触点闭合自锁→电动机M2启动；KM2主触点闭合→电动机M2启动；KM2两对常开辅助触点闭合→按下启动按钮SB31→接触器KM3线圈通电→KM3自锁触点闭合自锁、KM3主触点闭合→电动机M3启动；KM3常开辅助触点闭合

（2）M3、M2、M1 依次逆序停止

按下停止按钮SB32→接触器KM3线圈断电→KM3自锁触点分断、KM3主触点分断→电动机M3停止；KM3常开辅助触点分断→按下停止按钮SB22→接触器KM2线圈断电→中间继电器KA线圈断电→KA自锁触点分断→电动机M2停止运行；KM2主触点分断→电动机M2停止运行；KM2两对常开辅助触点分断→按下停止按钮SB12→接触器KM1线圈断电→KM1自锁触点分断、KM1主触点分断→电动机M1停止；KM1常开辅助触点分断

二、电流继电器

电流继电器是电力系统继电保护中最常用的元件。使用时，电流继电器的线圈与被测电路串联，用来检测电路中的电流。为不影响电路工作情况，其线圈匝数少，导线粗，阻抗小。电流继电器分为过电流继电器和欠电流继电器。

1. 过电流继电器

过电流继电器在电路正常工作时不动作，当电流超过某一整定值时才动作，整定范围通常为 1.1～4 倍额定电流。如图 1—111 所示为 JT4 系列过电流继电器。当接于主电路的线圈电流为整定值时，它所产生的电磁引力不能克服反力弹簧的反作用力，继电器不动作，常闭触点闭合，维持电路正常工作。一旦通过线圈的电流超过整定值，线圈电磁引力将大于弹簧反作用力，静铁芯吸引衔铁使其动作，常闭触点断开，切断控制回路，保护了电路和负载。它主要用于频繁启动和重载启动的场合，作为电动机和主电路的过载和短路保护。

2. 欠电流继电器

当通过继电器的电流减小到低于其整定值时就动作的继电器称为欠电流继电器。在线圈电流正常时这种继电器的衔铁与铁芯是吸合的，它常用于直流电动机励磁电路和电磁吸盘的弱磁保护。

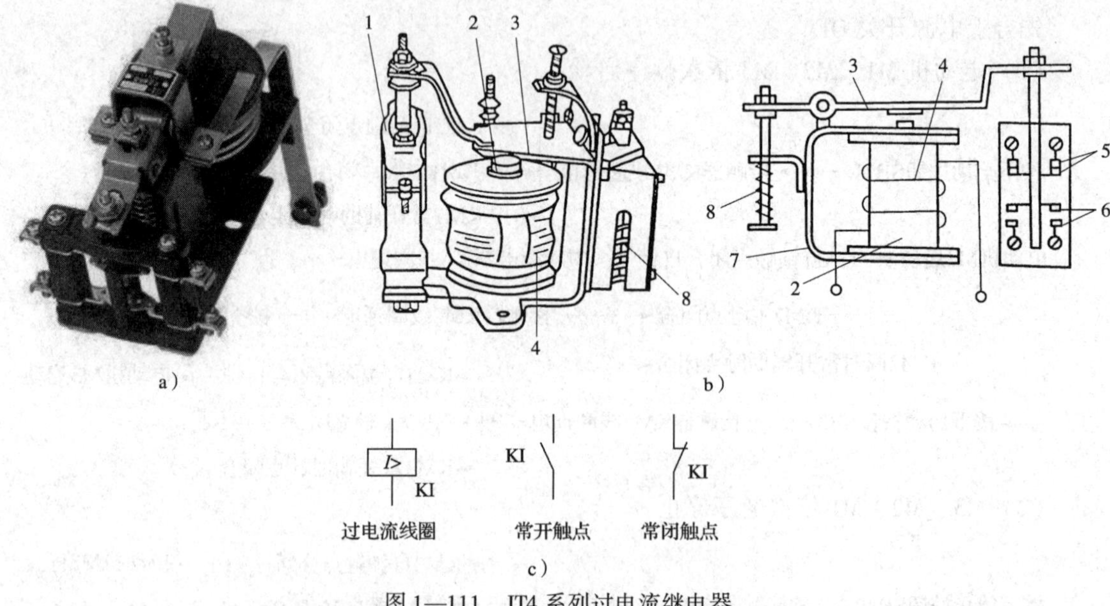

图 1—111　JT4 系列过电流继电器

a）外形　b）结构　c）图形、文字符号

1—触点　2—静铁芯　3—衔铁　4—过电流线圈　5—常闭触点　6—常开触点　7—磁轭　8—反力弹簧

常用的欠电流继电器有 JL14 - Q 等系列产品，其结构与工作原理和 JT4 系列欠电流继电器相似。这种欠电流继电器的动作电流为线圈额定电流的 30% ~65%，释放电流为线圈额定电流的 10% ~20%。因此，当通过欠电流继电器线圈的电流降低到额定电流的 10% ~20%时，欠电流继电器即释放复位，其常开触点断开，常闭触点闭合，给出控制信号，使控制电路做出相应的反应。

欠电流继电器的图形、文字符号如图 1—112 所示。

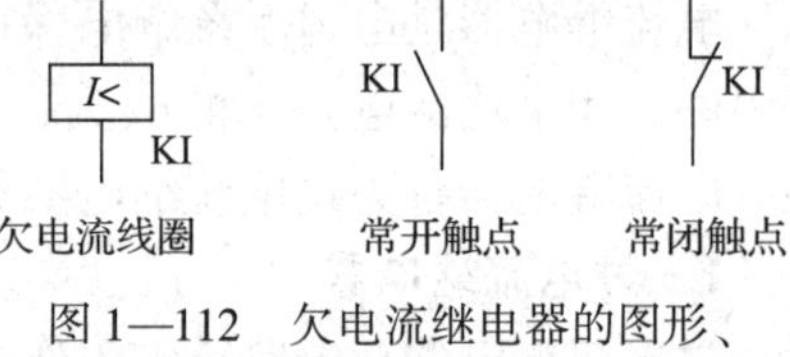

图 1—112　欠电流继电器的图形、文字符号

三、电压继电器

电压继电器是一种电子控制器件，它具有控制系统和被控制系统，通常应用于自动控制电路中。使用时电压继电器的线圈并联在被测量的电路中，根据线圈两端电压的大小接通或断开电路。电压继电器线圈匝数多，导线细，阻抗大。

根据实际应用的要求，电压继电器分为过电压继电器、欠电压继电器和零电压继电器。过电压继电器是当电压大于其整定值时动作的电压继电器，主要用于对电路或设备进行过电压保护，常用的过电压继电器为 JT4 - A 系列，其动作电压可在 105% ~120% 额定电压范围内调整。欠电压继电器是当电压降至某一规定范围时动作的电压继电器；零电压继电器是欠电压继电器的一种特殊形式，是当继电器的端电压降至或接近消失时才动作的电压继电器。可见，欠电压继电器和零电压继电器在线路正常工作时，铁芯与衔铁是吸合的，当电压降至低于整定值时，衔铁释放，带动触点动作，对电路实现欠电压或零电压保护。常用的欠电压

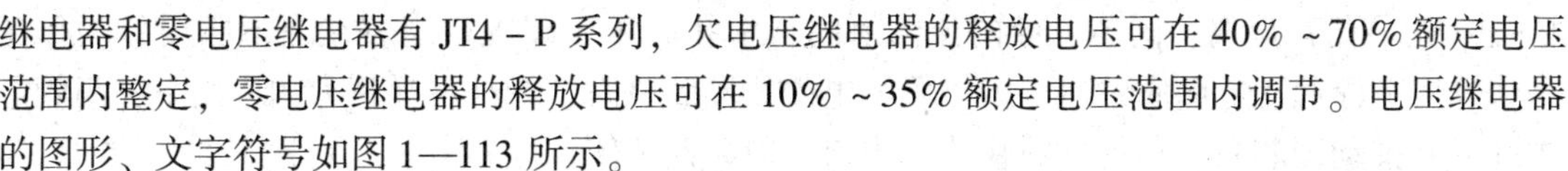

继电器和零电压继电器有 JT4－P 系列，欠电压继电器的释放电压可在 40%～70% 额定电压范围内整定，零电压继电器的释放电压可在 10%～35% 额定电压范围内调节。电压继电器的图形、文字符号如图 1—113 所示。

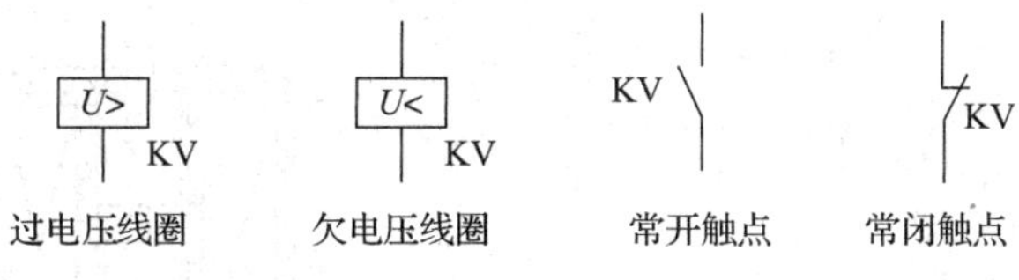

图 1—113　电压继电器图形、文字符号

四、电磁阀

电磁阀是对流体的流动方向进行自动化控制的基础元件，属于执行电器，通常用于机械控制。

1. 电磁阀的分类

电磁阀按照原理进行分类的情况见表 1—10。

表 1—10　　　　**电磁阀的分类**

类别	直动式电磁阀	分步直动式电磁阀	先导式电磁阀
图示			
工作原理	由电磁力直接驱动阀芯运动，改变流道通断或换向	由电磁力先驱动小阀，小阀动作再带动主阀芯（同时吸收流道压力差），控制电磁阀的通断	由电磁力驱动先导阀，再由流道压力差控制电磁阀的通断
特点	结构简单；动作可靠；在真空、负压、零压（进出口流道压力差极小）时能正常工作；对安装方向无特殊要求；因操作功率限制，通常只能控制 25 mm 以下的通径	功耗大；在零压差或真空、高压时也能可靠动作；要求必须水平安装，适用于流量大、通径大的管道，但其工作压差接近或小于零	功耗小；流径可较大；流体压力范围上限较高，可任意安装（需定制）；必须满足进流口压力不得小于出流口压力的条件；通常应用在压差较大的环境中，在工作压差为 0.04 MPa 以上时可选用间接先导式

2. 直动式电磁阀工作原理

在机床电气控制中，最常用的电磁阀为直动式电磁阀，如图 1—114 所示。其工作原理为电磁阀的电磁线圈通电时，动铁芯吸合，带动阀杆上移，弹簧同时被压缩，使阀杆与阀芯中孔（先导孔）分离，阀芯上腔的流体瞬间从中孔卸压，卸压后阀芯在上下腔压差的作用下快速向上浮起，电磁阀开启。电磁阀的电磁线圈断电时，阀杆在弹簧力的作用下关闭阀芯中孔，并推动阀芯向下移动，封住流体出口，电磁阀关闭。

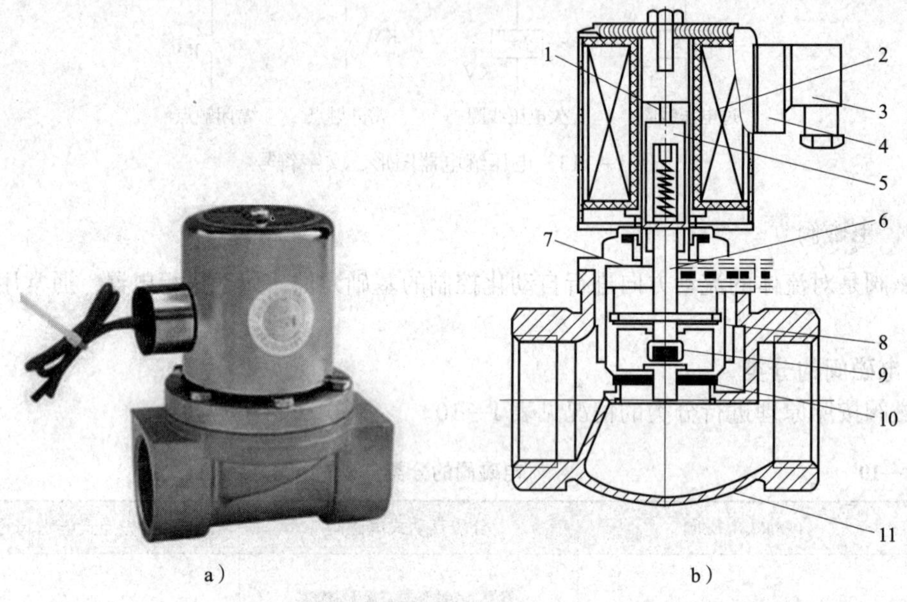

图 1—114　电磁阀

a）实物图　b）结构图

1—活动顶杆　2—电磁铁　3、4—接线盒　5—活动铁芯　6—活动顶杆圈　7—隔磁管组　8—活塞　9—铁芯密封件　10—活塞密封件　11—阀体

3. 直动式电磁阀的应用

直动式电磁阀不但能够应用在气动系统中，在油压的系统、水压的系统中也能够得到相同或者类似的应用，如低功率不供油小型电磁换向阀，密封件不需供油，排出的气体不会污染环境，可用于食品、医药、电子等行业。

随着技术的不断进步，直动式电磁阀技术与控制技术、计算机技术、电子技术相结合，已经能够进行多种复杂的控制。直动式电磁阀已经广泛地应用在生产的各个领域中，随着电磁控制技术和制造工艺的提高，直动式电磁阀能够实现更加精巧的控制，为实现不同的气动系统、液压系统发挥其作用。

选用电磁阀时主要考虑其安全性和适用性，直动式电磁阀安装注意事项如下：

（1）安装时应注意阀体上箭头应与介质流向一致。不可装在直接滴水或溅水的地方。直动式电磁阀应垂直向上安装。

（2）直动式电磁阀应保证在电源电压为额定电压的 10% ~15% 波动范围内正常工作。

（3）直动式电磁阀安装后，管道中不得有反向压差，并需通电数次，使之适温后方可正式投入使用。

（4）直动式电磁阀安装前应彻底清洗管道，通入的介质应无杂质，阀前装过滤器。

（5）当直动式电磁阀发生故障或清洗时，为保证系统继续运行，应安装旁路装置。

五、压力继电器

压力继电器是一种将油液的压力信号转换成电信号的液－电转换元件。当油液压力达到压力继电器的调定压力时，能自动接通或断开电路，使电磁铁、继电器、电动机等电气元件通电运转或断电停止工作，以实现对液压系统工作程序的控制、安全保护或元件动作的联锁等。

1. 压力继电器的分类

任何压力继电器都是由压力－位移转换装置和微动开关两部分组成的，按压力－位移转换装置的结构划分，压力继电器有柱塞式、弹簧管式、膜片式和波纹管式四类，其中以柱塞式最为常用。

柱塞式压力继电器的主要零件有柱塞、顶杆、调节螺钉和微动开关，其结构示意图及图形符号如图 1—115 所示。压力油从继电器下端油口通入后作用在柱塞的底部，若其压力已达到弹簧的调定值，便克服弹簧的阻力和柱塞表面的摩擦力推动柱塞上升，通过顶杆使微动

a）

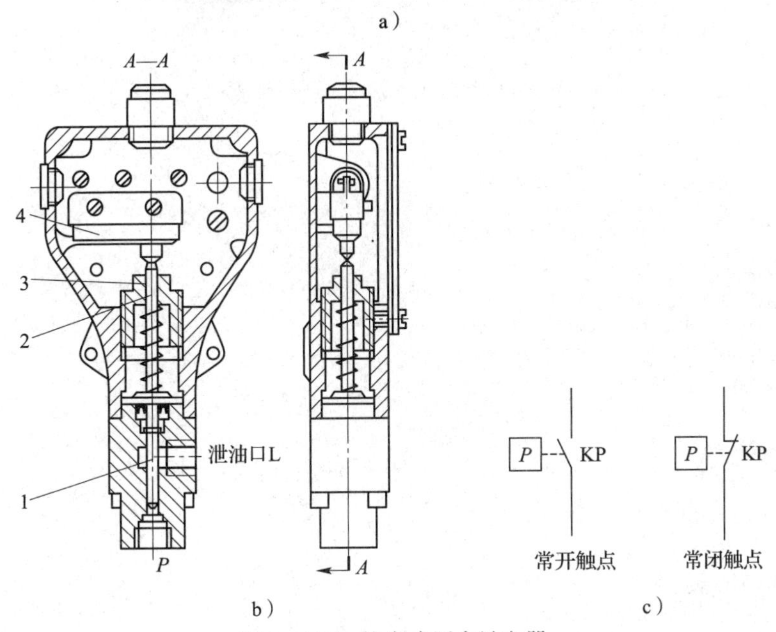

b）　　　　c）

图 1—115　柱塞式压力继电器

a）实物图　b）结构示意图　c）图形符号

1—柱塞　2—顶杆　3—调节螺钉　4—微动开关

开关的触点闭合，发出电信号。拧动调节螺钉，改变弹簧的预压缩量，可以调节压力继电器的设定压力。L 为泄油口。

柱塞式压力继电器工作可靠、使用寿命长、成本低。由于其容积变化较大，故不易受压力波动的影响。但由于弹簧刚度较大，重复精度较低，误差为调定压力的 1.5% ~2.5%。此外，开启压力与闭合压力的差值较大。

2. 压力继电器的主要性能指标

（1）调压范围

指发出电信号的最低压力和最高压力的范围。

（2）通断调节区间

压力升高时，压力继电器接通电信号的压力称为开启压力；压力下降时，压力继电器复位切断电信号的压力称为闭合压力。压力继电器开启时，柱塞、顶杆移动时所受到的摩擦力的方向与压力方向相反，闭合时则相同，故开启压力比闭合压力大。两者之差称为通断调节区间，通断调节区间应有足够大的数值，否则系统压力脉动时，压力继电器发出的电信号会时断时续，产生误动作。中压系统中使用的压力继电器，其通断调节区间一般为 0.35 ~0.8 MPa。

第二章　典型机床电气控制线路

§2—1　CA6140 型车床电气控制

学习目标

◎ 了解 CA6140 型车床的主要运动形式，能进行试运行操作
◎ 能读懂机床电路图
◎ 掌握 CA6140 型车床电路工作原理

在各种金属切削机床中，车床占的比重最大，应用也极为广泛，适用于机械制造业的单件、小批次的生产车间，各行业的工具制造部门，机械设备维修部门及试验室等。车床能够车削各种工件的外圆、内圆、端面、螺纹、螺杆、定形表面，并可以装上钻头、铰刀等进行钻孔和铰孔等加工。

一、CA6140 型车床的型号含义及主要结构

1. CA6140 型车床的型号含义

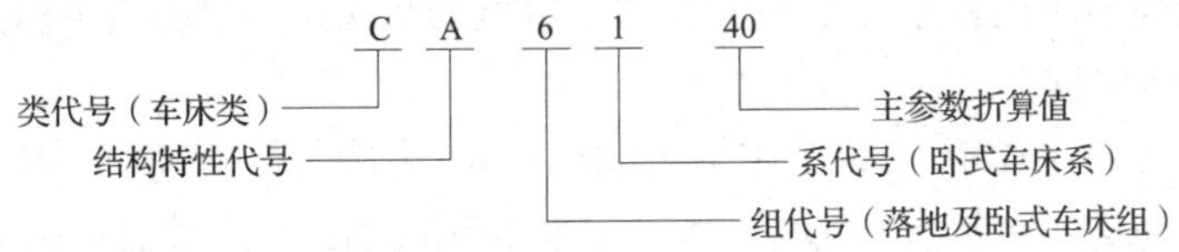

2. CA6140 型车床的主要结构

CA6140 型车床主要由床身、主轴箱、进给箱、溜板箱、刀架、卡盘、尾座、光杠和丝杠等部件组成。如图 2—1 所示为 CA6140 型车床的外形。

二、CA6140 型车床的运动形式和电气控制要求

1. CA6140 型车床的运动形式

车床的切削运动包括工件旋转的主运动和刀具的直线进给运动。主运动是卡盘或卡盘与顶尖带着工件的旋转运动，车床的进给运动是刀架带动刀具的直线运动。溜板箱把丝杠或光杠的转动传递给刀架部分，变换溜板箱外的手柄位置，经刀架部分使车刀做纵向或横向进给。车床的辅助运动有尾座的纵向移动、工件的夹紧或放松等。

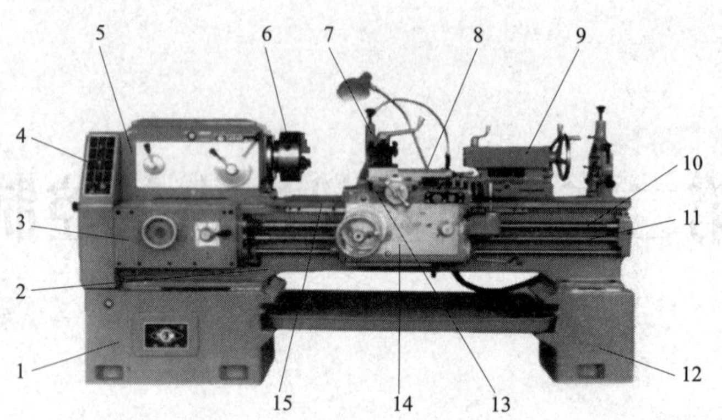

图 2—1　CA6140 型车床外形

1—左床座　2—床身　3—进给箱　4—挂轮架　5—主轴箱　6—卡盘　7—方刀架
8—小滑板　9—尾座　10—丝杠　11—光杠　12—右床座　13—横溜板　14—溜板箱　15—纵溜板

2. CA6140 型车床的控制要求

（1）主轴电动机一般采用三相笼型异步电动机，不进行电气调速而是通过齿轮箱进行机械有效调速。

（2）在车削螺纹时，要求主轴有正、反转，其正、反转的转换通过机械方法来实现。

（3）主轴电动机的启动、停止采用按钮操作，只作单向运转。

（4）刀架移动速度和主轴转动速度有固定的比例关系，以便满足对螺纹的加工需要。

（5）车削加工时，需要切削液冷却工件，所以必须配有冷却泵电动机，且要求主电动机启动之后，冷却泵电动机才可启动，而当主电动机停止时，冷却泵电动机应立刻停止。

（6）必须配有过载、短路、失压和欠压保护。

（7）具有安全的局部照明装置。

三、CA6140 型车床电路工作原理

如图 2—2 所示为 CA6140 型车床的电气控制线路图。CA6140 型车床电气元件明细表见表 2—1。接触器线圈符号下的数字标记见表 2—2。继电器线圈符号下的数字标记见表 2—3。

1. 主电路工作原理

主电路中共有三台电动机：M1 为主轴电动机；M2 为冷却泵电动机；M3 为刀架快速移动电动机。三相交流电源由电源开关 QS 引入。主轴电动机 M1 由接触器 KM1 控制，熔断器 FU 提供短路保护，热继电器 KH1 提供过载保护。冷却泵电动机 M2 由中间继电器 KA1 控制，热继电器 KH2 提供过载保护。刀架快速移动电动机 M3 由中间继电器 KA2 控制，由于 M3 是点动短时运转，所以未设过载保护。FU1 作为电动机 M2、电动机 M3、控制变压器 TC 的短路保护。

2. 控制电路工作原理

控制变压器 TC 将 380 V 交流电压降为 110 V，为控制电路提供电源。

（1）主轴电动机 M1 的控制

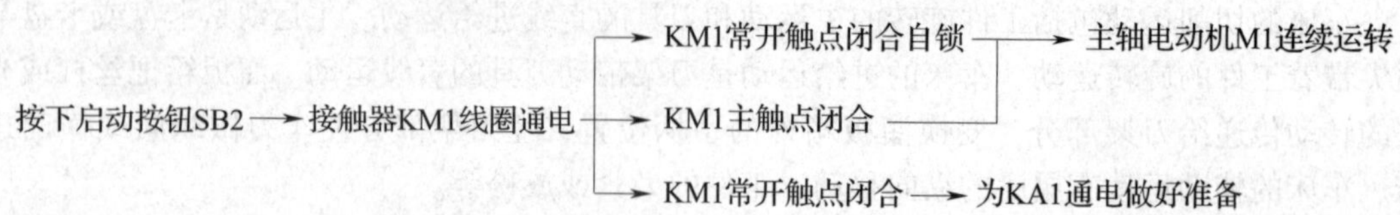

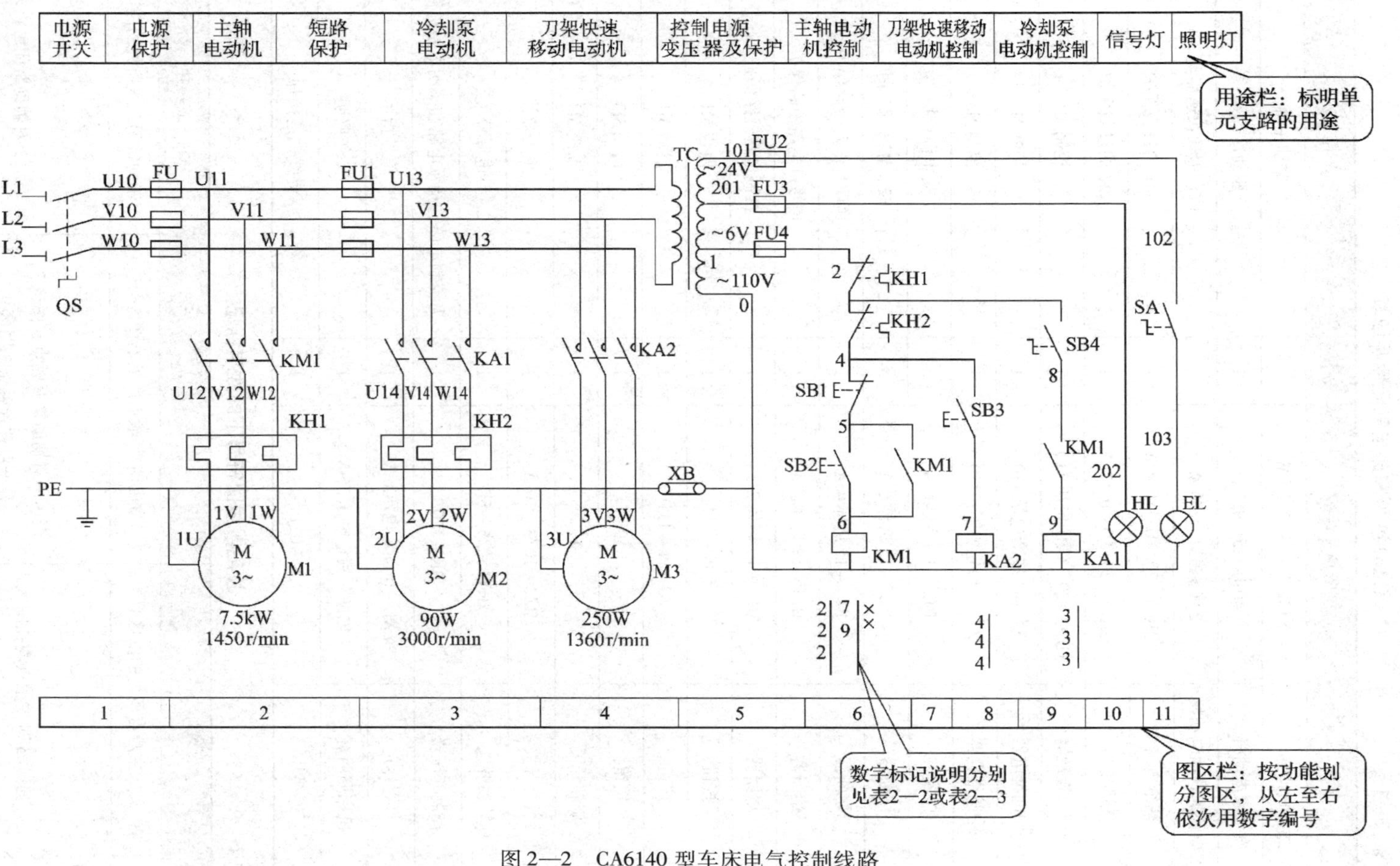

图 2—2 CA6140 型车床电气控制线路

按下停止按钮 SB1，主轴电动机 M1 停转。

表 2—1　　CA6140 型车床电气元件明细表

符号	名称	型号及规格	数量	用途
M1	主轴电动机	Y132M－4　7.5 kW	1	驱动主轴
M2	冷却泵电动机	A0B－25　90 W	1	驱动冷却泵
M3	刀架快速移动电动机	2AOS5634　250 W	1	驱动刀架快速移动
KH1	热继电器	JR16－20/3D　15.4 A	1	M1 的过载保护
KH2	热继电器	JR16－20/3D　0.32 A	1	M2 的过载保护
KM1	交流接触器	CJ10－20　线圈电压 110 V	1	控制 M1
KA1	中间继电器	JZ7－44 线圈电压 110 V	1	控制 M2
KA2	中间继电器	JZ7－44 线圈电压 110 V	1	控制 M3
FU	熔断器	RL1－15 熔体 6 A	3	电源保护
FU1	熔断器	RL1－15 熔体 6 A	3	M2、M3 短路保护
FU2	熔断器	RL1－15 熔体 4 A	1	照明灯电路短路保护
FU3	熔断器	RL1－15 熔体 2 A	1	信号灯电路短路保护
FU4	熔断器	RL1－15 熔体 2 A	1	控制电路短路保护
SB1	按钮	LA19－11	1	停止 M1
SB2	按钮	LA19－11D	1	启动 M1
SB3	按钮	LA9	1	启动 M3
SB4	旋转开关	LA9	1	控制 M2
SA	组合开关	HZ2－10/3，10 A	1	照明开关
QS	转换开关	HY1－25－SG	1	电源开关
TC	控制变压器	BK－150	1	为控制电路、指示电路和照明电路提供电源
HL	信号灯	XD－0 额定电压 6 V	1	信号指示
EL	机床照明灯	JC11　额定电压 35 V	1	工作照明
XB	连接片	X－021	1	导线铜连接片

表 2—2　　接触器线圈符号下的数字标记

<table>
<tr><th colspan="3">栏目</th><th>左栏</th><th>中栏</th><th>右栏</th></tr>
<tr><td>左</td><td>中</td><td>右</td><td>主触点所处的图区号</td><td>辅助常开触点所处的图区号</td><td>辅助常闭触点所处的图区号</td></tr>
<tr><td colspan="3">KM1
2 | 7 | ×
2 | 9 | ×
2 | |</td><td>表示 3 对主触点均在图区 2</td><td>表示一对辅助常开触点在图区 7，另一对常开触点在图区 9</td><td>表示 2 对辅助常闭触点未用</td></tr>
</table>

表 2—3　　继电器线圈符号下的数字标记

栏目		左栏	右栏
左	右	常开触点所处的图区号	常闭触点所处的图区号
KA2 4 | 4 | 4 |		表示 3 对常开触点均在图区 4	KA2 常闭触点未用

（2）冷却泵电动机 M2 的控制

由于主轴电动机 M1 和冷却泵电动机 M2 在控制电路中采用顺序控制，故只有当主轴电动机 M1 启动后，KM1 常开辅助触点闭合，如图 2—3 所示，再合上旋钮开关 SB4，中间继电器 KA1 的线圈通电吸合，其常开触点（3 区）闭合，冷却泵电动机 M2 才能启动。M1 停止运行时，M2 自行停止。

（3）刀架快速移动电动机 M3 的控制

刀架快速移动电动机 M3 的启动由按钮 SB3 控制，并采用点动控制。由进给操作手柄配合机械装置实现刀架前、后、左、右移动，若按下按钮 SB3，可实现刀具快速地接近或退离加工部位。

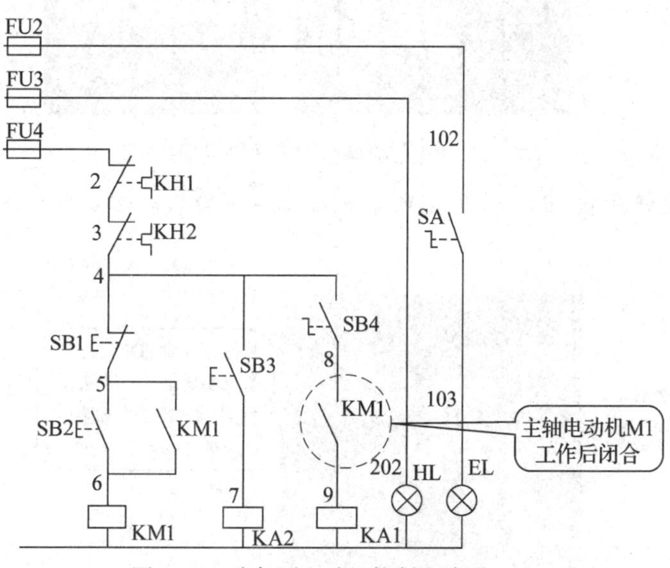

图 2—3　冷却泵电动机控制电路图

（4）照明、信号电路的控制

EL 为车床低压照明灯，由控制变压器 TC 的二次侧输出 24 V 安全电压供电，由开关 SA 控制，熔断器 FU2 提供短路保护。

HL 为电源信号灯，由 TC 的二次侧输出 6 V 电压供电，熔断器 FU3 提供短路保护，电源接通后信号灯亮，表示车床已接通电源。

课堂活动

CA6140 型车床的操作

通过教师演示或进行实际操作，观察 CA6140 型车床的运行过程。

具体操作步骤如下：

（1）接通电源，合上转换开关 QS，如图 2—4 所示。

图 2—4　机床通电

（2）按下主轴电动机启动按钮 SB2，接触器 KM1 通电吸合并自锁，主轴电动机 M1 通电连续运转，如图 2—5 所示。

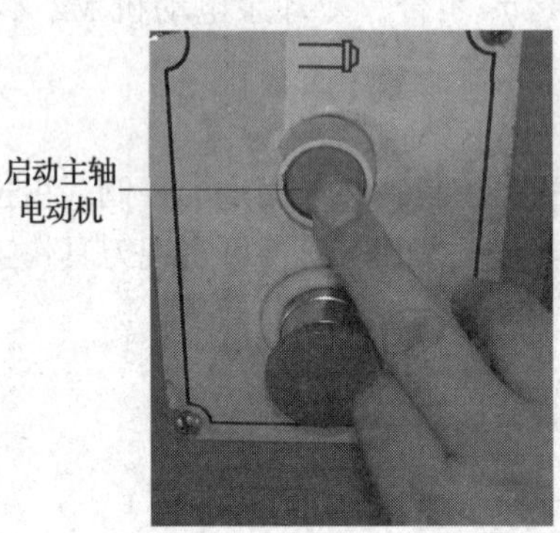

图 2—5　主轴电动机启动

（3）合上旋钮开关 SB4，中间继电器 KA1 通电吸合，冷却泵电动机 M2 通电连续运转，如图 2—6 所示。

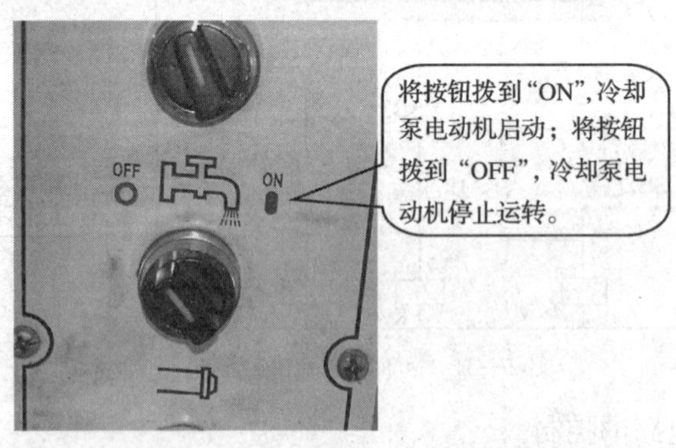

图 2—6　冷却泵电动机启动

（4）松开旋钮开关 SB4，冷却泵电动机 M2 断电停转（或按下停止按钮 SB1，主轴电动机 M1 和冷却泵电动机 M2 断电停转）。

（5）按下按钮 SB3，中间继电器 KA2 通电吸合，刀架快速移动电动机 M3 运转（点动），如图 2—7 所示。

(6) 断开电源开关 QS，如图 2—8 所示，刀架快速移动电动机 M3 断电停止运转。

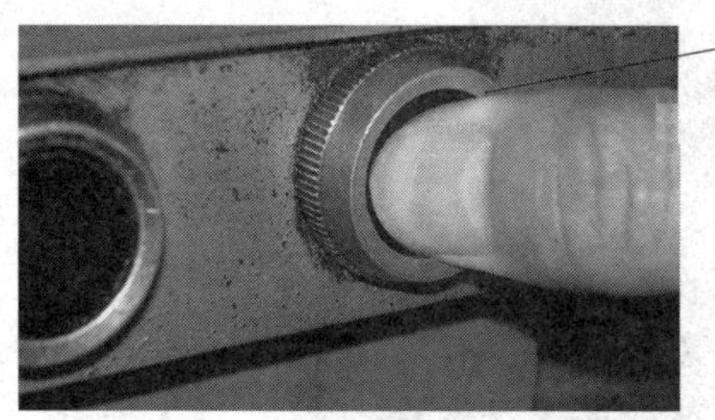

图 2—7 刀架快进

图 2—8 断开电源

§2—2 M7120 型平面磨床电气控制

学习目标

◎ 了解 M7120 型平面磨床的主要运动形式和加工特点，能进行试运行操作

◎ 清楚元器件的位置及线路走向

◎ 掌握 M7120 型平面磨床电路工作原理

磨床是以砂轮周边或端面对工件进行机械加工的精密机床，它不仅能加工普通的金属材料，而且能加工淬火钢或硬质合金等高硬度材料。磨床可以加工各种表面，如内、外圆柱面和圆锥面、平面、渐开线齿廓面、螺旋面以及各种成形表面。可进行预加工、粗加工、精加工和超精加工，可以进行各种高硬、超硬材料的加工，还可以刃磨刀具和进行切断等，使用范围十分广泛。

一、M7120 型平面磨床的型号含义及主要结构

1. M7120 型平面磨床的型号含义

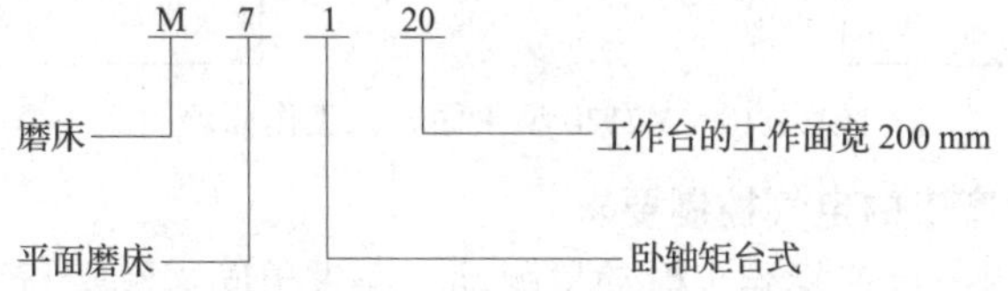

2. M7120 型平面磨床的主要结构

M7120 型平面磨床主要由床身、工作台、电磁吸盘、砂轮箱（又称磨头）、滑座、立柱等部分组成，如图 2—9 所示。

二、M7120 型平面磨床的运动形式和电气控制要求

1. M7120 型平面磨床的运动形式

M7120 型平面磨床工作原理图如图 2—10 所示，磨床的主运动是砂轮的旋转运动。进给运动包括：垂直进给，即滑座在立柱上的上下运动；横向进给，即砂轮箱在滑座上的水平运动；纵向进

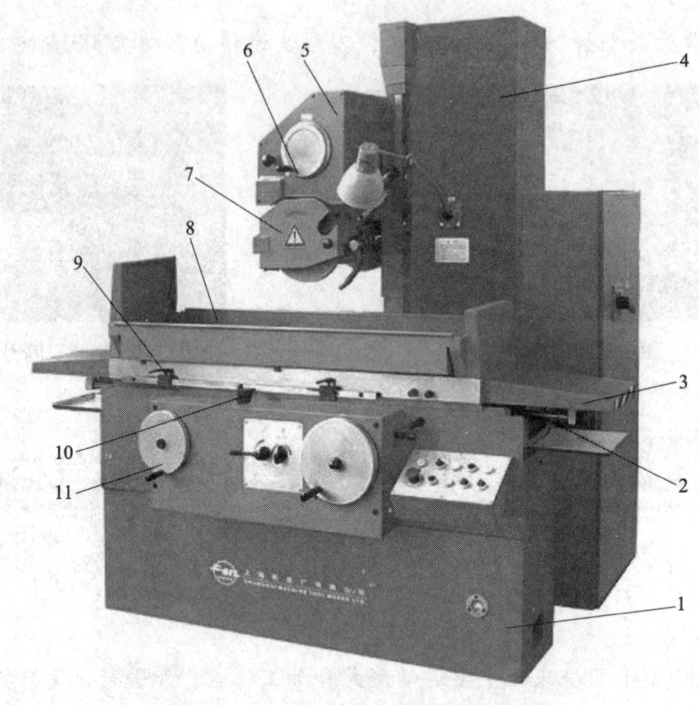

图 2—9　M7120 型平面磨床的外形

1—床身　2—活塞杆　3—工作台　4—立柱　5—滑座　6—砂轮箱横向移动手轮　7—砂轮箱
8—电磁吸盘　9—工作台换向撞块　10—工作台往返运动换向手柄　11—砂轮箱垂直进刀手轮

给，即工作台沿床身的往复运动。工作台每完成一次往复运动时，砂轮箱做一次间断性的横向进给；当加工完整个平面后，砂轮箱做一次间断性的垂直进给。辅助运动有工作台及砂轮架的快速移动等。

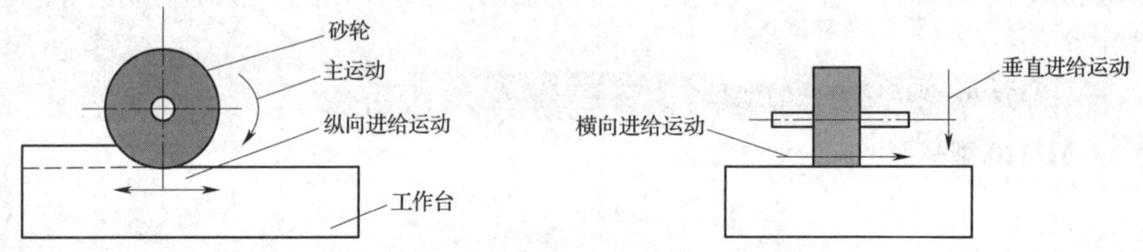

图 2—10　M7120 型平面磨床工作原理图

2. M7120 型平面磨床的电气控制要求

（1）砂轮的旋转用一台三相异步电动机驱动，要求单向连续运行。

（2）砂轮电动机、液压泵电动机和冷却泵电动机都只要求单向旋转。

（3）砂轮升降电动机要求能正反转控制。

（4）冷却泵电动机只有在砂轮电动机启动后才能够启动。

（5）电磁吸盘应有充磁和去磁控制环节。

三、M7120 型平面磨床电路工作原理

如图 2—11 所示为 M7120 型平面磨床电气控制线路。M7120 型平面磨床电气元件明细表见表 2—4。

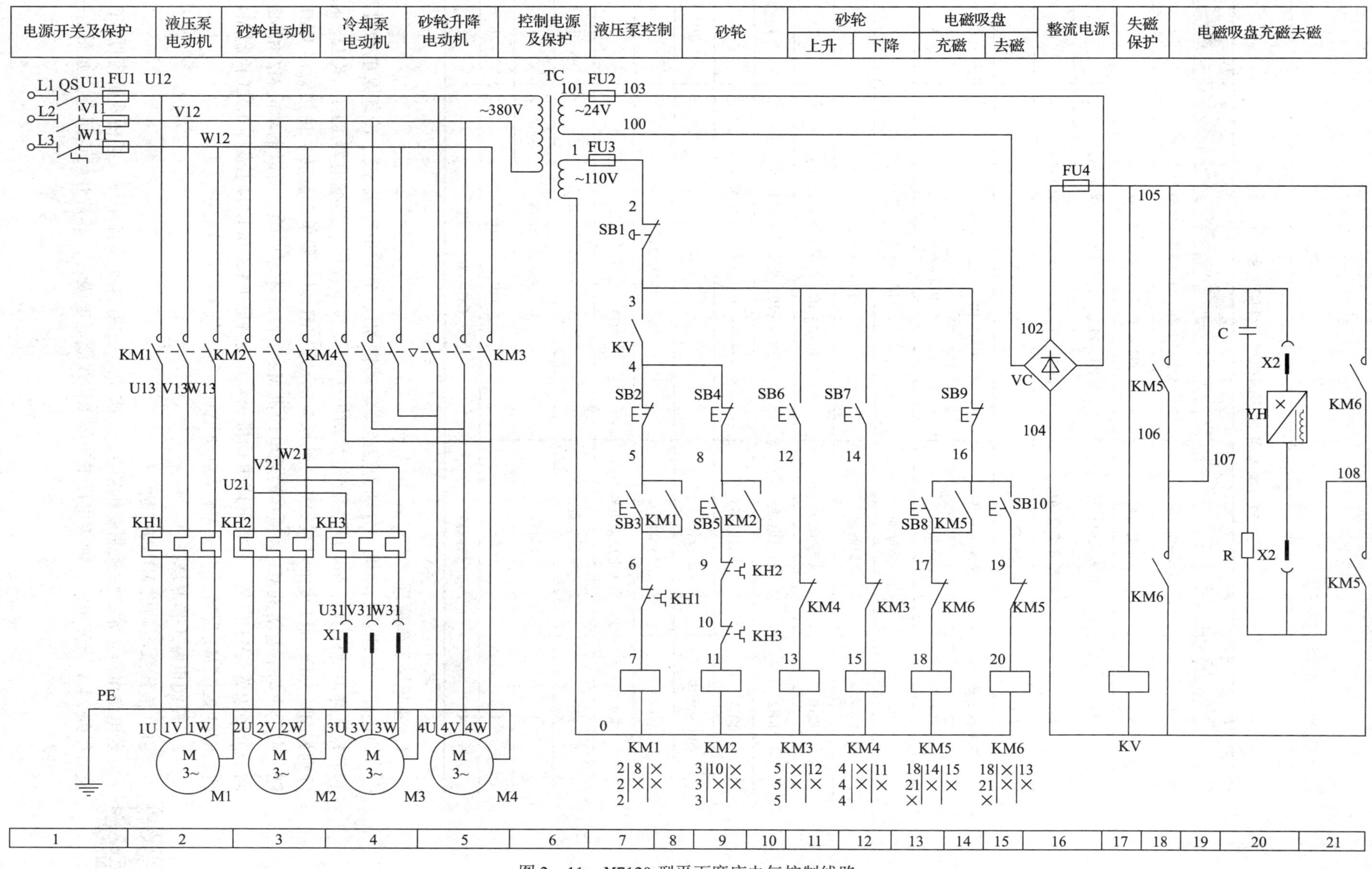

图 2—11　M7120 型平面磨床电气控制线路

表 2—4　　M7120 型平面磨床电气元件明细表

符号	名称	型号及规格	数量
M1	液压泵电动机	J02－21－4　1.1 kW　1 410 r/min	1
M2	砂轮电动机	J02－31－2　3 kW　2 860 r/min	1
M3	冷却泵电动机	PB－25 A　0.12 kW　3 000 r/min	1
M4	砂轮升降电动机	J02－801－4　0.75 kW　1 410 r/min	1
QS	电源转换开关	HZ1－25/3　25 A	1
KM1 ~ KM6	交流接触器	CJ0－10 A　线圈电压 110 V	6
FU1	熔断器	RL1－60/25	3
FU2	熔断器	RL1－45/2	1
FU3 ~ FU4	熔断器	RL1－15/2	2
KH1	热继电器	JR10－10　整定电流 2.17 A	1
KH2	热继电器	JR10－10　整定电流 6.16 A	1
KH3	热继电器	JR10－10　整定电流 0.47 A	1
SB1 ~ SB10	按钮	LA2	10
VC	整流器	4X2CZ11C	1
KV	欠电压继电器	JT4－P　直流 110 V	1
YH	电磁吸盘	HDXP　110 V　1.45 A	1
R	电阻器	GF　500 Ω　50 W	1
C	电容器	110 V　5 μF	1
X1	接插器	CY0－36　三级	1

1. 主电路工作原理

主电路中有四台电动机，分别为液压泵电动机 M1、砂轮电动机 M2、冷却泵电动机 M3 和砂轮升降电动机 M4，它们的短路保护均由熔断器 FU1 提供。热继电器 KH1、KH2、KH3 分别为 M1、M2、M3 提供过载保护。液压泵电动机 M1 只需要单向旋转，由接触器 KM1 控制。由于冷却泵电动机 M3 必须在砂轮电动机 M2 运转后才能启动，所以电动机 M2 和 M3 由同一个接触器 KM2 控制。砂轮升降电动机 M4 由接触器 KM3 和 KM4 控制，KM3 控制 M4 正转，KM4 控制 M4 反转，由于 M4 是点动短时运转，故未设过载保护。

2. 控制电路工作原理

(1) 液压泵电动机 M1 的控制

若电源电压正常，由控制变压器 TC 二次绕组提供 24 V 交流电压，经桥式整流器 VC 整流后得到 24 V 直流电压，使欠电压继电器 KV 线圈通电吸合，其常开触点闭合，如图 2—11

所示，为电动机的启动做好准备。若电源电压偏低，KV 不能可靠工作，则四台电动机均不能启动。

按下停止按钮 SB2，液压泵电动机 M1 断电停转。

（2）砂轮电动机 M2 及冷却泵电动机 M3 的控制

欠电压继电器 KV 线圈吸合后，按下启动按钮 SB5，接触器 KM2 线圈通电并自锁，其主触点 KM2 闭合，砂轮电动机 M2 启动并连续运转。按下停止按钮 SB4，KM2 线圈断电，M2 停转。在插上插头 X1 后，冷却泵电动机 M3 与砂轮电动机 M2 同时启动、停止。如果不需要切削液，拔下插头 X1 即可。

（3）砂轮升降电动机 M4 的控制

由于砂轮升降是短时运转，故采用点动控制。按下正转启动按钮 SB6，接触器 KM3 线圈通电吸合，其主触点闭合，砂轮升降电动机 M4 启动并正转，砂轮上升。当砂轮上升到所需位置时，松开 SB6，KM3 线圈断电，M4 停转，砂轮停止上升。

按下反转启动按钮 SB7，KM4 线圈通电吸合，M4 启动并反转，砂轮下降，当砂轮下降到所需位置时，松开 SB7，M4 停转，砂轮停止下降。为了防止接触器 KM3、KM4 同时通电吸合，控制电路中分别串联对方的常闭联锁触点，以免造成短路故障。

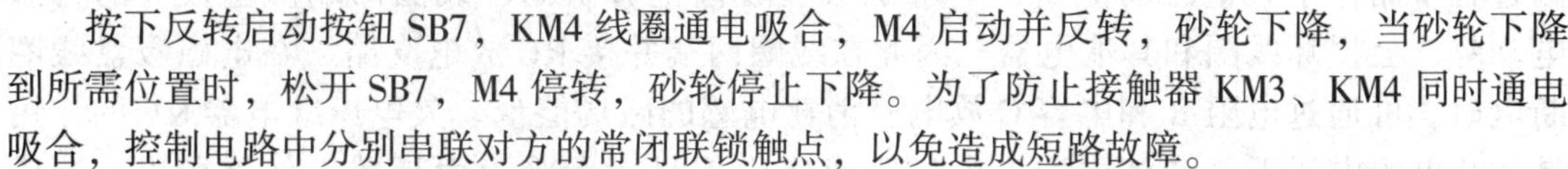

（4）电磁吸盘 YH 的控制

电磁吸盘是一种固定加工工件的夹具。它与机械夹紧装置相比，优点是操作快捷，不损伤工件并能同时吸牢多个小工件，在加工过程中发热工件可以自由伸缩。缺点是必须使用直流电源，不能吸牢非磁性材料工件。

电磁吸盘的结构如图 2—12 所示，其外壳和盖板是钢制箱体，中间是有凸起的芯体，钢板盖板用非磁性材料（如铅锡合金等）隔成若干个小块。当工件放在工作台上时，在工作台上产生磁力，将工件牢牢吸住。

电磁吸盘的控制电路包括整流装置、控制装置和保护装置三个部分。整流装置由控制变压器 TC 和单相桥式全波整流器 VC 组成，供给 24 V 直流电源。控制装置由按钮 SB8、SB9、SB10 和接触器 KM5、KM6 等组成。

充磁：

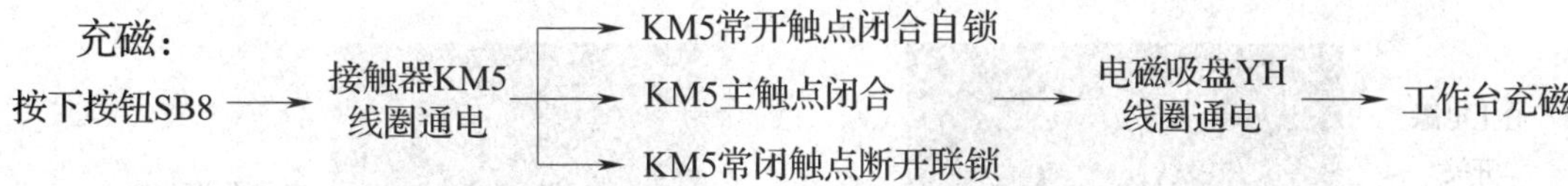

工件加工结束后，先按下停止按钮 SB9，接触器 KM5 线圈断电，切断充磁电路。由于吸盘和工件都有剩磁，工件不容易取下，此时必须对吸盘和工件进行去磁。

去磁：

按下按钮SB10 → 接触器KM6线圈通电 → KM6主触点闭合 → 电磁吸盘YH线圈反向通入直流电 → 工作台去磁

图 2—12 M7120 型平面磨床电磁吸盘结构示意图

1—工件 2—非磁性材料 3—工作台 4—芯体 5—线圈 6—盖板

注意去磁时间不能过长，否则会使工作台反向磁化，因此 SB10 采用点动控制。

保护装置由放电电阻 R、放电电容 C 及欠电压继电器 KV 组成。电磁吸盘线圈在充磁过程中储存了大量磁场能量，当电磁吸盘脱离电源瞬间，线圈两端产生很大的自感电动势，会损坏线圈和其他电器，因此在线圈两端并接 RC 放电支路，在电磁吸盘线圈断电时，可通过电阻 R 和电容 C 放电，消耗电感的磁场能量。欠电压继电器 KV 的作用是防止电源电压下降或消失时，电磁吸盘吸力不足或无吸力而导致工件被抛出，造成事故。

课堂活动

M7120 型平面磨床的操作

通过教师演示或实际操作，观察 M7120 型平面磨床的操作过程。注意观察电磁吸盘的工作过程以及电磁吸盘与电动机 M1、M2、M3 之间的动作联系。

具体操作步骤如下：

（1）接通电源，合上转换开关 QS，欠电压继电器 KV 通电吸合，如图 2—13 所示。

（2）按下充磁按钮 SB8，接触器 KM5 通电吸合并自锁，电磁吸盘充磁，如图 2—14 所示。

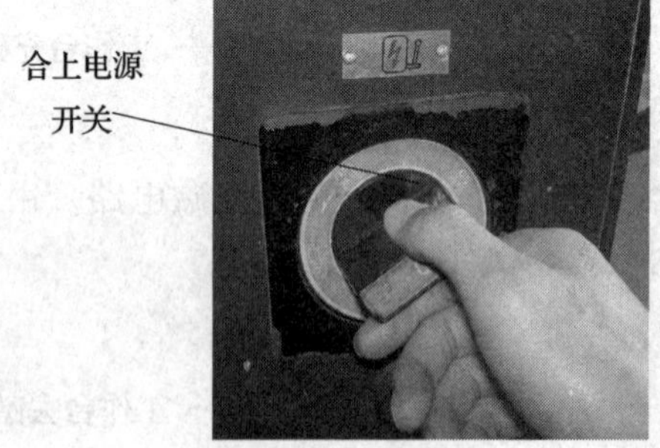

图 2—13 磨床通电

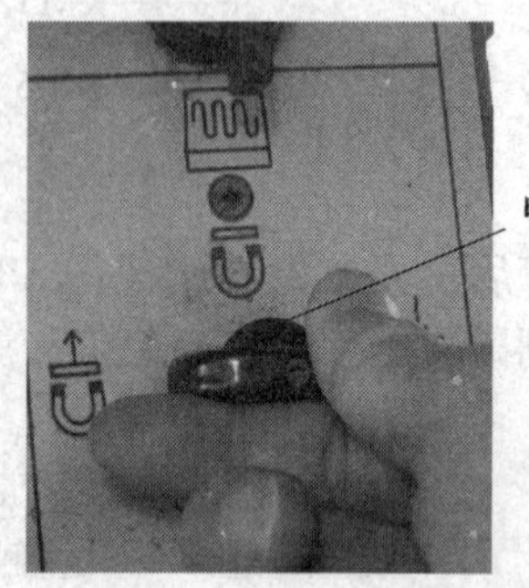

图 2—14 电磁吸盘充磁

（3）按下按钮 SB9，接触器 KM5 断电释放，电磁吸盘停止充磁，如图 2—15 所示。

（4）按下液压泵电动机启动按钮 SB3，接触器 KM1 通电吸合并自锁，液压泵电动机 M1 连续运转；按下停止按钮 SB2，接触器 KM1 断电释放，液压泵电动机 M1 断电停转，如图 2—16 所示。

图 2—15　电磁吸盘停止充磁

（5）按下砂轮电动机启动按钮 SB5，接触器 KM2 通电吸合并自锁，砂轮电动机 M2 连续运转；按下停止按钮 SB4，接触器 KM2 断电释放，砂轮电动机 M2 断电停转，如图 2—17 所示。

图 2—16　液压泵控制

图 2—17　砂轮启动和停止控制

（6）按下砂轮升降电动机正转启动按钮 SB6，接触器 KM3 通电吸合，砂轮升降电动机 M4 通电正向运转，如图 2—18 所示。

（7）按下砂轮升降电动机反转启动按钮 SB7，接触器 KM4 通电吸合，砂轮升降电动机 M4 通电反向运转，如图 2—19 所示。

（8）按下退磁按钮 SB10，接触器 KM6 通电吸合，电磁吸盘退磁，如图 2—20 所示。

（9）若发现有异常情况，应立即按下急停按钮 SB1 或电源开关 QS，如图 2—21 所示。

（10）断开电源开关 QS。

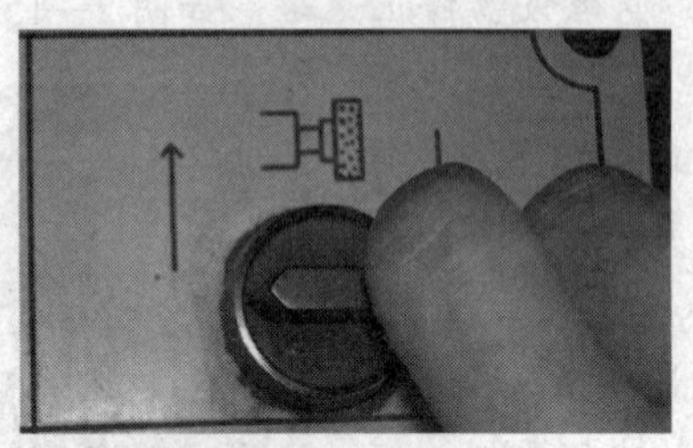
图 2—18　砂轮上升

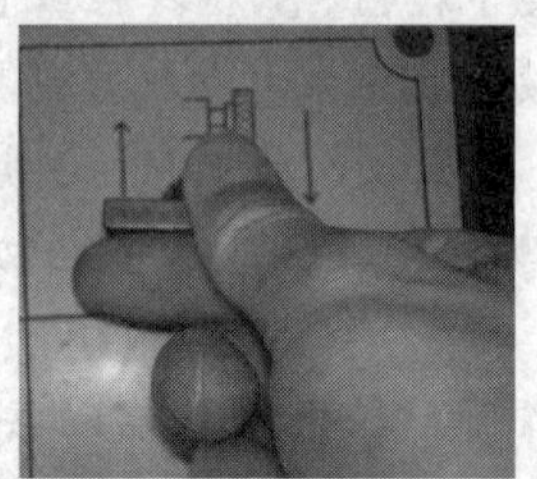
图 2—19　砂轮下降

图 2—20　电磁吸盘退磁

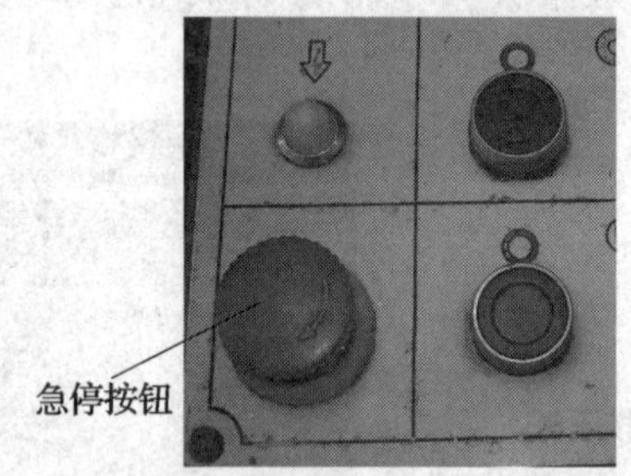

图 2—21　紧急停止

〔提示〕

1. 在操作磨床时，要注意工件吸牢后，方可启动砂轮，防止出现工件被砂轮打出的现象。

2. 对于不同材质的工件，所需的退磁时间不同，注意掌握好退磁时间。

§2—3　Z35 型摇臂钻床电气控制

学习目标

◎ 了解 Z35 型摇臂钻床的结构特点及工作特点

◎ 熟悉 Z35 型摇臂钻床的基本操作方法

◎ 掌握 Z35 型摇臂钻床电路工作原理

摇臂钻床是机械加工车间中常见的机床，它适用于单件或批量生产中带有多个孔的零件的加工，用来对工件进行钻孔、扩孔、铰孔、镗孔和攻螺纹等加工。要完成这些加工工作，必须要由电气控制线路驱动电动机，从而带动机械部件运行来完成。本节以 Z35 型摇臂钻床为例，介绍电气控制线路的工作原理及其工作过程。

一、Z35 型摇臂钻床的型号含义及主要结构

1. Z35 型摇臂钻床的型号含义

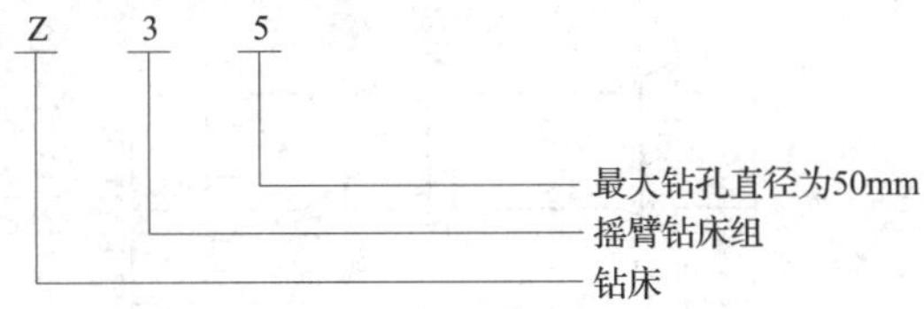

2. Z35 型摇臂钻床的主要结构

Z35 型摇臂钻床主要由底座、内立柱、外立柱、摇臂、摇臂升降丝杠、主轴箱、主轴和工作台等部分组成，其外形如图 2—22 所示。

二、Z35 型摇臂钻床的运动形式和电气控制要求

1. Z35 型摇臂钻床的运动形式

摇臂钻床内立柱固定在底座上，外立柱可绕内立柱回转 360°，摇臂与外立柱一起相对内立柱回转，且借助于丝杠、摇臂沿外立柱上下移动。主轴箱可以沿着摇臂上的水平导轨做横向移动。进行加工时，可利用夹紧机构将主轴箱紧固在摇臂导轨上，外立柱紧固在内立柱上，摇臂紧固在外立柱上。

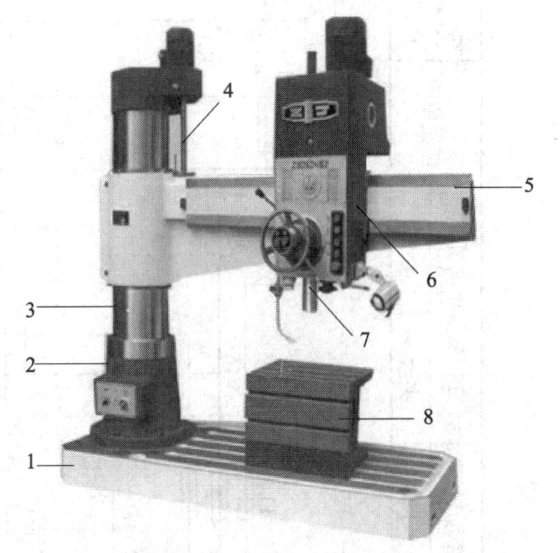

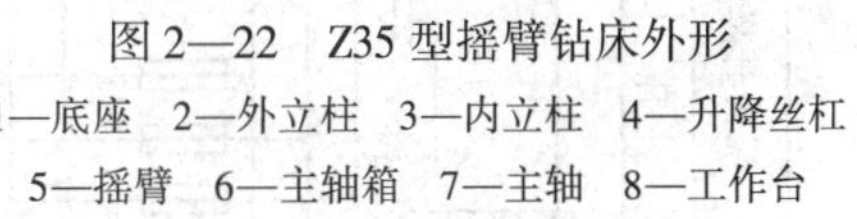
图 2—22　Z35 型摇臂钻床外形

1—底座　2—外立柱　3—内立柱　4—升降丝杠　5—摇臂　6—主轴箱　7—主轴　8—工作台

摇臂钻床的主运动是主轴带动钻头的旋转运动；进给运动是钻头的上下运动；辅助运动是主轴箱沿摇臂水平移动、摇臂沿外立柱上下移动和摇臂连同外立柱一起绕内立柱的回转运动。

2. Z35 型摇臂钻床的控制要求

（1）为满足攻螺纹工序要求，主轴需实现正反转，而主轴电动机 M2 只能单向旋转，主轴的正反转依靠摩擦离合器来实现。

（2）摇臂的升降和立柱的松紧分别由三相异步电动机 M3 和 M4 驱动，要求电动机 M3 和 M4 能实现正反转控制。

（3）钻削加工时，由电动机 M1 驱动冷却泵输送切削液，要求电动机 M1 单向启动。

（4）为了操作方便，采用十字开关对主轴电动机 M2 和摇臂升降电动机 M3 进行操作。

（5）为了操作安全，控制电路的电源电压为 110 V。

三、Z35 型摇臂钻床电路工作原理

如图 2—23 所示为 Z35 型摇臂钻床电气控制线路图。Z35 型摇臂钻床电气元件明细表见表 2—5。

1. Z35 型摇臂钻床开关元件介绍

（1）十字开关

十字开关由十字手柄和四个微动开关组成，如图 2—24 所示。根据工作需要，可将操作

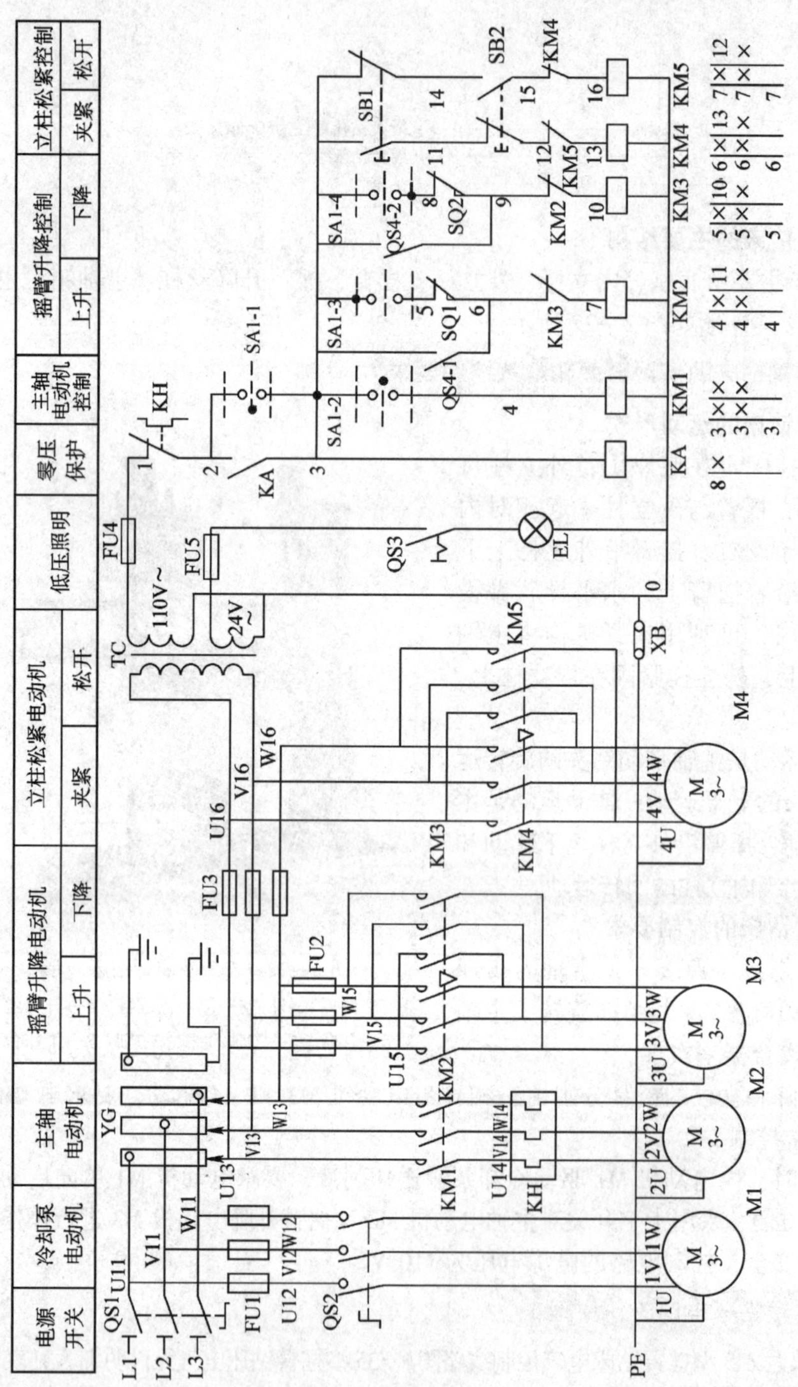

图2—23 Z35 型摇臂钻床电气控制线路图

表 2—5　　　　Z35 型摇臂钻床电气元件明细表

符号	名称	型号及规格	数量
M1	冷却泵电动机	JCB－22－2　0.125 kW　2 790 r/min	1
M2	主轴电动机	Y132M－4　7 kW　1 440 r/min	1
M3	摇臂升降电动机	Y100L2－4　3 kW　1 440 r/min	1
M4	立柱松紧电动机	Y802－4　0.75 kW　1 390 r/min	1
QS1	电源转换开关	HZ2－25/3　25 A	1
QS2	转换开关	HZ2－10/3　10 A	1
QS3	转换开关	LS2－3 A　3 A	1
QS4	鼓形转换开关	HZ4－22　1 A	1
SA1	十字开关	XD2PA24	1
SQ1、SQ2	行程开关	LX5－11	2
SB1、SB2	按钮	LAY3－11	2
FU1、FU4、FU5	熔断器	RL1－15/2　15 A、熔体 2 A	5
FU2	熔断器	RL1－15/15　15 A、熔体 15 A	3
FU3	熔断器	RL1－15/5　15 A、熔体 5 A	3
KM1	交流接触器	CJ0－20　20 A、线圈电压 110 V	1
KM2～KM5	交流接触器	CJ0－10　10 A、线圈电压 110 V	4
KA	中间继电器	JZ7－44　线圈电压 110 V	1
KH	热继电器	JR16－20/3D　整定电流 14 A	1
TC	控制变压器	BK－150　380 V/110 V/24 V	1
EL	照明灯	KZ 型带开关 40 W、24 V	1
YG	汇流环		1
XB	连接片	X－021	1

手柄分别扳在孔槽内五个不同的位置上，即左、右、上、下和中间五个位置。除中间位置外，其余四个位置后面都装有微动开关，当操作手柄分别扳到这四个位置时，都可压下对应的微动开关，接通相应的控制电路。操作手柄每次只可扳在一个位置上，当手柄处在中间位置时，四个微动开关全部处于断开状态。

（2）汇流环

又称集流环，或称旋转电气接口、滑环、电刷，主要用在要求连续旋转的同时，又需要从固定位置到旋转位置传输电源和信号的机电系统中。

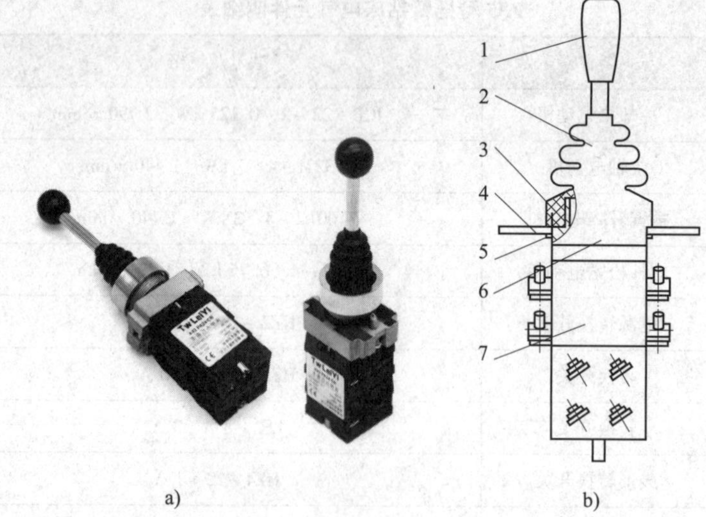

a)　　b)

图 2—24　十字开关

a）实物图　b）结构示意图

1—手柄　2—密封罩　3—固定盖　4—操作台　5—定位环　6—机构架　7—触点系统

（3）行程开关

LX5－11 小柱塞式行程开关主要用于交流 50 Hz，电压 380 V 或直流 220 V 的控制电路中，作为限制各种机构的行程之用。其外形及内部结构如图 2—25 所示。

a)

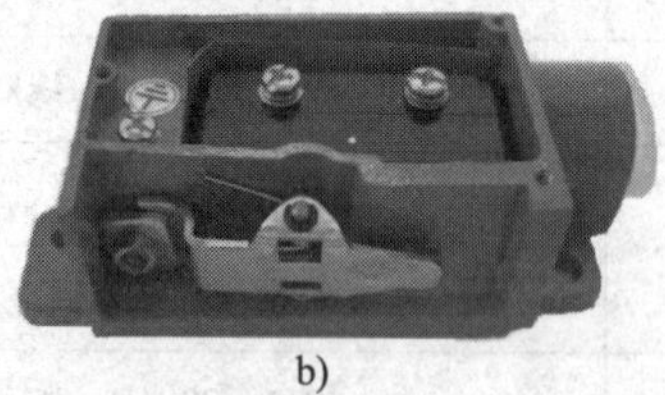

b)

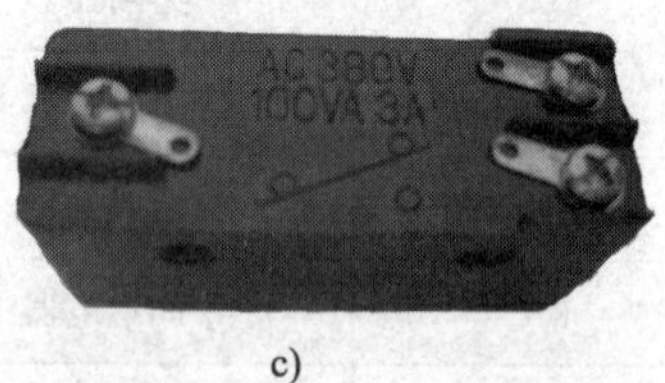

c)

图 2—25　LX5－11 小柱塞式行程开关

a）外形图　b）内部结构图　c）微动开关外形图

（4）组合开关

HZ4－22 鼓形组合开关外形及内部结构，如图 2—26 所示。

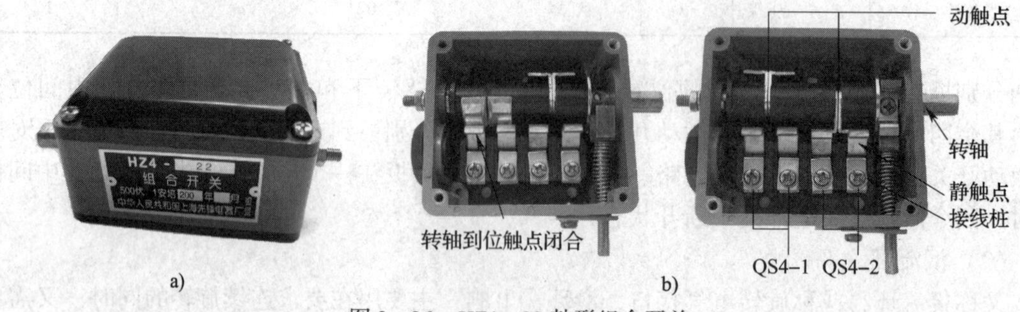

a)　　b)

图 2—26　HZ4－22 鼓形组合开关

a）外形图　b）内部示意图

2. 主电路工作原理

主电路中共有四台电动机，冷却泵电动机 M1 由转换开关 QS2 直接控制，只能单向运转，熔断器 FU1 提供短路保护。主轴电动机 M2 由接触器 KM1 控制，热继电器 KH 提供过载保护。摇臂升降电动机 M3 和立柱松紧电动机 M4 各由两只接触器 KM2、KM3 和 KM4、KM5 控制，熔断器 FU2 和 FU3 分别提供短路保护。

3. 控制电路工作原理

主轴电动机 M2 和摇臂升降电动机 M3 采用十字开关 SA1 进行操作，它有集中控制和操作方便等优点。

各个位置的工作情况见表 2—6。

表 2—6　　十字开关操作说明

手柄位置	接通微动开关的触点	工作情况
中	都不通	控制电路断电
左	SA1－1	KA 通电实现自锁，提供零压保护
右	SA1－2	KM1 通电，主轴运转
上	SA1－3	KM2 通电，摇臂上升
下	SA1－4	KM3 通电，摇臂下降

为防止突然停电又恢复供电而造成的危险，所以设有零压保护环节。当机床工作时，十字开关不在左边，若此时电源断电，中间继电器线圈 KA 断电，其自锁触点分断，控制电路断电；当电源恢复时，KA 不能自行通电吸合，控制电路仍断电，从而实现零压保护。

（1）主轴电动机 M2 的控制

将十字开关扳向左边，微动开关触点 SA1－1 闭合，KA 通电，其常开触点闭合并自锁，为其他控制电路接通做好准备。再将十字开关扳向右边，SA1－2 闭合，接触器 KM1 线圈通电，M2 启动并连续运转，如图 2—27 所示。主轴电动机的正反转由摩擦离合器手柄位置决定。将十字开关扳到中间位置，SA1－2 分断，KM1 断电，则 M2 停转。

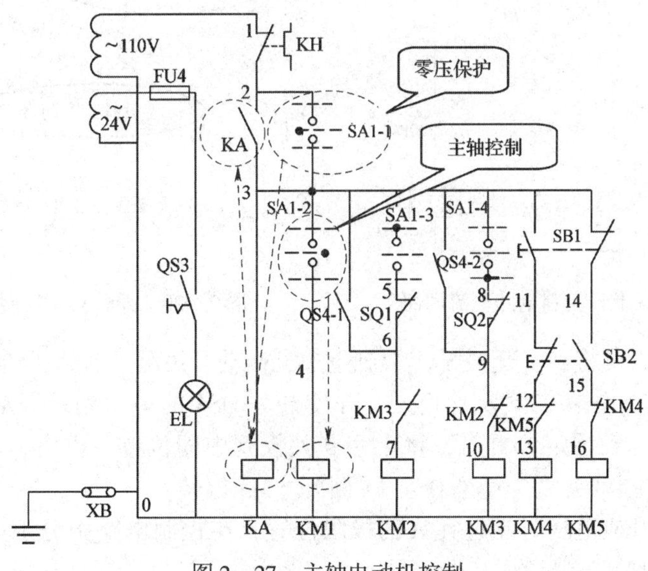

图 2—27　主轴电动机控制

（2）摇臂升降电动机 M3 的控制

当钻头与工件的相对高低位置不适合时，可通过摇臂的升高或降低来调整，但在升降前后必须完成摇臂松开和夹紧工作。这种松开——上升（或下降）——夹紧的过程是由电气和机械传动联合控制的。

如果摇臂上升，先将十字开关 SA1 扳到上边，微动开关触点 SA1－3 闭合，接触器 KM2 线圈通电吸合，KM2 的主触点闭合，电动机 M3 正转，其电流回路如图 2—28 所示。由于摇臂在上升前还被夹紧在外立柱上，所以 M3 刚启动时，摇臂不会立即上升，通过机械传动将摇臂夹紧装置松开，松开后鼓形转换开关常开触点 QS4－2 闭合，为摇臂上升后的夹紧做好准备。

当摇臂完全松开后，因 M3 继续正转，经机械装置传动带动摇臂上升。当摇臂上升到预定高度时，将十字开关扳到中间位置，接触器 KM2 线圈断电，M3 停转，摇臂停止上升。由于摇臂松开时，QS4－2 已闭合，一旦 KM2 线圈断电，其联锁常闭触点 KM2 恢复闭合，如图 2—29 所示，接触器 KM3 线圈立即通电吸合，其主触点闭合，M3 启动并反转，带动机械夹紧机构将摇臂夹紧。摇臂夹紧后，触点 QS4－2 断开，KM3 线圈断电，M3 停转，整个摇臂上升过程结束。

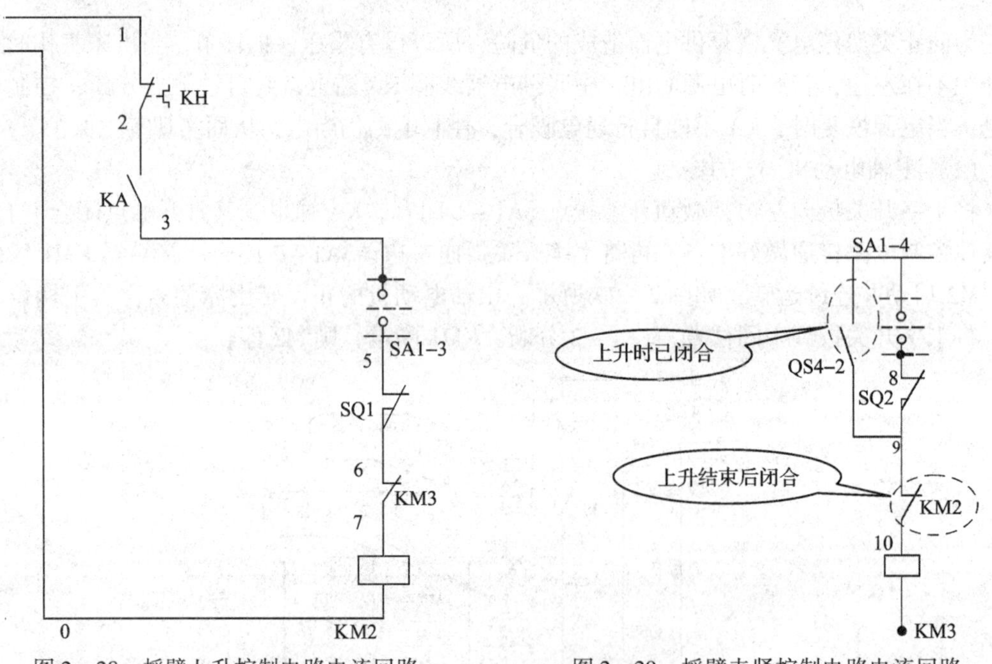

图 2—28　摇臂上升控制电路电流回路　　图 2—29　摇臂夹紧控制电路电流回路

如果摇臂下降，可将十字开关 SA1 扳到下边，微动开关触点 SA1－4 闭合，接触器 KM3 线圈通电，M3 反转，先将夹紧装置松开，并使开关 QS4 的另一副常开触点 QS4－1 闭合，然后拖动摇臂下降，到预定位置时，将十字开关扳到中间位置，再由 QS4－1 接通接触器 KM2，M3 正转，将摇臂夹紧，直至 QS4－1 断开，M3 停转。

为防止摇臂上升或下降时超过允许的极限位置，在控制电路中分别串入行程开关 SQ1 和 SQ2 以提供限位保护。

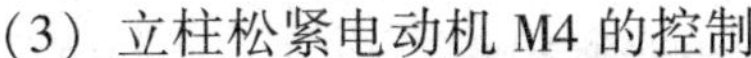

(3) 立柱松紧电动机 M4 的控制

立柱松紧电动机 M4 由按钮 SB1 和 SB2 及接触器 KM4 和 KM5 控制，M4 的正反转可实现立柱的松开和夹紧。

钻床正常工作时，外立柱夹紧在内立柱上。当需要摇臂绕外立柱转动时，应先按下 SB1，使接触器 KM4 线圈通电吸合，电动机 M4 启动并正转，通过齿式离合器驱动齿式液压泵转动，从一定方向送出高压油，经油路系统和机械传动机构将外立柱松开；然后放开 SB1，KM4 线圈断电，M4 断电停转，可通过人力推动摇臂和内立柱绕外立柱转动；当转到所需位置时，按下 SB2，接触器 KM5 线圈通电吸合，其主触点闭合，M4 启动并反转，在液压系统作用下，将外立柱夹紧；再松开 SB2，KM5 线圈断电，M4 停转，整个摇臂放松——立柱转动——夹紧过程结束。

4. 照明电路工作原理

变压器 TC 将 380 V 的交流电压降为 110 V，供给控制电路，并输出 24 V 安全电压供低压照明灯使用。照明灯 EL 由开关 QS3 控制，由熔断器 FU5 提供短路保护。

课堂活动

Z35 型摇臂钻床的操作

通过教师演示或实际操作，观察 Z35 型摇臂钻床的操作过程。调试时，注意观察摇臂升降过程的特点；观察立柱的夹紧与放松以及主轴箱与摇臂的夹紧与放松过程。

具体操作步骤如下：

(1) 接通电源，合上转换开关 QS1，如图 2—30 所示。

(2) 合上组合开关 QS2，冷却泵电动机 M1 通电连续运转，如图 2—31 所示。

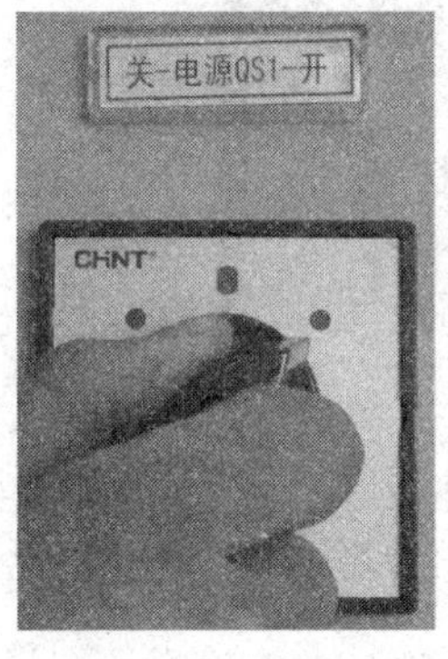

图 2—30　电源通电

图 2—31　冷却泵电动机连续运转

(3) 将十字开关 SA1 扳向左边，零压保护继电器 KA 通电自锁，如图 2—32 所示。

(4) 将十字开关 SA1 扳向右边，接触器 KM1 线圈通电吸合，主轴电动机 M2 通电旋转，如图 2—33 所示。

(5) 将十字开关 SA1 扳向上方，接触器 KM2 线圈通电吸合，通过传动机构使摇臂松开，摇臂升降电动机 M3 通电正转上升，转换开关常开触点 QS4－2 闭合，如图 2—34 所示。

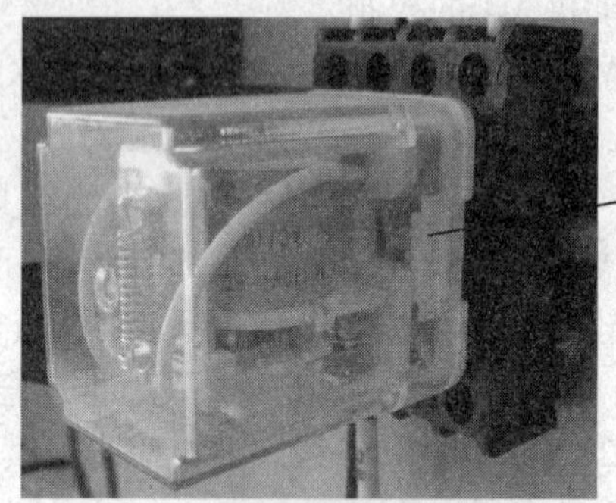

图 2—32　零压保护继电器工作

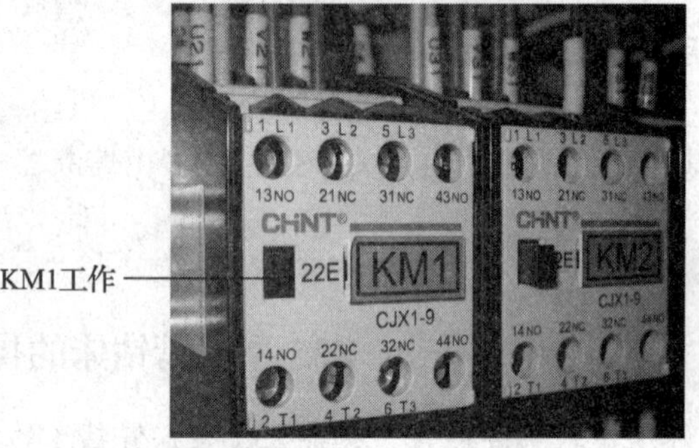

图 2—33　主轴电动机运转

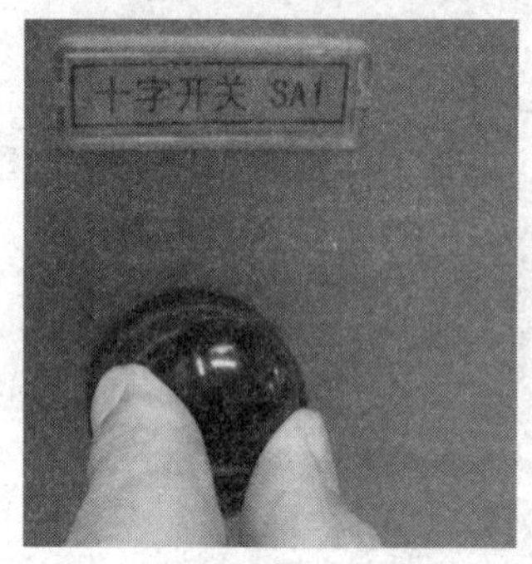

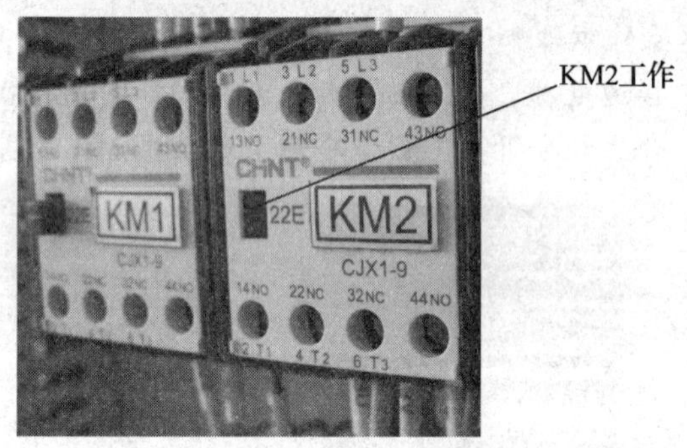

图 2—34　摇臂上升控制

（6）将十字开关 SA1 扳向中间，接触器 KM2 线圈断电，电动机 M3 停止运行，接触器 KM3 线圈通电，电动机 M3 反转夹紧，QS4－2 断开，接触器 KM3 断电，电动机 M3 夹紧结束。

（7）将十字开关 SA1 扳向下方，接触器 KM3 线圈通电吸合，通过传动机构使摇臂松开，摇臂升降电动机 M3 通电反转下降，QS4－1 闭合，如图 2—35 所示。

（8）将十字开关 SA1 扳向中间，接触器 KM3 线圈断电，电动机 M3 停止运行，接触器 KM2 线圈通电，电动机 M3 正转夹紧，QS4－1 断开，KM2 断电，电动机 M3 停止运行，夹紧结束。

（9）按下立柱松紧按钮 SB1，接触器 KM4 线圈通电，电动机 M4 连续正转运行，立柱被松开，如图 2—36 所示。

图 2—35　摇臂下降控制

图 2—36　立柱放松

（10）松开 SB1，接触器 KM4 线圈断电，电动机 M4 停止运行，摇臂可转动。

（11）按下 SB2，接触器 KM5 线圈通电，电动机 M4 反转，立柱被夹紧。松开 SB2，电动机 M4 停止运行，如图 2—37 所示。

（12）断开转换开关 QS1，关闭电源，如图 2—38 所示。

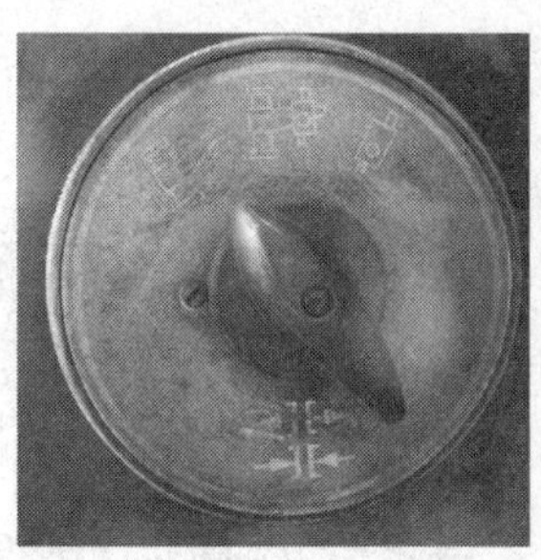

图 2—37　立柱夹紧

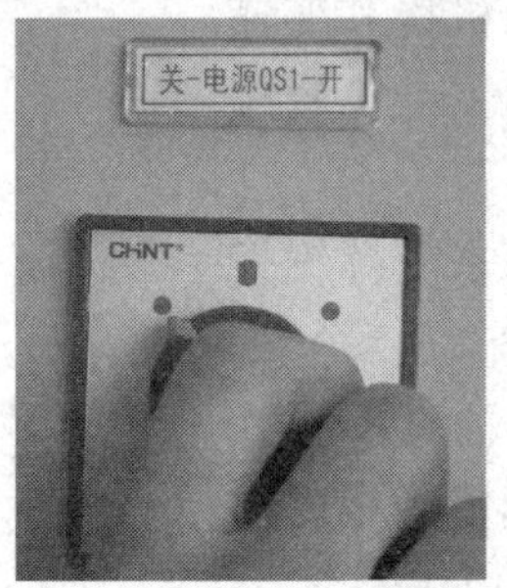

图 2—38　关闭电源

§2—4 X62W 型万能铣床电气控制

学习目标

◎ 了解 X62W 型万能铣床的结构、作用，能进行试运行操作
◎ 熟悉 X62W 型万能铣床元器件位置、线路的走向
◎ 掌握 X62W 型万能铣床电路工作原理

铣削是一种高效率的加工方式，而铣床是一种通用的多用途机床，它可用来加工各种表面，如平面、阶台面、各种沟槽，装上分度头可以加工齿轮和螺旋面，装上圆工作台可以加工凸轮和弧形槽。铣床的种类很多，按结构形式和加工性能的不同，可分为卧式铣床、立式铣床、仿形铣床、龙门铣床、专用铣床、万能铣床等。

万能铣床可以用圆柱铣刀、圆片铣刀、成形铣刀及端面铣刀等工具对各种零件进行平面、斜面、螺旋面及成形表面的加工，还可以加装万能铣头和圆工作台来扩大加工范围。本节以 X62W 型万能铣床为例介绍其结构、各部件驱动要求、电气控制线路的工作原理。

一、X62W 型万能铣床的型号含义及主要结构

1. X62W 型万能铣床的型号含义

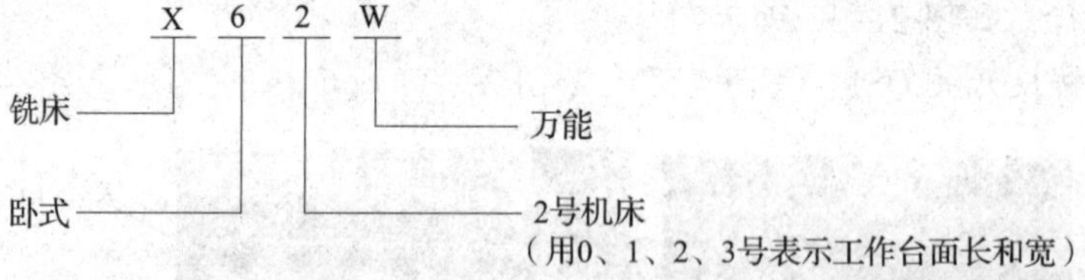

2. X62W 型万能铣床的主要结构

X62W 型万能铣床主要由底座、床身、主轴、悬梁、刀杆支架、工作台、回转盘、横溜板和升降台等部分组成，其外形如图 2—39 所示。

（1）底座：固定箱形的床身。

（2）床身：内装有主轴的传动机构和变速操纵机构。

（3）主轴：带动铣刀铣削工件。

（4）悬梁：装有刀杆支架，用来支撑铣刀心轴的一端。

（5）刀杆支架：用来支撑铣刀心轴的另一端。

（6）工作台：工作台上有 T 形槽用来固定工件。

图 2—39 X62W 型万能铣床外形图
1—底座 2—床身 3—主轴 4—悬梁 5—刀杆支架
6—工作台 7—回转盘 8—横溜板 9—升降台

(7) 回转盘：回转盘相对于横溜板可绕中心轴线左右转过一个角度（通常为 ±45°），工作台在水平面上除了能在平行或垂直于主轴轴线方向进给外，还能在倾斜方向进给，可以加工螺旋槽，故称万能铣床。

(8) 横溜板：带动工作台在平行主轴轴线方向前后移动。

(9) 升降台：带动工作台垂直上下移动。

二、X62W 型万能铣床的运动形式和电气控制要求

1. X62W 型万能铣床的运动形式

箱形的床身固定在底座上，在床身内装有主轴的传动机构和变速操纵机构。在床身的顶部有水平导轨，上面装着带有一个或两个刀杆支架的悬梁。刀杆支架用来支撑铣刀心轴的一端，心轴另一端则固定在主轴上，主轴电动机通过弹性联轴器来驱动主轴，带动铣刀切削。工作台面的移动由进给电动机驱动，它通过机械机构使工作台能以三种形式在六个方向上移动，即：工作台面能直接在溜板上部可转动部分的导轨上做纵向（左右）移动；工作台面借助横溜板做横向（前后）移动；工作台面还能借助升降台做垂直（上下）移动。安装在工作台上的工件就可以在三个坐标轴的六个方向上调整位置或进给。

2. X62W 型万能铣床的控制要求

(1) 铣削加工有顺铣和逆铣两种加工方式，所以要求主轴电动机能正反转，但考虑到正反转操作并不频繁，大多数情况下是一批或多批工件只用一种方向铣削，并不需要经常改变电动机转向。因此，可用万能转换开关实现主轴电动机的正反转。

(2) 铣刀的切削是一种不连续切削，容易使机械传动系统发生振动，为了避免这种现象，在主轴传动系统中装有惯性轮，但在高速切削后，停机时间较长，故采用电磁离合器制动以实现准确停机。

(3) 工作台要求有前后、左右、上下六个方向的进给运动和快速移动，所以要求进给电动机能正反转，并通过操纵手柄和机械离合器相配合来实现。为了扩大其加工能力，在工作台上可加装圆形工作台，圆形工作台是由进给电动机经传动机构驱动的。

(4) 电气联锁措施

1) 为防止刀具和机床的损坏，要求主轴旋转后，才允许有进给运动或进给方向的快速移动。

2) 为了减小加工件的表面粗糙度，只有进给运动停止后主轴运动才能停止或同时停止。本机床在电气上采用了主轴运动和进给运动同时停止的方式，但由于主轴运动的惯性很大，实际上就保证了进给运动先停止、主轴运动后停止的要求。

3) 六个方向的进给运动中同时只能有一种运动产生，本机床采用了机械操纵手柄和行程开关相配合的方式来实现六个方向的联锁。

4) 主轴运动和进给运动通过变速盘来进行速度选择，为保证变速齿轮进入良好啮合状态，要求两种运动变速后都做瞬时冲动。

5) 主轴电动机或冷却泵电动机过载时，进给运动必须立即停止，以免损坏刀具和铣床。

6) 要求有冷却系统、照明设备及各种保护措施。

三、X62W 型万能铣床电路工作原理

如图2—40 所示为X62W 型万能铣床电气控制线路。X62W 型万能铣床电气元件明细表见表2—7。

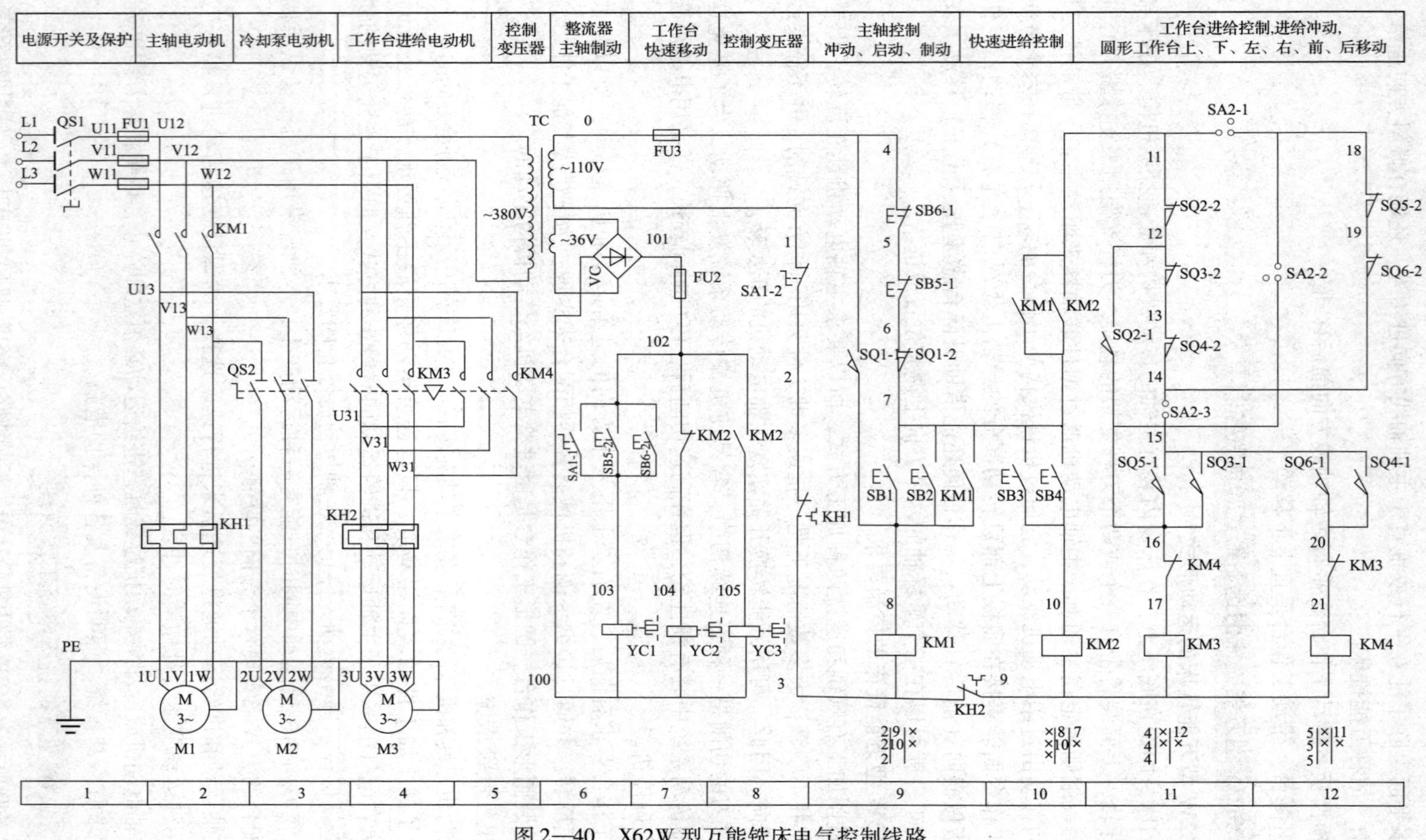

图2—40　X62W型万能铣床电气控制线路

表 2—7　　X62W 型万能铣床电气元件明细表

符号	名称	型号及规格	数量	用途
M1	主轴电动机	JDO2 - 51 - 4 7.5 kW　1 450 r/min	1	驱动主轴
M2	冷却泵电动机	JO2 - 22 - 4 1.5 kW　1 410 r/min	1	驱动冷却泵
M3	工作台进给电动机	JCB - 22 0.125 kW 2 790 r/min	1	驱动进给
QS1	电源转换开关	60 A　500 V	1	总开关
QS2	转换开关	10 A　500 V	1	冷却泵开关
SA1	万能转换开关	LW5　10 A　500 V	1	换刀开关
SA2	万能转换开关	LW5　10 A　500 V	3	圆工作台开关
FU1	熔断器	RL1 - 60　60 A	1	电源总保险
FU2	熔断器	RL1 - 15　5 A	1	整流电路保护
FU3	熔断器	RL1 - 15　5 A	1	控制回路保护
KH1	热继电器	JR0 - 60/3　16 A	1	M1 过载保护
KH2	热继电器	JR0 - 20/3　1.5 A	1	M3 过载保护
TC	控制变压器	BK - 150　380/100 V	1	控制回路电源
KM1	交流接触器	CJ0 - 20　20 A 110 V	1	主轴启动
KM2	交流接触器	CJ0 - 10　10 A 110 V	1	快速进给
KM3	交流接触器	CJ0 - 10　10 A 110 V	1	M3 正转
KM4	交流接触器	CJ0 - 10　10 A 110 V	2	M3 反转
SB1，SB2	按钮	LA2	2	M1 启动
SB3，SB4	按钮	LA2	2	快速进给点动
SB5，SB6	按钮	LA2	1	停止，制动
YC1	电磁离合器	DLMX - 5	1	主轴制动
YC2	电磁离合器	DLMX - 5	1	正常进给
YC3	电磁离合器	DLMX - 5	1	快速进给
SQ1	行程开关	LX1 - 11K	1	主轴冲动开关
SQ2	行程开关	LX3 - 11K	1	进给冲动开关
SQ3	行程开关	LX2 - 131	1	M3 正反转，联锁
SQ4	行程开关	LX2 - 131	1	M3 正反转，联锁
SQ5	行程开关	LX2 - 131	1	M3 正反转，联锁
SQ6	行程开关	LX2 - 131	1	M3 正反转，联锁
VC	整流器	4 × 2ZC	1	整流

1. X62W 型万能铣床使用元器件介绍

（1）万能转换开关

万能转换开关主要作为控制线路的转换、电气测量仪表的转换以及配电设备的远距离控制，也可作为小容量电动机的启动、制动、换向及变速控制。由于开关的触点挡数多，换接线路多，用途又广泛，故称为万能转换开关。

常用的万能转换开关有 LW5 和 LW6 系列，LW5 系列万能转换开关的绝缘结构采用热塑性材料，它的触点挡数有 1 ~ 16、18、21、24、27、30 共 21 种。其中 16 挡以下为单列（换接一条线路），18 挡以上为三列（换接三条线路），其外形及凸轮通断触点情况如图 2—41 所示。

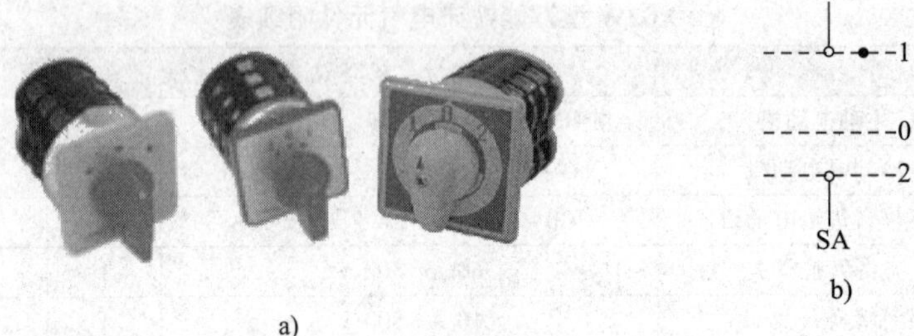

图 2—41　LW5 系列万能转换开关

a）外形图　b）文字及图形符号

（2）电磁离合器

DLMX－5（即原 B1DL－Ⅲ）型湿式多片电磁离合器主要用于机械传动系统中，可在主动部分运转的情况下，使从动部分与主动部分接合或分离。目前国产的 X62、X63 系列铣床采用此种离合器作为主轴传动、快速进给、慢速进给使用。其外形及内部结构如图 2—42 所示。

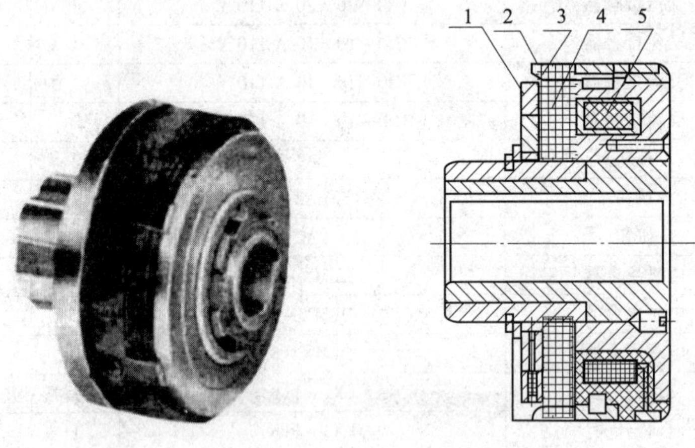

图 2—42　电磁离合器外形及内部结构

1—衔铁　2—联结　3—外片　4—内片　5—线圈

其工作条件如下：

1）DLMX－5 型电磁离合器为湿式多片电磁离合器，必须浸在油中使用，或采用滴油方式润滑，且润滑油需保持清洁，不得含有导电杂质。

2）电磁离合器应水平安装使用，安装好的电磁离合器应保证摩擦片呈自由状态，并能轻便地沿花键套和联结移动。

3）周围空气相对湿度不大于 85%（20℃ ±5℃）。

4）在无爆炸危险、无腐蚀金属或破坏绝缘的气体及导电尘埃介质中使用。

5）电磁离合器用于直流 32 V 电路中，线圈的电压波动不超过额定电压的 +5% 和 －15%。

2. 主电路工作原理

主电路中共有三台电动机，M1 是主轴电动机，驱动主轴带动铣刀进行铣削加工；M2 是冷却泵电动机，供应切削液；M3 是工作台进给电动机，驱动升降台及工作台进给。三台

电动机共用一组熔断器 FU1 作为短路保护。其中主轴电动机和工作台进给电动机设有热继电器以提供过载保护。冷却泵电动机 M2 在主轴电动机启动后方可启动，另有手动开关 QS2 控制。进给电动机 M3 的正反转频繁，用接触器 KM3 和 KM4 进行换向。

3. 控制电路工作原理

（1）主轴电动机的控制

控制线路中的启动按钮 SB1 和 SB2 、停止按钮 SB5 和 SB6 是两地控制按钮，分别装在机床两处，方便操作。KM1 是主轴电动机 M1 的启动接触器，YC1 则是主轴制动用的电磁离合器，SQ1 是主轴变速冲动的行程开关。主轴电动机是经过弹性联轴器和变速机构的齿轮传动链来实现传动的，可使主轴获得十八级的转速。

1）主轴电动机的启动。启动前先合上电源开关 QS1，然后按启动按钮 SB1（或 SB2），接触器 KM1 线圈通电吸合，主触点闭合，主轴电动机 M1 连续运转。

2）主轴电动机的停机制动。当铣削完毕，需要主轴电动机 M1 停机时，按停止按钮 SB5（或 SB6），接触器 KM1 线圈断电释放，主轴电动机 M1 断电，同时由于 SB5 - 2 或 SB6 - 2 接通电磁离合器 YC1，对主轴电动机进行制动。当主轴电动机停止运转后，方可松开停止按钮。

3）主轴变速的冲动控制。主轴变速时的冲动控制，是利用变速手柄与冲动行程开关 SQ1 通过机械上的联动机构进行控制的。

将变速手柄拉开，啮合好的齿轮脱离，可以用变速盘调整所需要的转速（实质是改变齿轮传动比），然后将变速手柄推回原位，使变了传动比的齿轮组重新啮合。由于齿与齿之间的位置不能刚好对上，因而造成啮合困难。若在啮合时齿轮系统能冲动一下，啮合将十分方便。当手柄推进时，手柄上装的凸轮将弹簧杆推动一下行程开关 SQ1，SQ1 的常闭触点 SQ1 - 2 先断开，然后常开触点 SQ1 - 1 闭合使接触器 KM1 通电吸合，电动机 M1 启动，但紧接着凸轮放开弹簧杆，SQ1 复位，常开触点 SQ1 - 1 先断开，常闭触点 SQ1 - 2 后闭合，电动机 M1 断电。此时并未采取制动措施，故电动机 M1 冲动使齿轮系统抖动，保证了齿轮的顺利啮合。

4）主轴换刀控制。在主轴更换铣刀时，为避免人身事故，将主轴置于制动状态，即将主轴换刀制动转换开关 SA1 扳到“接通”位置，其常开触点 SA1 - 1 闭合，接通电磁离合器 YC1，将电动机主轴抱住，主轴处于制动状态；其常闭触点 SA1 - 2 断开，切断控制回路电源，保证了换刀时机床不会有任何动作。当换刀结束后，将 SA1 扳回“断开”位置。

（2）工作台进给电动机的控制

1）圆形工作台的控制。为了扩大机床的加工能力，可在机床上安装圆形工作台附件，这样可以对圆弧或凸轮进行铣削加工。当需要圆形工作台运动时，将转换开关 SA2 扳到“接通”位置，则触点 SA2 - 1 和 SA2 - 3 断开，SA2 - 2 闭合。电流路径如图 2—43 所示。接触器 KM3 通电吸合，电动机 M3 连续正转。

在圆形工作台转动时，其余进给一律不准运动，若有误操作，拨动了进给手柄中的任意一个，则必然会使行程开关 SQ3 ~ SQ6 中的某一个被压动，则其常闭触点将断开，使电动机停转，从而避免出现安全事故。

按下主轴停止按钮 SB5 或 SB6，主轴停转，圆形工作台也停转。

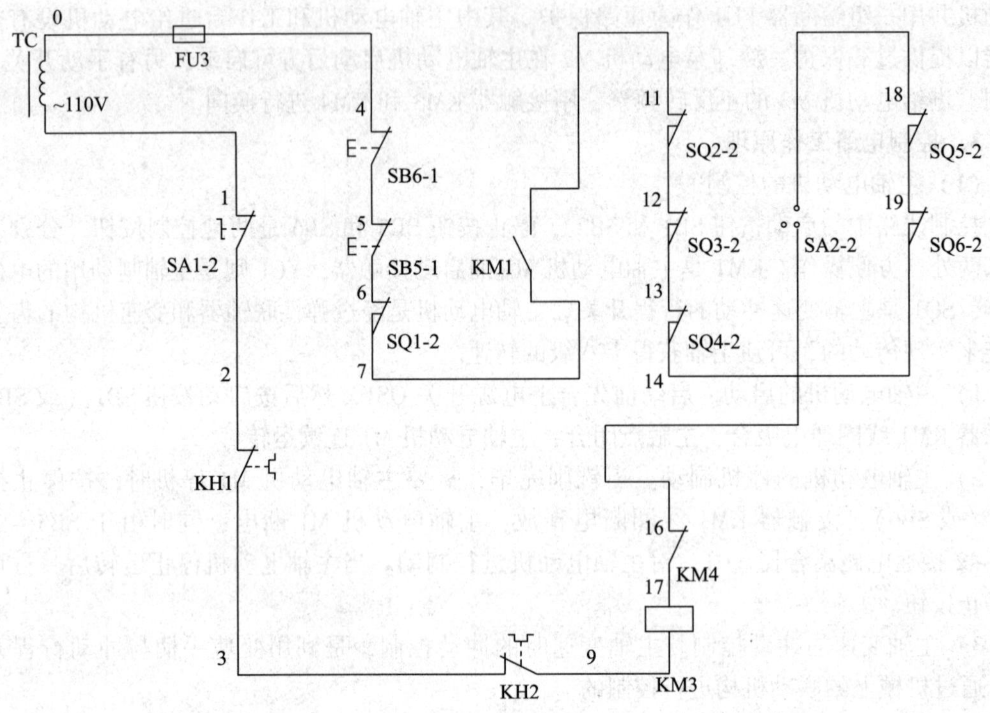

图 2—43　圆形工作台控制电流路径图

当不需要圆形工作台旋转时，将转换开关 SA2 扳到“断开”位置，此时触点 SA2－1 和 SA2－3 闭合，SA2－2 断开，以保证工作台在六个方向上的进给运动，可见圆形工作台的旋转运动和六个方向的进给运动也是联锁的。

2）工作台左右进给运动。工作台的左右进给运动由左右进给操纵手柄来控制。操作手柄与行程开关 SQ5 和 SQ6 联动，有左、中、右三个位置，其控制关系见表 2—8。

表 2—8　　工作台进给操纵手柄功能

手柄位置	行程开关动作	接触器动作	M3 转向	工作台运动方向
左	SQ5	KM3	正转	向左
中	—	—	停止	停止
右	SQ6	KM4	反转	向右
上	SQ3	KM3	正转	向上
下	SQ4	KM4	反转	向下
前	SQ4	KM4	反转	向前
后	SQ3	KM3	正转	向后

手柄扳向左或右位置时，手柄压下行程开关 SQ5 或 SQ6，使常闭触点 SQ5－2 或 SQ6－2 分断，常开触点 SQ5－1 或 SQ6－1 闭合，接触器 KM3 或 KM4 通电吸合，电动机 M3 连续正转或连续反转，驱动工作台向左或向右运动。电流路径如图 2—44 所示。

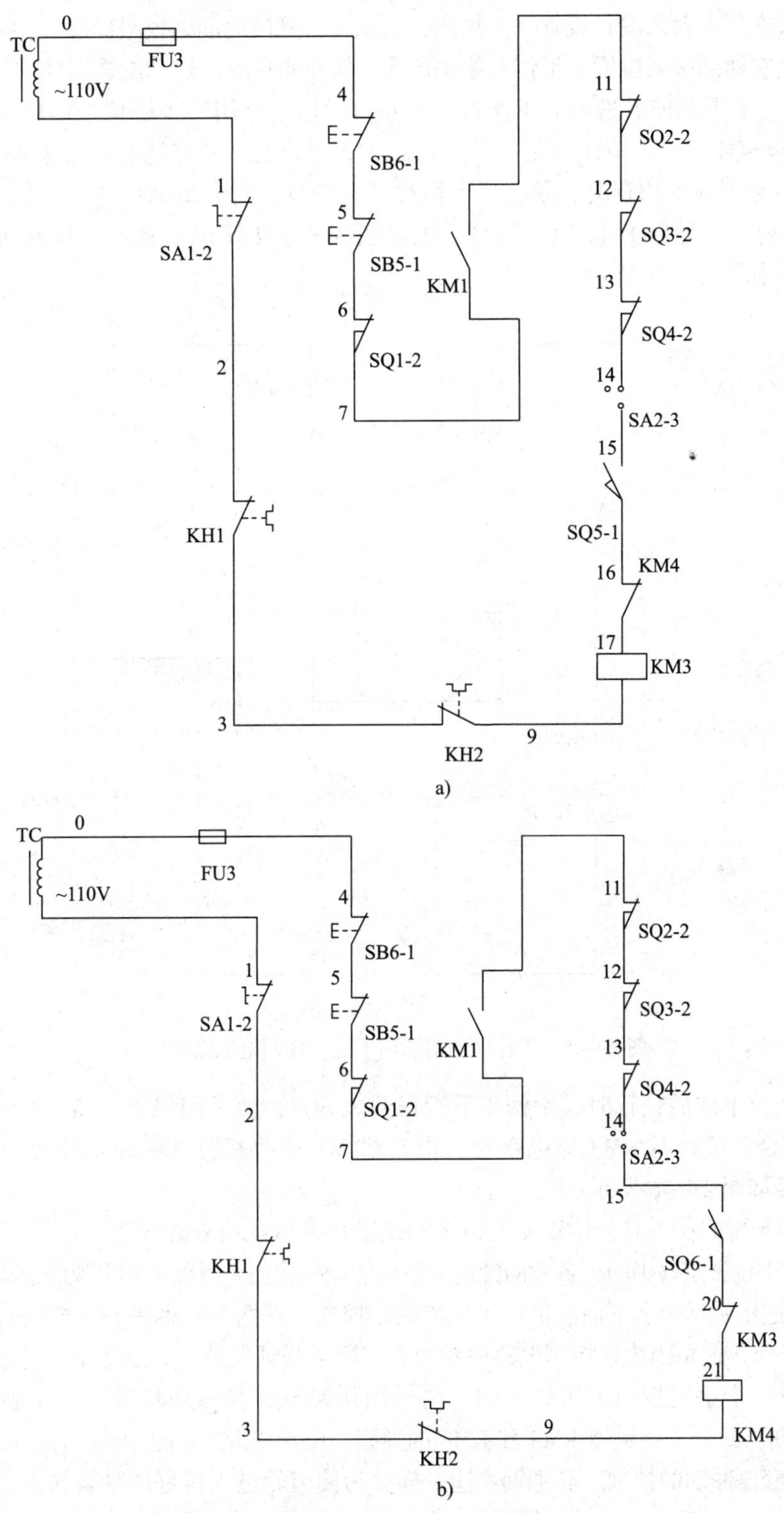

图 2—44 工作台左右进给控制电流路径图

a）工作台向左进给 b）工作台向右进给

行程开关在工作台两端各设置一块挡铁，当工作台纵向运动到极限位置时，挡铁撞动纵向操作手柄，使它回到中间位置，工作台停止运动，从而实现纵向运动的终端保护。

3）工作台上下和前后进给。工作台上下和前后运动是用一个手柄控制的。该手柄与行程开关 SQ3 和 SQ4 联动，有上、下、前、后、中 5 个位置。其控制关系见表 2—8。

当手柄扳至下或前位置时，手柄压下行程开关 SQ4，使常闭触点 SQ4－2 分断，常开触点 SQ4－1 闭合，接触器 KM4 通电吸合，电动机 M3 连续反转，驱动工作台向下或向前运动。电流路径如图 2—45 所示。

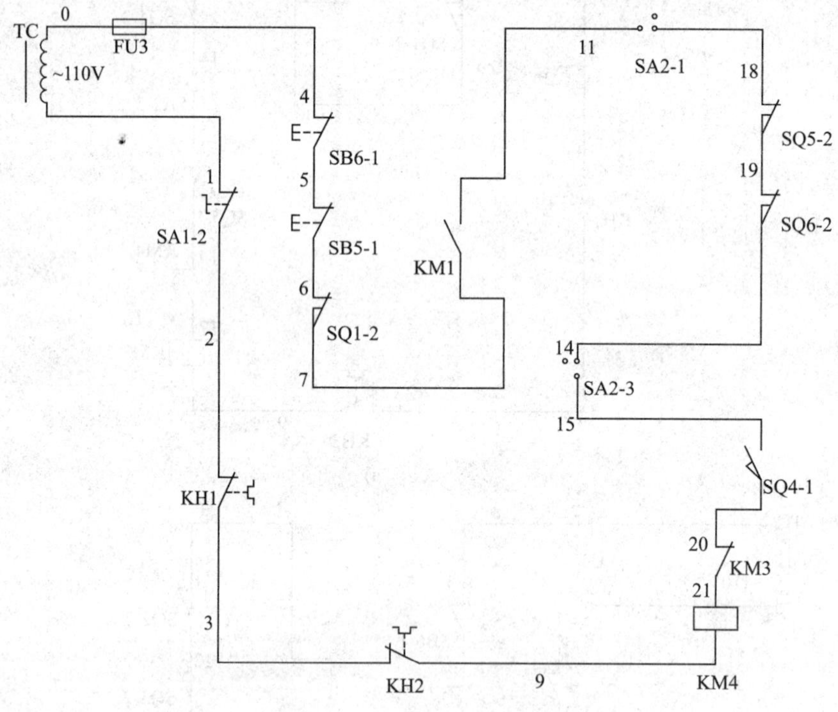

图 2—45　工作台向前、向下进给控制电流路径图

当手柄扳至上或后位置时，手柄压下行程开关 SQ3，使常闭触点 SQ3－2 分断，常开触点 SQ3－1 闭合，接触器 KM3 通电吸合，电动机 M3 连续正转，驱动工作台向上或向后运动。电流路径如图 2—46 所示。

当手柄扳至中间位置时，位置开关 SQ3 和位置开关 SQ4 均未被压合，工作台无任何进给运动。手柄的 5 个位置是联锁的，各方向的进给不可能同时接通，所以不会出现进给紊乱的现象。

4）左右进给手柄与上下前后进给手柄的联锁控制。在两个手柄中，只能进行其中一个进给方向上的操作，这是因为在控制电路中对两者实现了联锁保护。如当把左右进给手柄扳向左时，若又将另一个手柄扳向下进给方向，则行程开关 SQ5 和 SQ4 均被压下，触点SQ5－2 和 SQ4－2 均分断，断开了接触器 KM3 和 KM4 的通路，电动机 M3 只能停转，保证操作安全。

5）进给变速冲动的控制。和主轴变速一样，为使齿轮进入良好的啮合状态，也要做变速后的瞬时冲动。在进给变速时，必须先把进给操纵手柄放在中间位置，然后将变速盘往外拉，使进给齿轮松开，待转动变速盘选择好以后，将变速盘向里面推。在推进时，挡块压动行程开

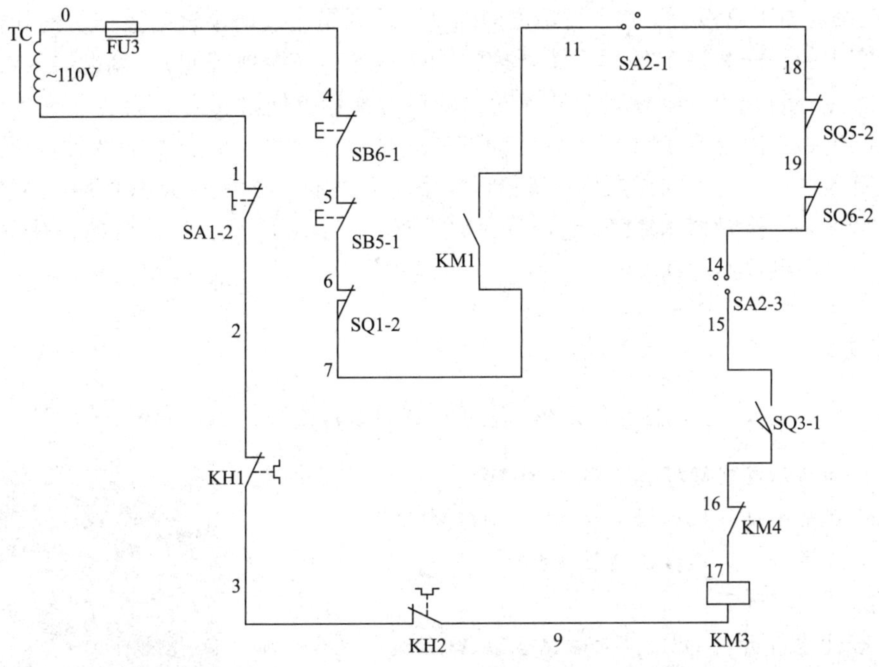

图 2—46　工作台向后、向上进给控制电流路径图

关 SQ2，使常闭触点 SQ2－2 断开，常开触点 SQ2－1 闭合，接触器 KM3 通电吸合，电动机 M3 启动。电流路径如图 2—47 所示。但随着变速盘复位，行程开关 SQ2 复位，接触器 KM3 断电，电动机 M3 断电停转。这样一来，电动机接通一下电源，齿轮系统产生一次抖动，使齿轮啮合顺利进行。

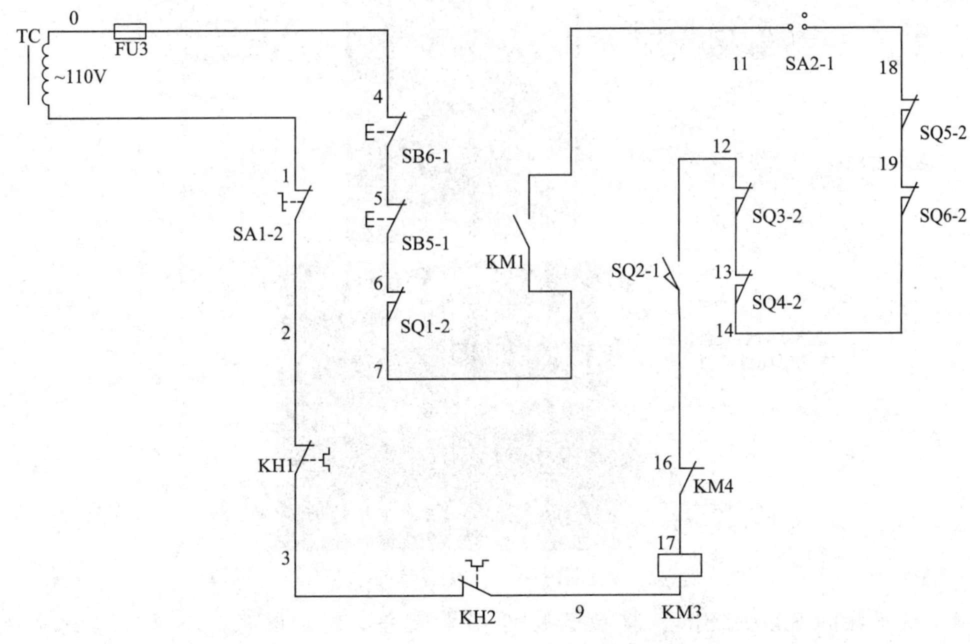

图 2—47　工作台进给变速冲动控制电流路径图

6）工作台的快速移动。六个进给方向的快速移动是通过两个进给操作手柄和快速移动按钮配合实现的。安装好工件后，按下按钮 SB3 或 SB4（两地控制），接触器 KM2 通电吸合，常闭触点分断，切断电磁离合器 YC2，两对常开触点同时闭合，接通电磁离合器 YC3 和进给控制电路。离合器 YC2 使齿轮传动链与进给丝杠分离，离合器 YC3 使电动机 M3 与进给丝杠直接搭合。进给的方向仍由进给操作手柄来决定。当快速移动到预定位置时，松开按钮 SB3 或 SB4，接触器 KM2 断电释放，YC3 断开，YC2 吸合，工作台的快速移动停止，仍按原来的方向做进给运动。

课堂活动

X62W 型万能铣床的操作

通过教师演示或实际操作，观察 X62W 型万能铣床的操作过程。注意观察主轴停机制动、变速冲动的动作过程，观察两地启动与停止操作、工作台快速移动控制。

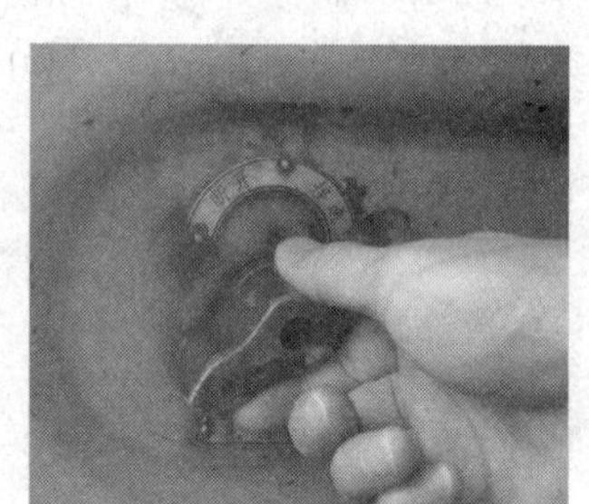

图 2—48　接通电源

具体操作步骤如下：

（1）合上电源开关 QS1，电磁离合器 YC2 通电吸合，如图 2—48 所示。

（2）按下启动按钮 SB1 或 SB2，接触器 KM1 通电吸合，主轴电动机 M1 连续运转；按下停止按钮 SB5 或 SB6，接触器 KM1 断电释放，主轴电动机 M1 断电停转，同时 YC1 通电吸合，如图 2—49 所示。

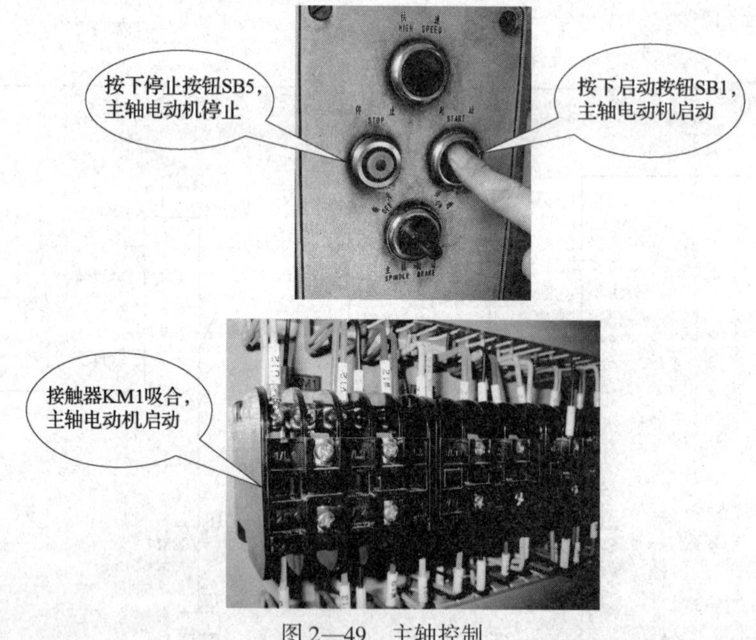

图 2—49　主轴控制

（3）按下按钮 SB3 或 SB4，接触器 KM2 通电吸合，同时电磁离合器 YC3 通电吸合，YC2 断电释放，如图 2—50 所示。

图 2—50　快速进给控制

（4）按下按钮 SB1 或 SB2，电动机 M1 通电连续运行，万能转换开关 SA2 打在正常进给位置，分别将手柄打到上、下、左、右各位置，接触器 KM3 或 KM4 通电吸合，进给电动机 M3 连续正转或连续反转，如图 2—51 所示。

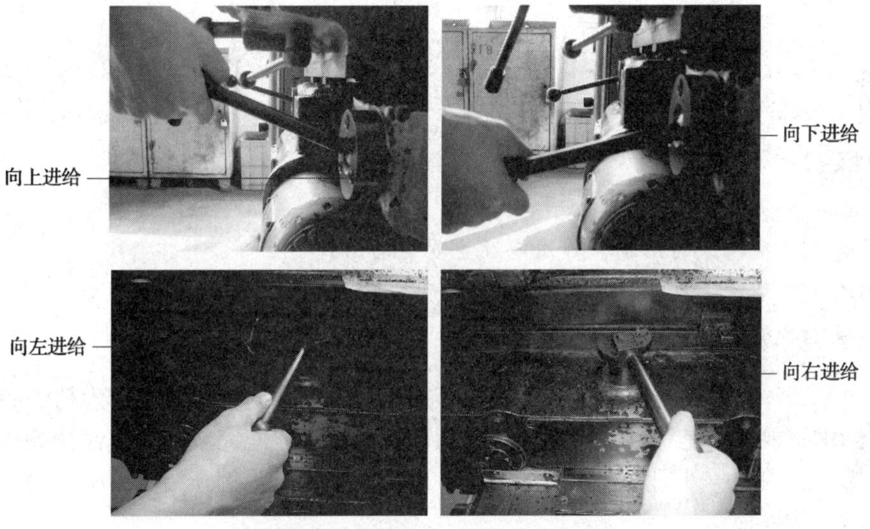

图 2—51　上、下、左、右进给控制

（5）在快速进给控制下（按下按钮 SB3 或 SB4），任意按下行程开关 SQ2、SQ3、SQ4、SQ5、SQ6，接触器 KM3 或 KM4 通电吸合，进给电动机 M3 连续正转或连续反转。

（6）SA2 打在圆形工作台位置，接触器 KM3 通电吸合，进给电动机 M3 连续正转，如图 2—52 所示。

图 2—52　圆形工作台控制

（7）按下行程开关 SQ1，接触器 KM1 点动。

（8）断开电源开关 QS1。

〔提示〕

1. 进给变速和圆形工作台工作时，两个进给操作手柄必须处于中间位置，启动电路途经 SQ3～SQ6 四个行程开关的常闭触点，扳动工作台任一进给手柄，都会使 M3 停止工作，实现了机械和电气配合的联锁控制。

2. 调试时的进给行程不要过大，尤其是快速进给时，应注意避免顶撞或工作台脱离轨道事故。

§2—5 T68 型镗床电气控制

学习目标

◎ 了解 T68 型镗床的结构、作用以及主要运动形式

◎ 熟悉 T68 型镗床元器件的位置，能进行试运行操作

◎ 掌握 T68 型镗床电路工作原理

卧式镗床是一种精密加工机床，主要用于加工对孔和孔间距离要求较为精确的零件，它的镗刀主轴水平放置，是一种多用途的金属切削机床，不但能完成钻孔、镗孔等孔加工，而且能切削端面、内圆、外圆及铣平面等。本节以 T68 型镗床为例介绍其结构、加工过程、电气控制线路工作原理。

一、T68 型镗床的型号含义及主要结构

1. T68 型镗床的型号含义

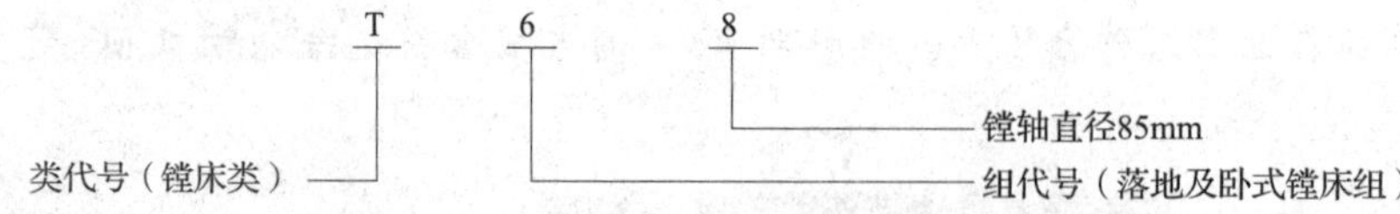

2. T68 型镗床的主要结构

T68 型镗床由床身、工作台、前立柱、镗头箱、后立柱、镗轴、上滑板、下滑板和尾座构成，其外形如图 2—53 所示。

二、T68 型镗床的运动形式和电气控制要求

1. T68 型镗床的运动形式

床身将各部件联合起来，前立柱固定在床身一端，上面装有镗头箱，镗头箱可以在前立柱的垂直导轨上上下移动；后立柱装在床身的另一端，可以沿床身在水平方向移动，后立柱

图 2—53　T68 型镗床外形图

1—床身　2—镗头箱　3—前立柱　4—镗轴　5—工作台　6—后立柱　7—尾座

上的尾座可以沿后立柱上下移动；安装加工工件的工作台，可以沿床身和工作台之间的上滑板做纵向移动，上滑板和工作台又装在下滑板上，下滑板可以带着工作台做横向移动；除此之外，工作台在上滑板上还可以绕工作台中心回转。

2. T68 型镗床的电气控制要求

（1）为适应各种工件的加工工艺，主轴应有较大的调速范围。采用交流双速电动机驱动的滑移齿轮有级变速系统。由于镗削加工是恒功率负载，所以双速电动机的接法为△－YY形。

（2）由于采用滑移齿轮变速，为防止顶齿现象，要求主轴系统变速时做低速断续冲动。

（3）加工过程中可以调速，要求主轴正反转点动调速，通过主轴电动机低速正反转实现。

（4）主轴电动机低速时可以直接启动，在高速时控制电路要保证先接通低速，经延时再接通高速，以减小启动电流。

（5）为缩短机床加工的辅助工作时间，主轴箱、工作台、主轴通过电动机 M2 驱动其快速移动。

三、T68 型镗床电路工作原理

如图 2—54 所示为 T68 型镗床电气控制线路。T68 型镗床电气元件明细表见表 2—9。

1. 主电路工作原理

T68 型镗床有两台电动机，M1 是主轴电动机，M2 是快进电动机。由于镗床变速范围大，采用双速电动机驱动。熔断器 FU1 提供电路总的短路保护，FU2 提供快进电动机和控制电路的短路保护。M1 设置热继电器以提供过载保护，M2 是短时工作，所以不设置热继电器。M1 用接触器 KM1 和 KM2 控制正反转，接触器 KM4、KM5 和 KM6 作△—YY形变速切换。在点动、制动以及变速过程时，电路均串入限流电阻 R，以减小启动电流和制动电流。M2 用接触器 KM7 和 KM8 控制正反转。

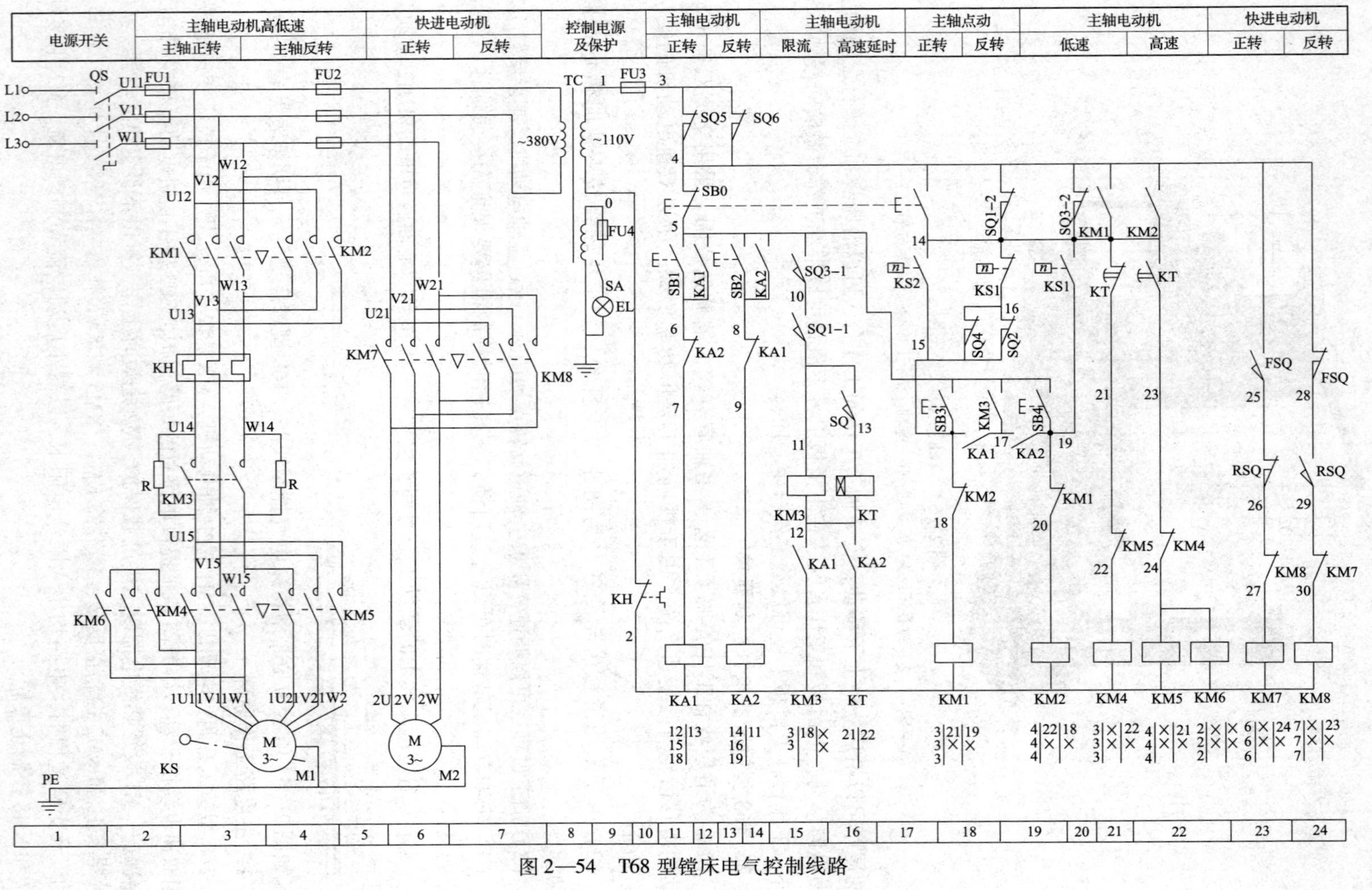

图 2—54　T68 型镗床电气控制线路

表 2—9　　T68 型床电气元件明细表

符号	名称	型号及规格	数量	用途
M1	主轴电动机	JDO2 - 51 - 4/2 5.5/7.5 kW	1	驱动主轴
M2	快进电动机	JDO2 - 32 - 4　3 kW	1	驱动快速移动
KM1	交流接触器	CJ0 - 40　线圈电压 110 V	1	主轴正转
KM2	交流接触器	CJ0 - 40　线圈电压 110 V	1	主轴反转
KM3	交流接触器	CJ0 - 40　线圈电压 110 V	1	主轴制动
KM4、KM5	交流接触器	CJ0 - 40 线圈电压 110 V	2	主轴低速
KM6	交流接触器	CJ0 - 40 线圈电压 110 V	1	主轴高速
KM7	交流接触器	CJ0 - 10 线圈电压 110 V	1	M2 正转
KM8	交流接触器	CJ0 - 10 线圈电压 110 V	1	M2 反转
KT	时间继电器	JS7 - 2 线圈电压 110 V	1	主轴变速延时
SB0	按钮	LA2　500 V 5 A	1	总停止
SB1	按钮	LA2　500 V 5 A	1	M1 正转
SB2	按钮	LA2 500 V 5 A	1	M1 反转
SB3	按钮	LA2　500 V 5 A	1	M1 正转点动
SB4	按钮	LA2　500 V 5 A	1	M1 反转点动
SQ1	行程开关	LX3 - 11K　500 V 5 A	1	主轴变速停止启动开关
SQ2	行程开关	LX3 - 11K　500 V 5 A	1	主轴变速冲动开关
SQ3	行程开关	LX3 - 11K　500 V 5 A	1	进给变速停止启动开关
SQ4	行程开关	LX3 - 11K　500 V 5 A	1	进给变速冲动开关
SQ5	行程开关	LX3 - 11K　500 V 5 A	1	主轴与工作台互锁开关
SQ6	行程开关	LX3 - 11K　500 V 5 A	1	主轴与工作台互锁开关
FSQ、RSQ	行程开关	LX3 - 11K　500 V 5 A	2	快速移动正反转开关
QS	电源转换开关	HZ2 - 60/3　500 V 60 A	1	电源总开关
TC	控制变压器	BK - 400 380/110/24/6.3	1	控制、照明电源
FU1	熔断器	RL1 - 40/40	3	M1 短路保护
FU2	熔断器	RL1 - 40/20	3	M2 短路保护
FU3	熔断器	RL1 - 10/2	1	控制线路短路保护
FU4	熔断器	RL1 - 10/2	1	照明线路短路保护
SA	组合开关	HZ2 - 10/3，10 A	1	照明灯开关
EL	工作照明灯	JC11 - 1	1	工作照明
KA1	中间继电器	JZ7 - 44 线圈电压 110 V	1	控制 M1 正转
KA2	中间继电器	JZ7 - 44 线圈电压 110 V	1	控制 M1 反转
KH	热继电器	JR16 - 40/3D	1	主轴电动机 M1 过载保护
R	电阻	ZB1 - 0.9	2	反接制动限流电阻
KS	速度继电器	JY - 1	1	反接制动

2. 控制电路工作原理

（1）主轴电动机 M1 的正反转及点动控制

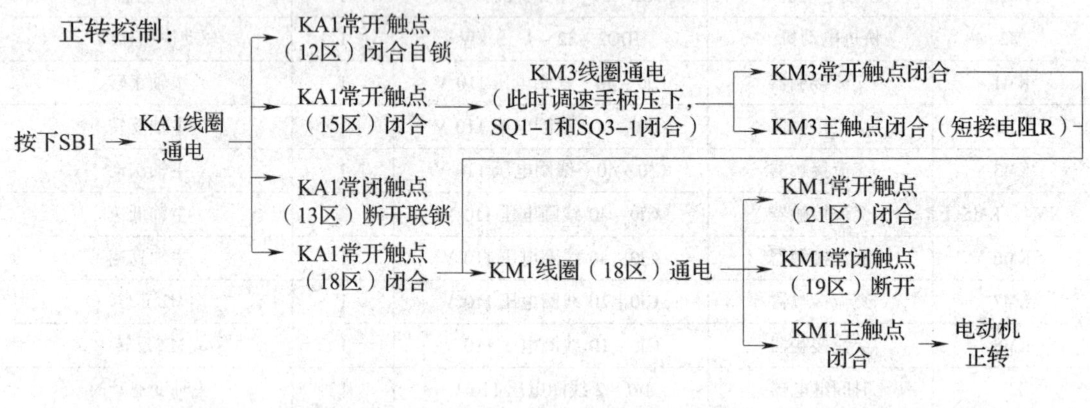

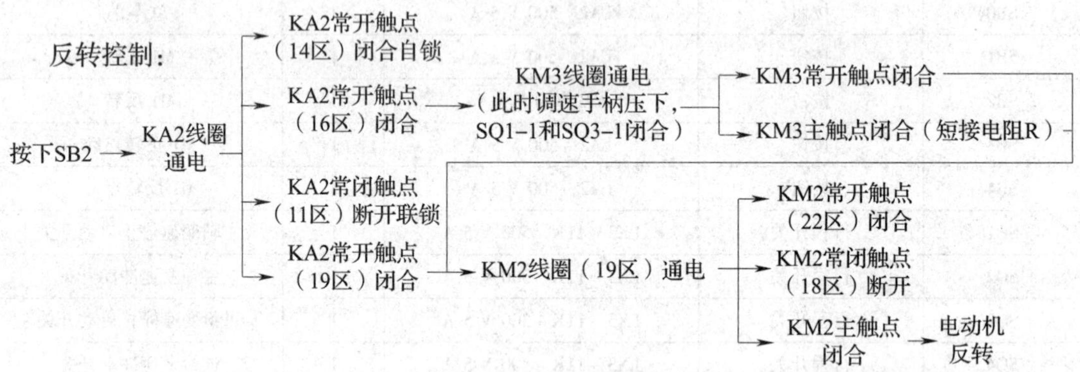

在对刀时，必须采用点动控制。正转点动按钮为 SB3，反转点动按钮为 SB4。按下正转点动控制按钮 SB3，KM1 通电吸合，当松开 SB3 时，KM1 断电，同理，当要反转点动时按下反转点动控制按钮 SB4，KM2 吸合，当松开 SB4 时，KM2 断电。

（2）主轴电动机 M1 的变速控制

上面分析的正反转控制和点动控制也只是使主电路中的接触器 KM1 或 KM2 吸合，为电动机正转或反转创造条件。从控制电路可以看出，要使电动机 M1 运转，还必须将接触器 KM4 或接触器 KM5 和 KM6 通电吸合。KM4 吸合，电动机 M1 接成△形低速运转，KM5 和 KM6 吸合，电动机 M1 接成YY形高速运转。它们的控制是通过变速手柄来操作的。

电动机有两级调速，变速箱有九级调速，两者配合可得十八级速度。当选择好主轴转速后，将调速手柄压下去，SQ1－1 和 SQ3－1 闭合，SQ 未被压下保持断开，接触器 KM4 通电吸合，电动机 M1 作△形连接，电动机低速运转，这个转速和齿轮变速组成的转速就是变速盘上指明的主轴转速。若变速手柄被压下去，则行程开关 SQ 压合。由于是高速运转，所以启动时先低速（△形）启动，然后转成高速运转，用时间继电器 KT 控制。

SQ压合后：

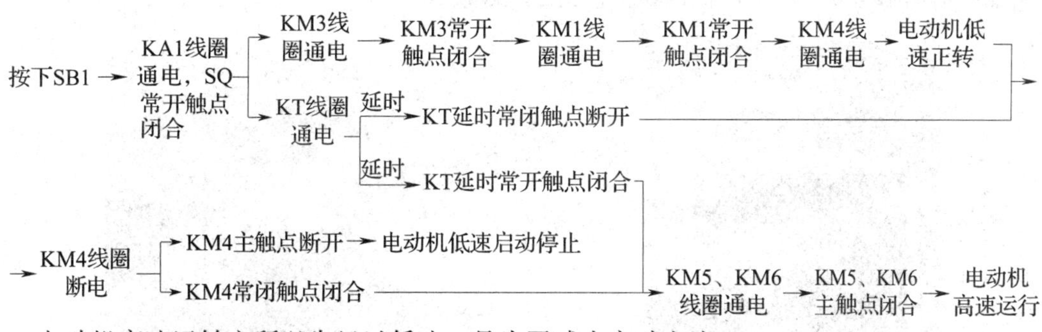

电动机高速运转之所以先经过低速，是为了减小启动电流。

（3）变速冲动

T68 型卧式镗床可以在运转过程中变速。在镗削时发现转速不合适，将变速手柄拉出，这时手柄将压住行程开关 SQ1，使 SQ1－1 断开，接触器 KM3、KM1 相继断电释放，主电动机脱离电源，自动停止转动。然后旋转变速操作盘，选好转速后，将变速操作手柄退回原位。若因齿轮顶住，手柄推合不上时，行程开关 SQ1、SQ2 不受压，通过速度继电器的正转常闭触点 KS1 接通瞬间点动控制电路，使 KM1 通电动作，KM4 也相继通电动作，主轴电动机串入限流电阻 R 在低速下启动。电动机一旦转动，KS1 的正转常闭触点转为断开，使 KM1 断电释放，而正转常开触点转为闭合，KM2 通电动作，主轴电动机被反接制动；当电动机转速在制动下降到速度继电器的复位转速时，其正转常开触点又转为断开，正转常闭触点又转为闭合，从而又接通瞬时点动电路，重复上述过程。这样主轴电动机被间歇地启动和制动而低速旋转，直到齿轮啮合好，手柄推上后，压下行程开关 SQ1 和 SQ2，将上述瞬时点动电路切断；同时，由于 SQ1－1 触点闭合，使 KM3、KM1 相继通电动作，主轴电动机在新的转速下重新启动运转。

（4）快速移动控制

快速移动的内容有：镗头架在前立柱垂直导轨上升降快速移动、工作台快速移动、尾座快速移动和后立柱的水平快速移动。它们都由电动机 M2 驱动。当位置开关 FSQ 压合，接触器 KM7 通电吸合，电动机 M2 正转。当位置开关 RSQ 压合，接触器 KM8 通电吸合，电动机 M2 反转。电动机 M2 的动力所传到的位置，完全由操作手柄控制。

（5）安全保护联锁

在图 2—54 所示电路图中，有两个行程开关 SQ5 和 SQ6，其中 SQ5 受快速移动手柄操纵，SQ6 受主轴和平旋盘进给手柄操纵。若两种进给同时发生，SQ5 和 SQ6 都被压合，控制电路断电，机床停止工作。

课堂活动

T68 型镗床的操作

通过教师演示或实际操作，观察 T68 型镗床的运行过程。

具体操作步骤如下：

（1）接通电源，合上转换开关 QS，如图 2—55 所示。

（2）将行程开关 SQ 打在低速挡，如图 2—56 所示。

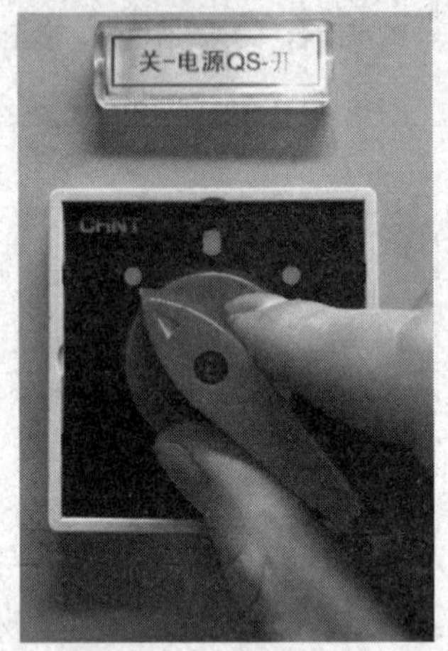

图 2—55　接通电源

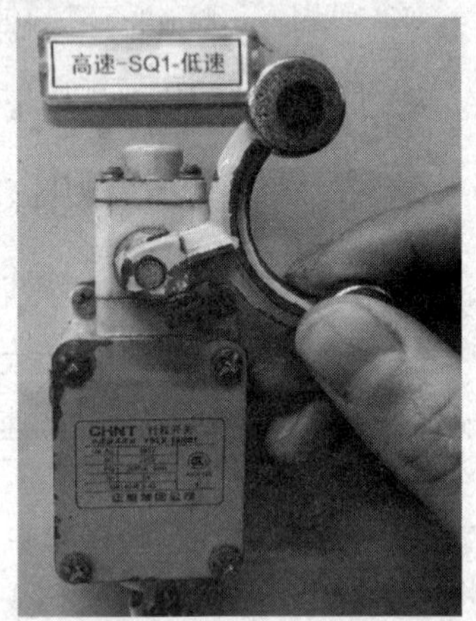

图 2—56　低速挡控制

1）按下主轴正转启动按钮 SB1，接触器 KM3、KM1、KM4 通电吸合，主轴电动机 M1 低速正转连续运行；按下停止按钮 SB0，M1 断电停转，如图 2—57 所示。

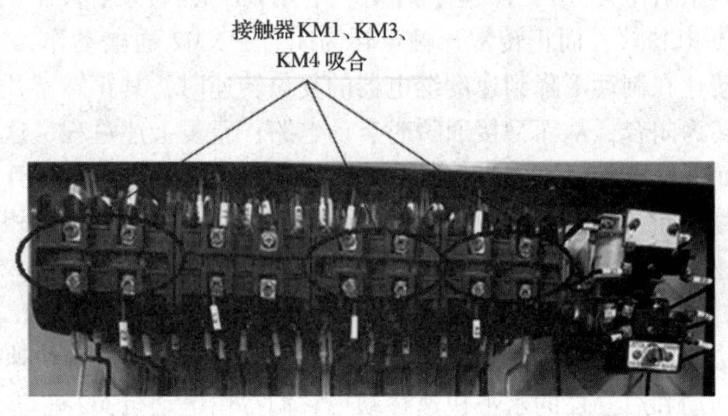

图 2—57　主轴控制

2）按下主轴反转启动按钮 SB2，接触器 KM3、KM2、KM4 通电吸合，主轴电动机 M1 低速反转连续运行；按下停止按钮 SB0，M1 断电停转。

（3）压合行程开关 SQ，将 SQ 打在高速挡，如图 2—58 所示。

1）按下主轴正转启动按钮 SB1，接触器 KM3、KM1 通电吸合，同时接触器 KM4 也通电吸合，电动机低速正转启动。经过一段整定时间，接触器 KM5 和 KM6 通电吸合，电动机 M1 接成YY形，高速正向运转。

2）按下反转启动按钮 SB2，接触器 KM3、KM2 通电吸合，同时接触器 KM4 也通电吸合，电动机低速反转启动。经过一段整定时间，接触器 KM5 和 KM6 通电吸合，电动机 Ml 接成YY形，高速反向运转。

3）按下行程开关 SQ1，主轴电动机冲动。

(4) 压合行程开关 FSQ，接触器 KM7 通电吸合，快进电动机 M2 正转。压合行程开关 RSQ，接触器 KM8 通电吸合，快进电动机 M2 反转，如图 2—59 所示。

(5) 断开转换开关 QS，切断电源。

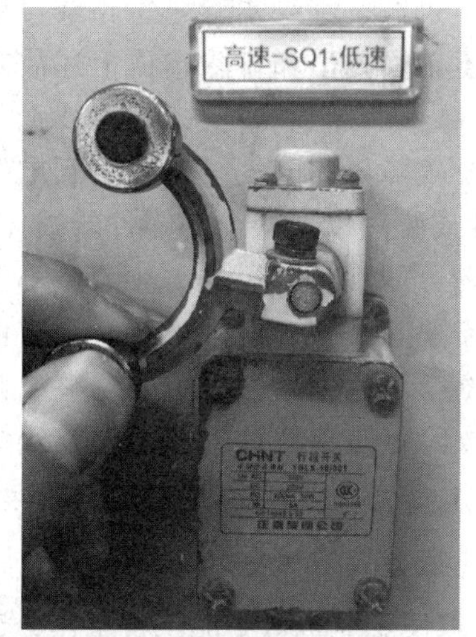

图 2—58　高速挡控制

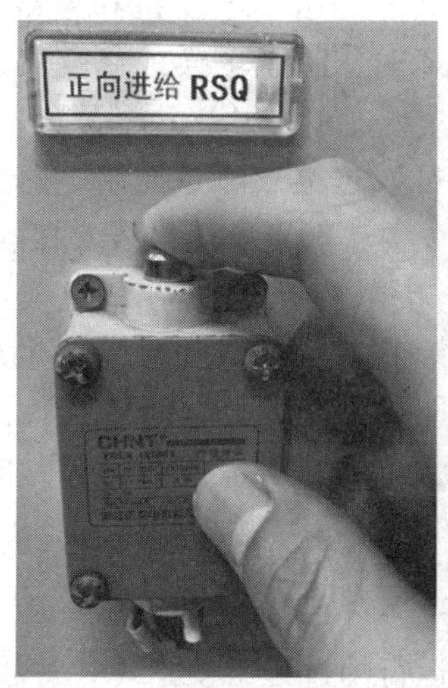

图 2—59　快进电动机控制

§2—6　机床电气设备常见故障及排除方法

学习目标

◎ 了解机床电气设备常见故障

◎ 了解常用机床电气设备检修注意事项

◎ 掌握常用机床电气设备检修方法

一、机床电气设备常见故障形式

机床在运行过程中其电气设备常受到许多不利因素的影响，而出现一些电气故障，这些故障大致分为两种类型：自然故障和人为故障。

1. 自然故障

在电器动作过程中的机械振动、过电流的热效应会加速电气元件的绝缘老化变质、电弧的烧损、长期动作的自然磨损、周围环境温度和湿度的影响、有害介质的侵蚀、元件自身的质量问题、自然寿命等原因都会导致电气设备出现自然故障，影响机床的正常运行。因此，加强日常维护保养和检修可使机床在较长时间内不出或少出故障。千万不可认为反正机床电气设备的故障是客观存在、在所难免的，就忽视日常维护保养和定期检修工作。

2. 人为故障

人为故障是指机床在运行过程中，由于受到不应有的机械外力的破坏或因工作人员操作不当、安装不合理而造成的故障。人为故障也会造成机床事故，甚至危及人身安全。人为故障可分为以下两大类：

（1）故障有明显的外表特征并易被发现，如电动机和电器的显著发热、冒烟、散发出焦臭味或火花等。这类故障是由于电动机和电器的绕组过载、绝缘击穿、短路或接地所引起的。在排除这类故障时，除了更换或修复之外，还必须找出和排除造成上述故障的原因。

（2）故障没有外表特征。这类故障是控制电路的主要故障。在电气线路中由于电气元件调整不当、机械动作失灵、触点及压接线头接触不良或脱落以及某个小零件的损坏、导线断裂等所造成的故障。线路越复杂，出现这类故障的可能性越大。这类故障虽小但会经常碰到，由于没有外表特征，要寻找故障发生点常需要花费很多时间，有时还需借助各类测量仪表和工具才能找出故障点，而一旦找出故障点，往往只需简单的调整或修理就能立即恢复机床的正常运行，所以能否迅速地查出故障点是检修这类故障时能否缩短时间的关键。

二、机床电气设备检修原则

常用机床电气设备在运行的过程中会出现各种故障，致使工业机械不能正常工作，这不但影响生产率，严重时还会造成人身安全事故。因此，电气设备发生故障后，维修人员应能够及时、熟练、准确、迅速、安全地查出故障并加以排除，尽早恢复工业机械的正常运行。

常用机床电气设备检修有以下十大原则：

（1）先动口再动手。对于有故障的电气设备，不应急于动手，应先询问产生故障的前后经过及故障现象。对于生疏的设备，还应先熟悉电路原理和结构特点，遵守相应规则。拆卸前要充分熟悉每个电气部件的功能、位置、连接方式以及与四周其他器件的关系，在没有组装图的情况下，应一边拆卸，一边画草图，并做标记。

（2）先外部后内部。应先检查设备有无明显裂痕、缺损，了解其维修史、使用年限等，然后再对机器内部进行检查。拆卸机器前应排除周边的故障因素，确定为机内故障后才能拆卸，否则盲目拆卸可能将设备越修越坏。

（3）先机械后电气。只有在确定机械零件无故障后，才进行电气方面的检查。检查电路故障时，应利用检测仪器寻找故障部位，确认无接触不良的故障后，再有针对性地查看线路与机械的运作关系，以免误判。

（4）先静态后动态。在设备未通电时，判定电气设备按钮、接触器、热继电器以及熔丝的好坏，从而判定故障的所在。通电进行试验，听其声、测参数、判定故障，最后进行维修。如在电动机缺相时，若测量三相电压值无法判别故障，就应听其声，单独测量每相对地电压，方可判断哪一相缺损。

（5）先清洁后维修。对污染较重的电气设备，先对其按钮、接线点、接触点进行清洁，检查外部控制按键是否失灵。许多故障都是由脏污及导电尘埃引起的，一经清洁，故障往往会自行排除。

（6）先电源后设备。电源部分故障在整个设备故障中占的比例很高，所以先检修电源往往可以起到事半功倍的效果。

（7）先普遍后特殊。因装配配件质量或其他设备故障而引起的故障，一般占常见故障的50%左右。电气设备的特殊故障多为软故障，要根据经验，配合仪表来测量和维修。

（8）先外围后内部。先不要急于更换损坏的电气部件，在确认外围设备电路正常时，再考虑更换损坏的电气部件。

（9）先直流后交流。检修时，必须先检查直流回路静态工作点，再检查交流回路动态工作点。

（10）先故障后调试。对于调试和故障并存的电气设备，应先排除故障，再进行调试，调试必须在电气线路正常的前提下进行。

三、机床电气设备故障检修方法

测量法是维修人员工作中用来准确确定故障点的一种行之有效的检修方法。常用的测试工具和仪表有校验灯、测电笔、万用表、钳形电流表、兆欧表等，主要通过对电路进行带电或断电时的有关参数如电压、电阻、电流等的测量，来判断电气元件的好坏、设备的绝缘情况以及线路的通断情况。

在用测量法检查故障点时，一定要保证各种测量工具和仪表完好，使用方法正确，还要注意防止感应电、回路电及其他并联支路的影响，以免产生误判断。常用的测量方法有电阻测量法和电压测量法。

1. 电阻测量法

电阻测量法是通过测量电路电阻判别电路情况的一种方法，由于是断电测量，所以比较安全，缺点是测量电阻不准确，特别是寄生电路对测量电阻影响较大。电阻测量法主要分为电阻分阶测量法与电阻分段测量法两种。

（1）电阻分阶测量法

电阻分阶测量法是以电路某一点为基准点（一般选择起点或终点）放置一表笔，另一表笔在回路中依次测量电阻，通过电阻测量判别电路是否正常的方法。如图2—60所示为电阻分阶测量法。

按下启动按钮SB1，若接触器KM不吸合，说明KM线圈通电回路有故障。

检查时，先断开电源，把万用表转换到电阻挡，按下SB1，测量N—1两标号点间的电阻。如果电阻为无穷大，说明电路断路；然后逐段分阶测量N—4、N—3、N—2两标号点之间的电阻值。当测量到某标号时，若测得电阻突然增大，说明表笔刚跨过的触点或连接线接触不良或断路。用电阻分阶测量法查找故障点见表2—10。

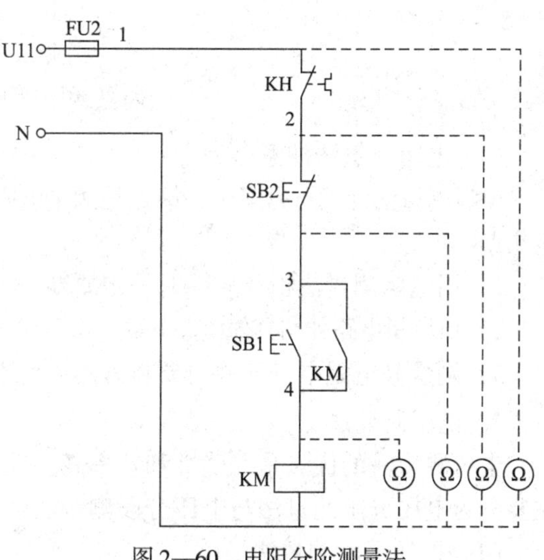

图2—60　电阻分阶测量法

表 2—10　　用电阻分阶测量法查找故障点

故障现象	测试状态	两标号点间的电阻				判断故障点
		N－1	N－2	N－3	N－4	
按下 SB1 时，KM 不吸合	按下 SB1	∞	R	R	R	KH 常闭触点接触不良
		∞	∞	R	R	SB2 接触不良
		∞	∞	∞	R	SB1 接触不良
		∞	∞	∞	∞	KM 线圈断路

注：R 为接触器线圈冷态直流电阻值。

（2）电阻分段测量法

如图 2—61 所示为电阻分段测量法。检查时先切断电源，按下启动按钮 SB1，然后逐段测量相邻两标号点 1—2、2—3、3—4、4—N 之间的电阻。如测量某两点间电阻很大，说明该触点接触不良或导线断路。例如，测得 2—3 两点间电阻很大时，说明停止按钮 SB2 接触不良。

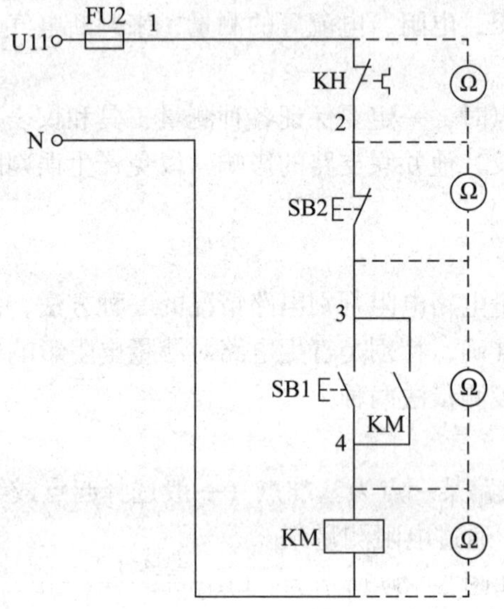

图 2—61　电阻分段测量法

（3）电阻测量法注意事项

电阻测量法的优点是安全；缺点是测量电阻值不准确时易造成判断错误。为此，应注意下述几点：

1）用电阻测量法检查故障时一定要断开电源。

2）所测量电路如与其他电路并联，必须将该电路与其他电路断开，否则所测电阻值不准确。

3）测量高电阻电气元件时要将万用表的电阻挡置于适当的挡位。

2．电压测量法

电压测量法的优点是准确性和效率高；缺点是带电测量，有一定的危险性。电压测量法主要分为电压分阶测量法与电压分段测量法两种。

（1）电压分阶测量法

电压分阶测量法是以电路某一点为基准点（一般选择起点、终点或接地点）放置一表笔，另一表笔在回路中依次测量电压，通过电压测量，判别电路是否正常的方法。检查时把万用表旋到交流电压 500 V 挡上。

如图 2—62 所示，若按下启动按钮 SB2，接触器 KM1 不吸合，说明电路有故障。

检修时，首先用万用表测量 1—7 两点电压，若电路正常，应为 380 V。然后按下启动按钮 SB2，同时将黑表笔接到 7 点，红表笔依次接 6、5、4、3、2 点，分别测到 7—6、7—5、7—4、7—3、7—2 各阶电压。电路正常时，各阶电压应为 380 V。如测到 7—6 两点之间无电压，说明是断路故障，可将红表笔前移，当移到某点、电压正常时，说明该点以后的触点或接线断路，一般是此点后第一个触点或连线断路。

（2）电压分段测量法

电压分段测量法即先用万用表测量图 2—63 中 1—7 两测试点电压，电压为 380 V，说明电源电压正常。然后按下 SB2，用万用表逐段测量 1—2、2—3、3—4、4—5、5—6、6—7 相邻两点的电压。如电路正常，除 6—7 两点之间电压等于 380 V 外，其他任意相邻两点间的电压都应为零。如测量某相邻两点电压为 380 V，说明两点所包括的触点及其连接导线接触不良或断路。

（3）电压测量法使用注意事项

用万用表测量电压（或电流）时要选择好量程，如果用小量程去测量大电压，则会有烧坏万用表的危险；如果用大量程去测量小电压，那么万用表指针偏转太小，就无法读数。量程的选择应尽量使指针偏转到满刻度的 2/3 左右。如果事先不清楚被测电压的大小时，应先选择最高量程挡，然后逐渐调整到合适的量程。

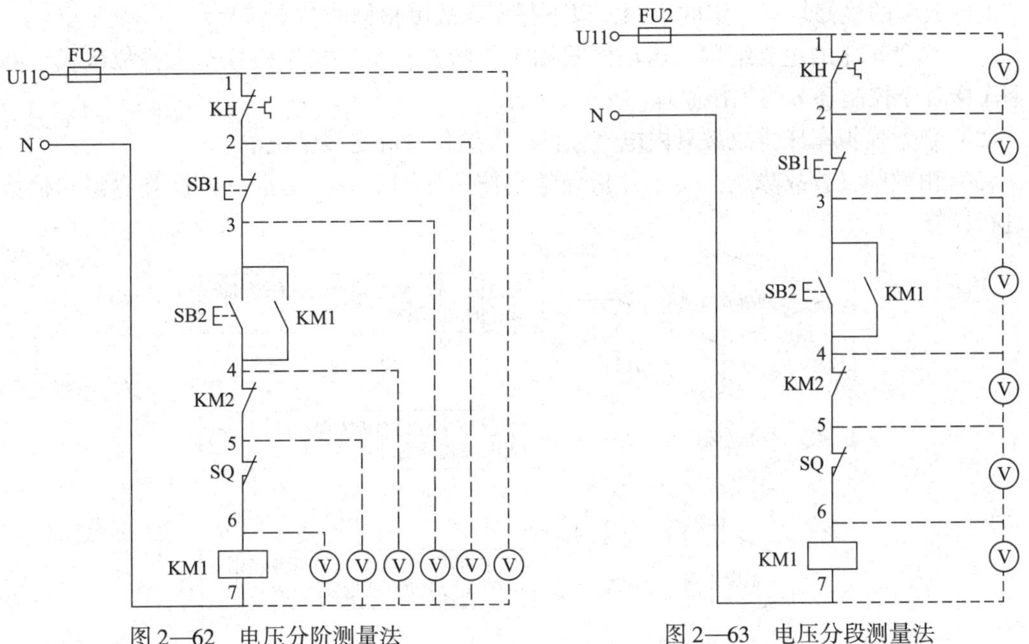

图 2—62　电压分阶测量法　　　图 2—63　电压分段测量法

1）交流电压的测量。将万用表的一个转换开关置于交、直流电压挡，另一个转换开关置于交流电压的合适量程上，万用表两表笔和被测电路或负载并联即可。

2）直流电压的测量。将万用表的一个转换开关置于交、直流电压挡，另一个转换开关置于直流电压的合适量程上，且“+”表笔（红表笔）接到高电位处，“-”表笔（黑表笔）接到低电位处，即让电流从“+”表笔流入、从“-”表笔流出。若表笔接反，表头指针会反方向偏转，容易撞弯指针。

实训三　典型机床的常见故障

学习目标

◎了解故障检修的基本流程
◎掌握故障分析的方法
◎能够检查和排除典型故障

一、任务要求

机床在日常使用中经常会发生各类故障，掌握简单的维修方法，分析出故障原因，判断出故障点等对机床的操作具有积极的意义。本实训的主要内容是分析、检修 CA6140 型车床的常见故障。

二、相关知识

电气故障的检修均有一定的步骤，以下是车床故障检修的基本流程：

（1）熟悉车床的主要结构、运动形式和工作状态，实际操作模拟车床排故教具，熟练掌握车床各个控制环节的工作原理。

（2）熟悉模拟车床排故教具内电气元件的安装位置和走线情况。

（3）由教师设置故障点，安排并指导学生按照如图 2—64 所示故障检查步骤和检修方法进行检修。

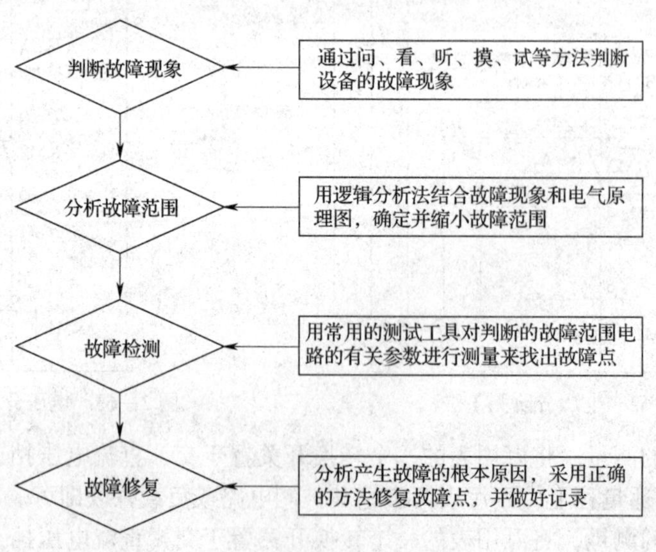

图 2—64　故障检查步骤和检修方法流程图

三、任务实施

CA6140 型车床典型故障分析及检修：

（1）机床整机不能工作

首先要检查电源是否工作正常，如果电源是正常的，则按照图 2—65 的流程使用万用表检查线路。

（2）主轴电动机缺相运行

电动机 M1、M2 在启动后发出“嗡嗡”声，这种状态一般是由于电动机缺相运行造成的。发现此类故障时，应立即切断电源，以防止电动机被烧坏。

对于这种故障，首先要检查电源线的每相接线是否完好；三相熔断器是否有某相熔断；接触器主触点是否有某相触点接触不良，是否能同时闭合；热继电器 KH1、KH2 三相是否接触良好，有无某相损坏现象；最后应检查电源开关 QS 以及电动机定子接线端，是否某相接触不良等。

（3）主轴电动机能启动但不能自锁

按下启动按钮 SB2，主轴电动机 M1 能启动，但松开 SB2，M1 随之停转。造成这种故障的原因是接触器 KM1 常开辅助触点（自锁触点）接触不良或连接线松脱，使电路不能自锁。

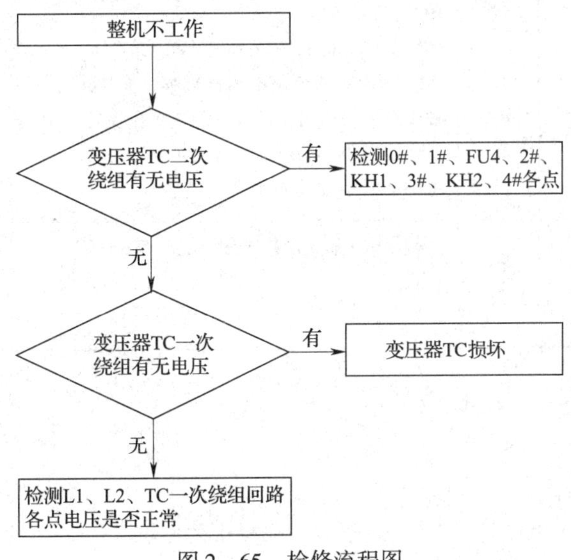

图 2—65　检修流程图

〔提示〕

1. 排除故障过程中，不得采用更换电气元件、借用触点或改动线路的方法修复故障点。

2. 严禁扩大故障范围或产生新的故障，不得损坏电气元件或设备。

3. 停电后要验电，带电检修时，必须有指导教师在现场监护，以确保用电安全。

4. 在使用万用表检测故障时，注意万用表量程的转换，及时根据测量线路选择合适的量程挡位，以免造成事故。

四、任务评价

机床检修评分表见表2—11。

表2—11　　机床检修评分表

开始时间			结束时间		实际操作时间	
项目	考核内容	配分	评分标准	扣分	得分	备注
故障分析（35分）	现象明确	10	现象陈述错误，一次扣3～5分			
	思路清晰	10	分析过程错误，一次扣3～5分			
	故障范围准确	15	故障范围错误或遗漏，一处扣3～5分			
故障检修（45分）	方法合适	10	检修方法正确			
	仪表使用合理规范	10	仪表使用步骤错误，一处扣3～5分			
	检修步骤正确	15	检修步骤错误扣5～10分			
	设备修复	10	故障未修复或扩大，每处扣5分			
安全文明（10分）	安全用电规范	10	1. 不穿戴工作服、绝缘鞋等劳动保护用品，扣2分 2. 实训结束后，未清理现场者，扣5分 3. 不遵守安全用电操作规程，操作过程中发生人身或设备事故者；自行通电，造成熔断器熔断或低压断路器跳闸者，可酌情倒扣20分或更高			
考核时间（10分）	在20 min内完成	10	每超时1 min倒扣5分，超时5 min终止考试			
总分						

第三章　可编程控制器的原理与应用

§3—1　认识可编程控制器

学习目标

◎ 了解 PLC 的定义、特点及发展历程
◎ 熟悉 PLC 的基本结构和工作原理
◎ 了解 PLC 在自动控制领域中的地位和作用
◎ 掌握 PLC 的接线方法

如图 3—1 所示是传统继电器控制的普通车床，其加工产品精度低，生产自动化水平低，操作复杂，对操作者的要求较高，越来越不能满足工业生产的需求。随着 PLC 等自动化产品的诞生，如图 3—2 所示的数控车床逐渐替代了普通机床，成为工业生产的重要设备。

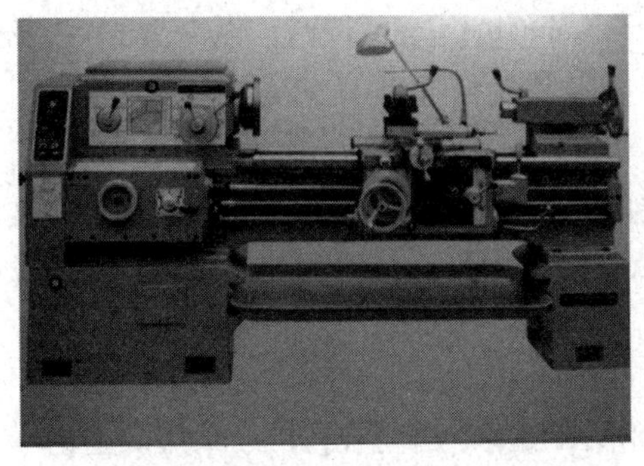

图 3—1　普通车床外形

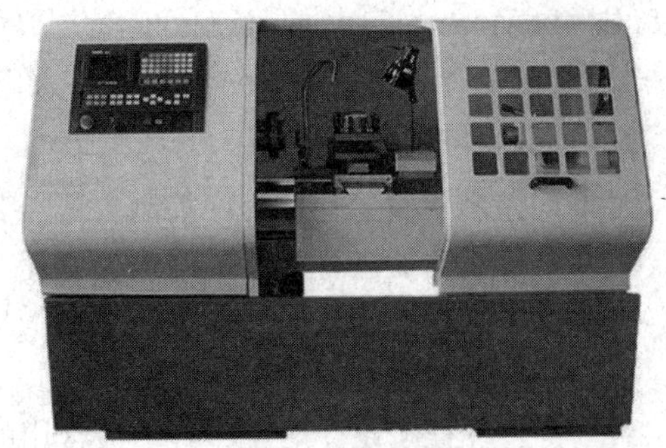

图 3—2　数控车床外形

PLC 将程序化的手段应用于电气控制，用软件代替大量的中间继电器和时间继电器，仅需要与输入和输出有关的少量硬件，省去了接线和拆线的麻烦，大大降低了故障率，维护工作量小，并具有在线修改功能，性价比高，被广泛应用于机床控制等各类工业控制场合。本节主要介绍 PLC 的特点、结构和工作原理，并通过技能训练介绍其安装调试方法。

一、可编程控制器的产生和特点

1. 可编程控制器的产生

20 世纪 60 年代末期，美国汽车制造工业竞争日趋激烈，为了适应生产工艺不断更新的需要，1968 年美国通用汽车公司（GM）首先公开招标，对控制系统提出的基本要求如下：

（1）编程方便，现场可修改程序。

（2）维修方便，采用插件式结构。

（3）可靠性高于继电器控制系统。

（4）体积小于继电器控制系统。

（5）数据可直接送入计算机管理。

（6）成本低，可与继电器控制系统进行竞争。

（7）输入可为市电。

（8）输出可为市电，输出电流要求在 2 A 以上，可直接驱动电磁阀、接触器等。

（9）原系统扩展方便。

（10）用户存储器容量大于 4 KB。

归纳后其核心要求为：

（1）用计算机代替继电器控制系统。

（2）用程序代替硬件接线。

（3）输入/输出电平适合与外部装置直接相连。

（4）结构易于扩展。

1969 年美国数字设备公司（DEC）根据上述要求，研制出世界上第一台可编程控制器，并在 GM 公司汽车生产线上首次应用成功，实现了生产的自动控制。可编程逻辑控制器，简称 PLC（Programmable Logic Controller）或 PC（Programmable Controller），但由于 PC 容易和个人计算机（Personal Computer）混淆，人们仍习惯用 PLC 作为可编程控制器的缩写。

2. 可编程控制器的特点

可编程控制器属于存储程序控制方式，其控制功能是通过存放在存储器内的程序来实现的，若要对控制功能进行必要的修改，只需改变软件指令即可，从而实现了硬件控制的软件化。其主要特点如下：

（1）PLC 软件简单易学

PLC 有多种程序设计语言，其中最常用的是梯形图和指令语句表。PLC 采用的是易学易懂的梯形图语言，是以计算机软件技术构成人们惯用的继电器模型，形成的一套独具风格的以继电器梯形图为基础的形象编程语言。图 3—3 所示为 PLC 内部各类等效继电器的线圈和触点的图形符号，其等效继电器的动作原理与常规继电器控制中的动作原理完全一致，电气操作人员使用起来得心应手，不存在计算机技术和传统电气控制技术之间的专业“鸿沟”。在了解 PLC 简要工作原理和它的编程技术之

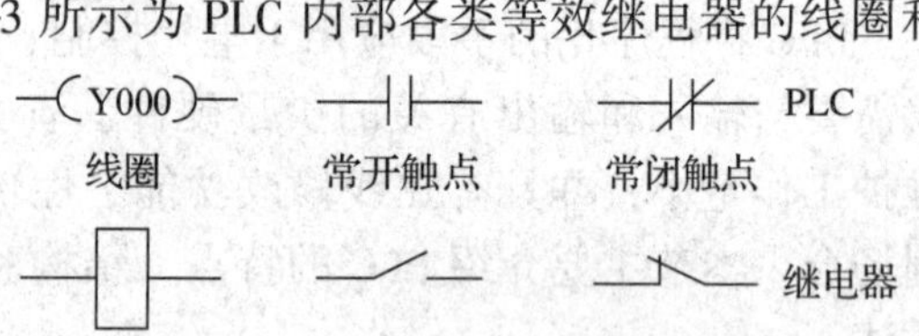

图 3—3 线圈和触点的图形符号

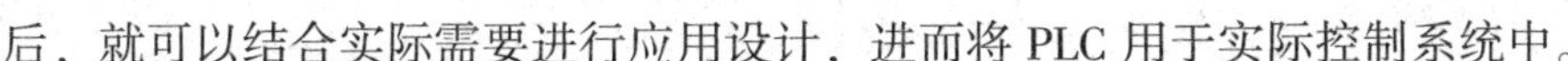

后，就可以结合实际需要进行应用设计，进而将 PLC 用于实际控制系统中。

（2）使用和维护方便

1）硬件配置方便。PLC 的硬件都是专门由生产厂家按一定标准和规格生产的，按实际需要配置 PLC 时，所需硬件均可在市场上方便地买到。

2）安装方便。PLC 内部不需要接线和焊接，只要进行外部接线和程序编写就可以了，当生产工艺发生改变时，只要修改控制程序即可。

3）使用方便。PLC 内部各类等效继电器的触点不受使用次数限制。使用时，只需要考虑输入点和输出点个数即可，如型号为 FX_{3U} -48MR 的 PLC 的输入和输出总点数为 48 个。

4）维护方便。PLC 配备有许多监控提示信号，能动态地监视控制程序的执行情况，检查出自身的故障，并随时显示给操作人员，为现场的调试和维护提供了方便。

（3）运行稳定可靠

PLC 是专为工业控制设计的，在设计和制造过程中采取了多层次抗干扰和精选元件措施，可在恶劣的工业环境下与强电设备一起工作，运行的稳定性和可靠性较高。PLC 是以集成电路为基本元件的电子设备，内部处理不依赖于触点，元件的使用寿命为半永久性。

（4）设计施工周期短

使用 PLC 完成一项控制工程，在系统设计完成以后，现场施工和 PLC 程序设计可以同时进行，周期短，而且程序的调试和修改都很方便。

综上所述，可编程控制器在性能上优于继电器逻辑控制，与微型计算机、单片机一样，是一种用于工业自动化控制的理想工具。

二、三菱 FX_{3U} -48MR 小型可编程控制器的结构

1. FX_{3U} -48MR 小型可编程控制器面板介绍

FX_{3U} -48MR 小型可编程控制器面板可以分为四部分，分别是输入接线端、输出接线端、操作面板、状态指示栏，如图 3—4 所示。

（1）输入接线端

输入端子用于连接输入元件（如按钮、转换开关、行程开关、继电器触点和各种传感器等）。每一个输入端子都有一个输入继电器（X）与之对应，外部控制信号必须通过输入继电器传送到 PLC 内部。三菱 FX_{3U} -48MR/ES 型 PLC 输入继电器（X）以八进制编码，编号为 X000 ~ X007、X010 ~ X017、X020 ~ X027 共 24 点。如图 3—5 所示，如果 PLC 外部分别连接有一个转换开关 SA，两个按钮 SB1、SB2，两个行程开关 SQ1、SQ2，以及一个热继电器和一个传感器，则构成输入回路。

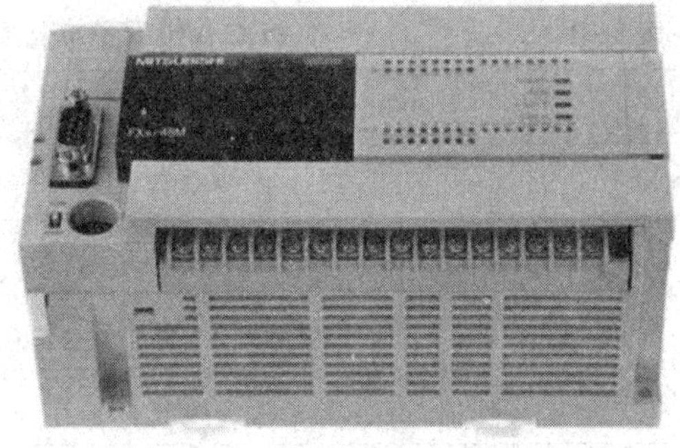

图 3—4　FX_{3U} -48MR 小型可编程控制器面板

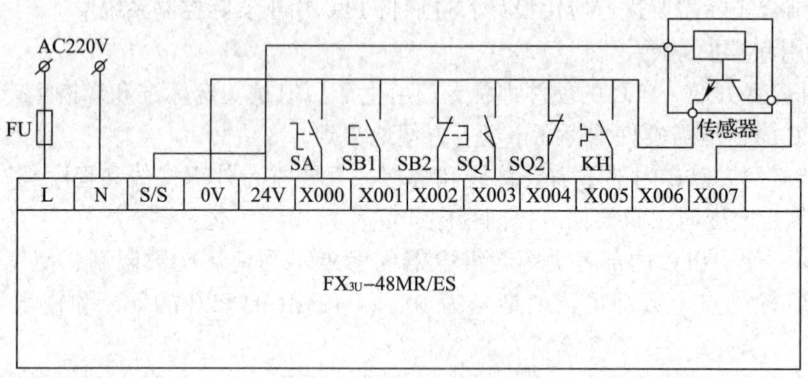

图 3—5　PLC 输入接线端

由于 FX_{3U} -48MR/ES 型 PLC 为漏型输入，因此将 PLC 自带的 24 V 电源和 S/S 短接，为输入回路供电，同时也作为传感器的电源，0 V 端为输入公共端。当输入点（X）和公共端接通时，输入继电器动作，其对应的软触点常开触点闭合、常闭触点断开。例如，按下 SB1 按钮，X001 常开触点闭合，常闭触点断开；而对于 X002 来说，由于外接的是常闭按钮 SB2，因此未按下 SB2 时，X002 软触点动作；按下 SB2 时，输入继电器 X002 断电，其对应的软触点恢复常态。

FX_{3U}系列 PLC 的运行状态（RUN/ STOP）可以通过面板上的方式转换开关进行切换，也可以在编程软件中进行切换。

（2）输出接线端

输出端子用于驱动负载（接触器、电磁阀和指示灯等）实现控制。每个输出端子都有一对应输出继电器，输出继电器的状态由用户编制的程序控制，输出继电器通电，其对应软触点动作，电源加到负载上，负载得到驱动，这样负载的状态就由程序驱动输出继电器控制。三菱 FX 系列 PLC 的输出继电器（Y）以八进制编码，FX_{3U} -48MR/ES 型输出继电器编号为 Y000 ~ Y007、Y010 ~ Y017、Y020 ~ Y027 共 24 点，前 16 点为每 4 点共用一个公共端口（COM1 ~ COM4），后 8 点共用一个公共端（COM5），以适应额定电压不同的负载，其对应关系见表 3—1。如图 3—6 所示为 PLC 输出接线端，KM、KA、YV 同为额定电压为交流 220 V 的外部负载，因此可以用同一个端口（COM1），而 R1 ~ R4、VD1 ~ VD4 则需共用 DC5 V 的直流电源，因此需要接在另一个端口（COM2）。

表 3—1　　PLC 输出端子与公共端子组合的对应关系

	公共端子	输出端子
第一组	COM1	Y000、Y001、Y002、Y003
第二组	COM2	Y004、Y005、Y006、Y007
第三组	COM3	Y010、Y011、Y012、Y013
第四组	COM4	Y014、Y015、Y016、Y017
第五组	COM5	Y020 ~ Y027

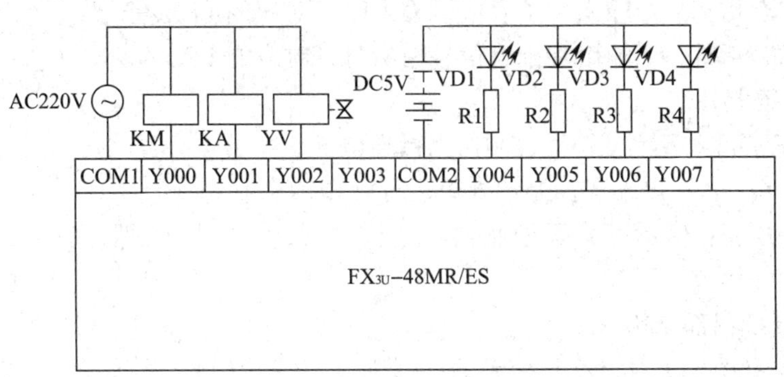

图 3—6　PLC 输出接线端

（3）操作面板

操作面板包括 PLC 工作方式选择开关和通信接口两部分，如图 3—7 所示。

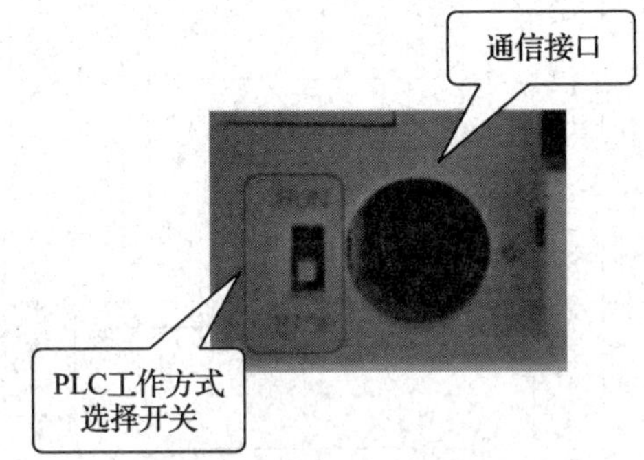

图 3—7　操作面板

1）PLC 工作方式选择开关有 RUN 和 STOP 两挡。

2）通信接口用于 PLC 和计算机的通信。

（4）状态指示栏

状态指示栏分为输入状态指示、输出状态指示、运行状态指示三部分，如图 3—8 所示。

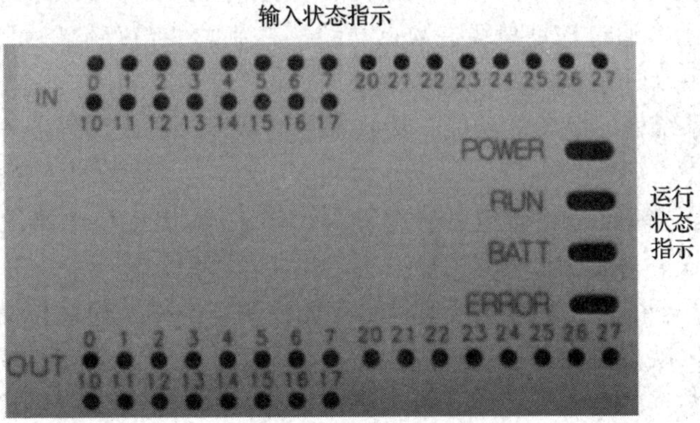

输入状态指示

运行状态指示

输出状态指示

图 3—8　状态指示栏

1）输入状态指示。当输入端子有信号输入时，对应的 LED 亮。

2）输出状态指示。当输出端子有信号输出时，对应的 LED 亮。

3）运行状态指示。

POWER LED 亮：表示可编程控制器已接通电源。

RUN LED 亮：表示可编程控制器处于运行（RUN）状态。

ERROR LED 亮：表示可编程控制器程序错误时指示灯会闪烁，CPU 错误时指示灯会亮。

2. 三菱 PLC 内部结构

PLC 是一种专用于工业自动化控制的计算机，主要由 CPU、存储器、I/O 接口电路、外设接口、编程装置和电源等组成，其内部结构示意图如图 3—9 所示。

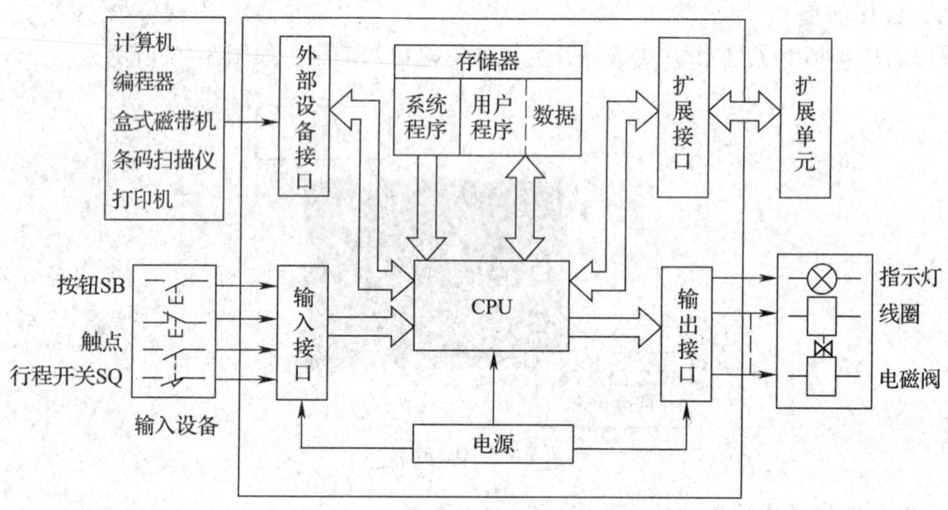

图 3—9　PLC 内部结构示意图

（1）CPU

中央处理单元 CPU 是可编程控制器的控制中枢，常用的 CPU 微处理器有通用型微处理器、单片机和位片式计算机等。CPU 一般由控制电路、运算器和寄存器组成，它们被封装在一个集成的芯片上，通过地址总线、数据总线、控制总线与存储单元、输入/输出接口电路连接。CPU 的作用如下：

1）按照 PLC 系统程序赋予的功能，接收并存储从计算机或编程器等编程工具输入的用户程序和数据。

2）通过检查程序能自行检查电源、存储器、输入/输出接口电路的状态，并能诊断用户程序中的语法错误。

3）当 PLC 投入运行时，它在系统监控程序的控制下工作，通过扫描方式，将外部输入信号的状态写入输入映像寄存器，PLC 进入运行状态后，从存储器逐条读取用户指令，按指令规定的任务进行数据的传送、逻辑运算和算术运算，然后将结果送到输出映像寄存器或数据寄存器内。等执行完用户程序后，将 I/O 映像寄存器的各输出状态或输出寄存器内的数据传送到相应的输出装置。

（2）存储器

可编程控制器的存储器由只读存储器 ROM、随机存储器 RAM 和可电擦写的存储器 EEPROM 三大部分构成，主要用于存放系统程序、用户程序及工作数据。系统程序是制造 PLC 的厂家编写的控制和完成 PLC 各种功能的程序，例如，PLC 接通电源后检查 PLC 各部件是否正常的检查程序就是系统程序之一，存储系统程序的存储器称为系统程序存储器，在生产 PLC 过程中厂家将系统程序固化在只读存储器 ROM 中，是用户不可改变的。用户程序是 PLC 使用人员根据 PLC 控制对象的控制要求编写的控制程序；PLC 运行过程中会产生大量的运算数据，用户程序和工作运算数据存放在随机存储器 RAM 中。可电擦写的存储器用来存放需要长期保存的重要数据。

（3）输入/输出接口电路

输入/输出接口电路是 PLC 与被控对象间传递输入信号和输出信号的接口部件。

1）输入接口电路。在 PLC 控制系统中，各种按钮、行程开关和传感器等主令电器直接接到 PLC 输入接口电路上，操作人员发出的命令或来自生产现场的各种控制信号，通过输入接口电路转化为 PLC 内部 CPU 能接受的信号，由 CPU 进行逻辑处理。为防止由于触点抖动或干扰脉冲引起错误的输入信号，输入接口电路必须有很强的抗干扰能力。输入接口电路提高抗干扰能力的方法主要有：利用光电耦合器提高抗干扰能力；利用阻容滤波电路提高抗干扰能力。

2）输出接口电路。PLC 的输出接口电路是将 CPU 产生的小信号放大后输出，以驱动电磁阀、接触器等负载工作。PLC 的输出接口电路可以分为三种：继电器输出、晶体管输出和晶闸管输出。继电器输出接口电路既可驱动交流负载又可驱动直流负载；晶体管输出接口电路只可以驱动直流负载；晶闸管输出接口电路只可以驱动交流负载。

（4）外设接口电路

外设接口电路用于连接计算机、手持编程器或其他图形编程器，并能通过外设接口组成 PLC 的控制网络。PLC 通过 SC－09 电缆与计算机连接，可以实现编程、监控、联网等功能。

（5）电源

通过 PLC 内部配有的专用开关式稳压电源，可将 PLC 外部连接的电源电压转化为 PLC 内部电路需要的工作电压（例如直流 5 V、±12 V、24 V 等），并为外部输入元件（如接近开关）提供 24 V 直流电源，但要注意 PLC 负载的电源是由用户另外提供的。

（6）供编程使用的软继电器。

FX_{3U}系列常用的软继电器见表 3—2。

表 3—2　　FX_{3U}系列常用的软继电器

软继电器名	内容		
输入输出继电器			
输入继电器	X000 ~ X027	24 点	软继电器的编号为八进制编号
输出继电器	Y000 ~ Y027	24 点	

续表

<table>
<tr><th>软继电器名</th><th colspan="3">内容</th></tr>
<tr><td colspan="4">辅助继电器</td></tr>
<tr><td>一般用（可变）</td><td>M0 ~ M499</td><td>500 点</td><td rowspan="2">通过参数可以更改保持/非保持的设定</td></tr>
<tr><td>保持用（可变）</td><td>M500 ~ M1023</td><td>524 点</td></tr>
<tr><td>保持用（固定）</td><td>M1024 ~ M7679</td><td colspan="2">6 656 点</td></tr>
<tr><td>特殊用</td><td>M8000 ~ M8511</td><td>512 点</td><td></td></tr>
<tr><td colspan="4">状态</td></tr>
<tr><td>初始化状态（一般用 可变）</td><td>S0 ~ S9</td><td>10 点</td><td rowspan="4">通过参数可以更改保持/非保持的设定</td></tr>
<tr><td>一般用（可变）</td><td>S10 ~ S499</td><td>490 点</td></tr>
<tr><td>保持用（可变）</td><td>S500 ~ S899</td><td>400 点</td></tr>
<tr><td>信号报警器用（保持用 可变）</td><td>S900 ~ S999</td><td>100 点</td></tr>
<tr><td>保持用（固定）</td><td>S1000 ~ S4095</td><td colspan="2">3 096 点</td></tr>
<tr><td colspan="4">定时器（ON 延迟时间继电器）</td></tr>
<tr><td>100 ms</td><td>T0 ~ T191</td><td>192 点</td><td>0. 1 ~ 3 276. 7 s</td></tr>
<tr><td>100 ms（子程序、中断子程序用）</td><td>T192 ~ T199</td><td>8 点</td><td>0. 1 ~ 3 276. 7 s</td></tr>
<tr><td>10 ms</td><td>T200 ~ T245</td><td>46 点</td><td>0. 01 ~ 327. 67 s</td></tr>
<tr><td>1 ms 累计型</td><td>T246 ~ T249</td><td>4 点</td><td>0. 001 ~ 32. 767 s</td></tr>
<tr><td>100 ms 累计型</td><td>T250 ~ T255</td><td>6 点</td><td>0. 1 ~ 3 276. 7 s</td></tr>
<tr><td>1 ms</td><td>T256 ~ T511</td><td>256 点</td><td>0. 001 ~ 32. 767 s</td></tr>
<tr><td colspan="4">计数器</td></tr>
<tr><td>一般用增计数（16 位）（可变）</td><td>C0 ~ C99</td><td>100 点</td><td rowspan="2">0 ~ 32 767 的计数器
通过参数可以更改保持/非保持的设定</td></tr>
<tr><td>保持用增计数（16 位）（可变）</td><td>C100 ~ C199</td><td>100 点</td></tr>
<tr><td>一般用双方向（32 位）（可变）</td><td>C200 ~ C219</td><td>20 点</td><td rowspan="2">–2 147 483 648 ~ 2 147 483 647 的计数器
通过参数可以更改保持/非保持的设定</td></tr>
<tr><td>保持用双方向（32 位）（可变）</td><td>C220 ~ C234</td><td>15 点</td></tr>
</table>

3. PLC 工作原理

可编程控制器属于工业控制计算机，它的工作原理是建立在计算机工作原理基础上的，通过执行反映控制要求的用户程序来实现。

PLC 的工作过程是一个不断循环扫描的过程。CPU 从第一条指令开始，按顺序逐条地执行用户程序直到用户程序结束，然后返回第一条指令开始新的一轮扫描。当 PLC 正常运行时，PLC 会不断循环扫描地工作下去，其工作过程示意图如图 3—10 所示。每一次扫描过程有输入采样、程序执行和输出刷新三个阶段。

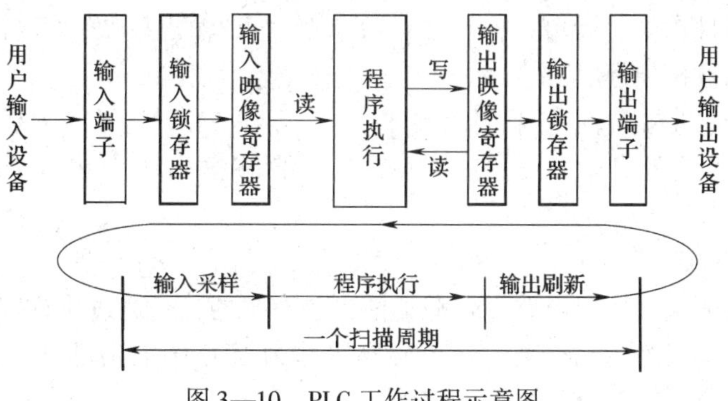

图 3—10　PLC 工作过程示意图

三、三菱 FX_{3U} -48MR 小型可编程控制器的应用

PLC 控制系统必须和电源、主令器件、传感器设备以及驱动执行机构相连接。

1. 电源部分连接

PLC 的电源接在图 3—11 所示的 L 端子和 N 端子之间。

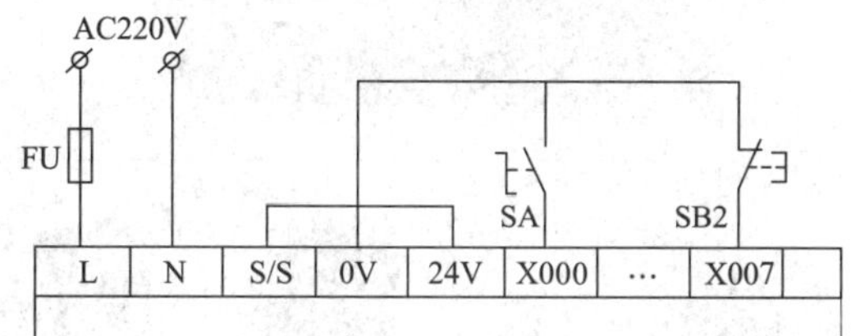

图 3—11　PLC 电源连接

2. 输入部件连接

输入部件是可编程控制器控制系统的信号输入部分，主要由按钮、行程开关、光电开关等主令电器构成，用于发送控制指令。图 3—12 中给出了部分常用输入部件。在 PLC 的本

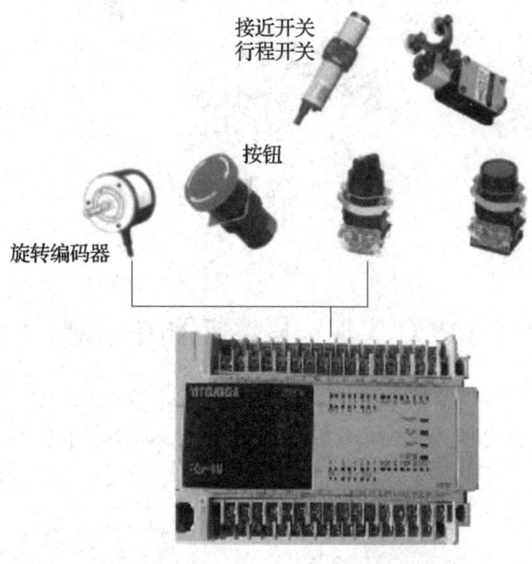

图 3—12　常用输入部件

体上还可以连接多种功能扩展单元，例如，数字量输入/输出模块、模拟量输入/输出模块、通信模块、高速计数模块等。

FX_{3U}系列 PLC 的输入回路采用直流输入，且在 PLC 内部，无源开关类输入不用单独提供电源，而接近开关属于有源开关，是能够输出一定电压和电流的开关量传感器。

3. 输出部件连接

可编程控制器的输出接口电路带负载的能力是有限的，是通过执行装置，如接触器或继电器、执行器和气动与液动执行装置用电磁阀等作为 PLC 的输出部件，来带动生产机械工作的。如图 3—13 所示为部分常用输出部件。

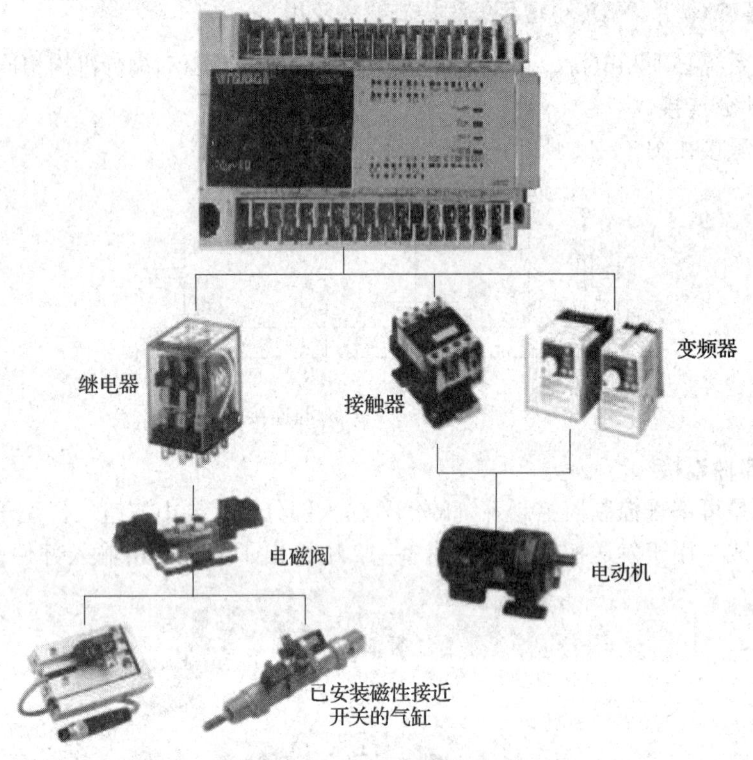

图 3—13　常用输出部件

课堂活动

用 PLC 实现一只按钮控制一盏灯

观察教师演示，理解 PLC 最小系统的组成及调试步骤。

1. 如图 3—14 所示为电气原理图，在教师的讲解和指导下，学生填写输入/输出地址，见表 3—3。

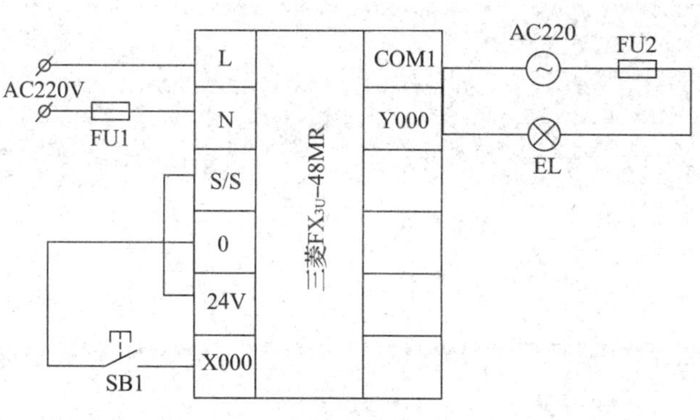

图 3—14　电气原理图

表 3—3　　输入/输出地址表

输入			输出		
元件代号	作用	输入继电器	元件代号	作用	输出继电器

2. 如图 3—15 为实物接线图，根据教师的示范操作，在表 3—4 中填写观察结果。程序调试过程如图 3—16 所示。

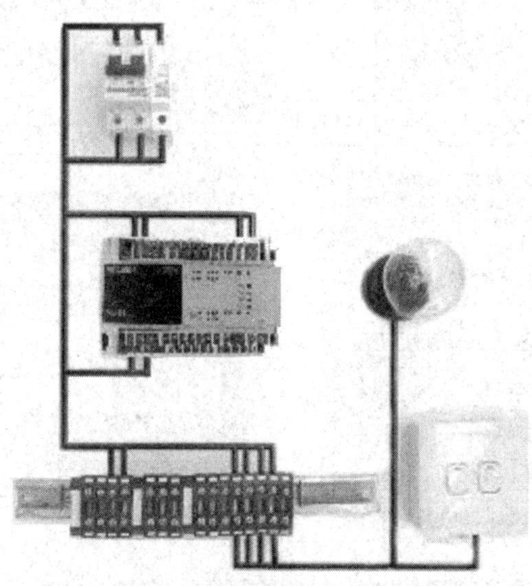

图 3—15　实物接线图

表 3—4　　程序调试表

操作步骤	操作内容	观察内容	观察结果
1	将程序下载到 PLC	软件下载的步骤	
2	将 PLC 的 RUN/STOP 开关拨到 RUN 位置	RUN 指示灯的状态	
3	按下/松开 SB1	Y000 指示灯的状态	

第一步：程序变换
第二步：选择程序写入
第三步：选择写入项目
第四步：选择是否写入
第五步：程序写入
第六步：程序写入完成
第七步：程序监控

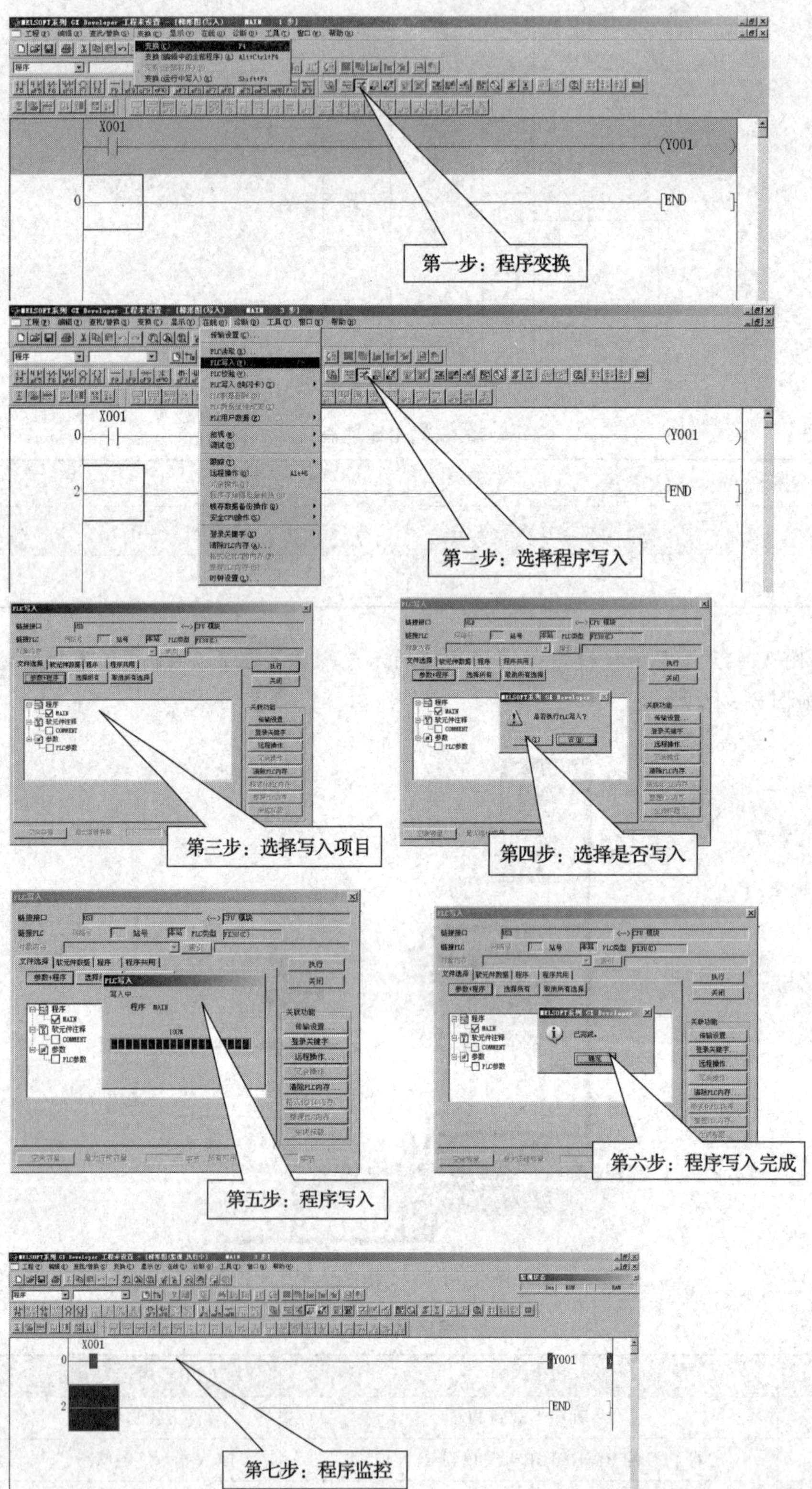

图 3—16　程序调试过程

§3—2　可编程控制器基本指令应用

学习目标

◎ 了解可编程控制器编程语言
◎ 熟悉 FX 系列 PLC 编程软件 GX－Developer 的主要功能以及使用方法
◎ 掌握常用基本逻辑指令的应用

传统机床的控制主要由操作者操作机床手柄来实现，如图 3—17 所示，而这种控制方式需要依靠操作者的高超技能才能保证产品优秀的质量，现代工业生产对于操作人员的这类要求已越来越低。通过在计算机控制平台上编制应用程序，由机器自动地完成操作流程，达到高精度、低能耗、全自动已不再是难事，如图 3—18 所示为数控机床。PLC 控制程序就是用来驱动自动化设备，实现自动化操作的主要方法，本节主要讲述 PLC 的软件使用和基本指令编写方法。

图 3—17　传统机床

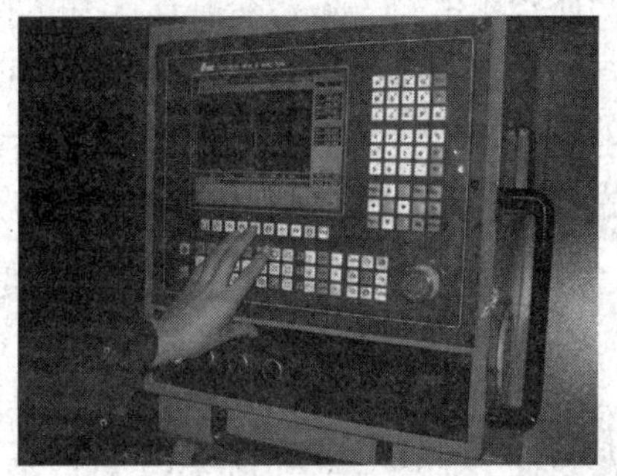
图 3—18　数控机床

一、PLC 编程语言简介

PLC 有多种程序设计语言，最常用的语言是梯形图和指令语句表。

1. 梯形图

梯形图是从继电器控制电路图变化过来的，因此，梯形图形式上与继电器控制电路图相似，读图方法和习惯也相同。梯形图是用图形符号在图中的相互关系来表示控制逻辑的编程语言，并且梯形图通过连线，将许多功能强大的 PLC 指令的图形符号连在一起，以表达所调用的 PLC 指令及其前后顺序关系。梯形图是目前最常用的一种可编程控制器程序设计语言。

图 3—19 所示为一段最简单的梯形图。在所有梯形图中，都有左母线、右母线和逻辑行，逻辑行由各种等效继电器的触点串、并联后和线圈组成。画梯形图时必须遵守以下规则：

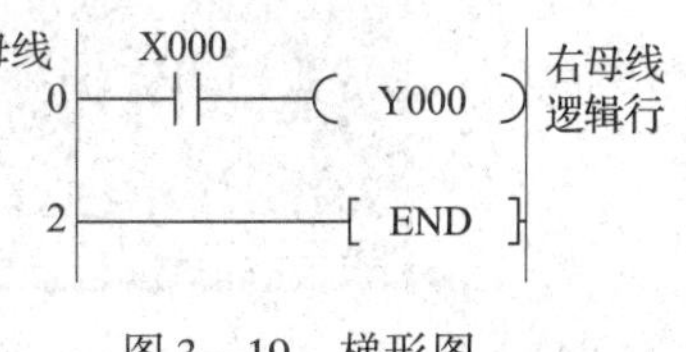

图 3—19　梯形图

（1）左母线只能直接接各类继电器的触点，继电器线圈不能直接接左母线。

（2）右母线只能直接接各类继电器的线圈（不含输

入继电器线圈)，继电器的触点不能直接接右母线。

(3) 一般情况下，同一编号的线圈在梯形图中只能出现一次，而同一编号的触点在梯形图中可以重复出现。

(4) 梯形图中触点可以任意地串联或并联，而线圈可以并联但不可以串联。

(5) 梯形图应该按照从左到右、从上到下的顺序画。

(6) 程序结束后应有结束指令。在图3—19中，END就是结束指令。

2. 指令语句表

梯形图编程语言的优点是直观、简便。如果采用经济便携的编程器将程序输入到可编程控制器中，就只能使用PLC的另一种常用编程方法——指令语句表了。语句是指令语句表编程语言的基本单元，每个控制功能由一个或多个语句组成的程序来执行。指令语句规定可编程控制器中CPU如何动作，PLC的指令有基本指令和功能指令之分。指令语句表和梯形图之间存在唯一的对应关系，图3—19所示梯形图对应的指令语句表如下：

```
LD    X000
OUT   Y000
END
```

上面所给出的每一条指令都属于基本指令。基本指令一般由助记符和操作元件组成，助记符是每一条基本指令的符号（如LD、OUT和END），它表明了操作功能；操作元件是基本指令的操作对象（如X000、Y000）。某些基本指令仅由助记符组成，如END指令。

二、FX_{3U}系列PLC编程软件的使用

FX_{3U}系列PLC可使用的编程软件主要有GX－Developer和较新的Works 2软件，本教材选用较为通用成熟的GX－Developer软件进行介绍。

图3—20　PLC编程软件快捷方式图标

1. 运行软件

单击桌面上如图3—20所示的PLC编程软件快捷方式图标，出现如图3—21所示的初始界面。

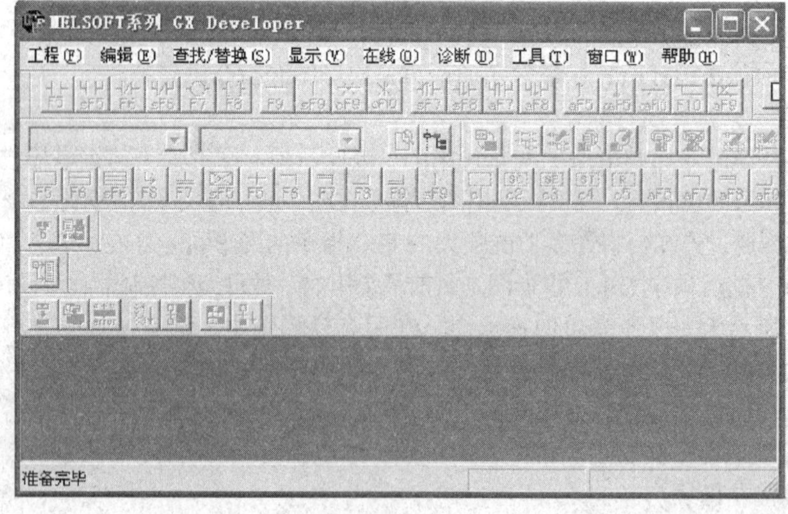

图3—21　GX－Developer编程软件初始界面

2. 创建新工程

（1）单击主菜单“工程”→“创建新工程”，如图 3—22 所示。

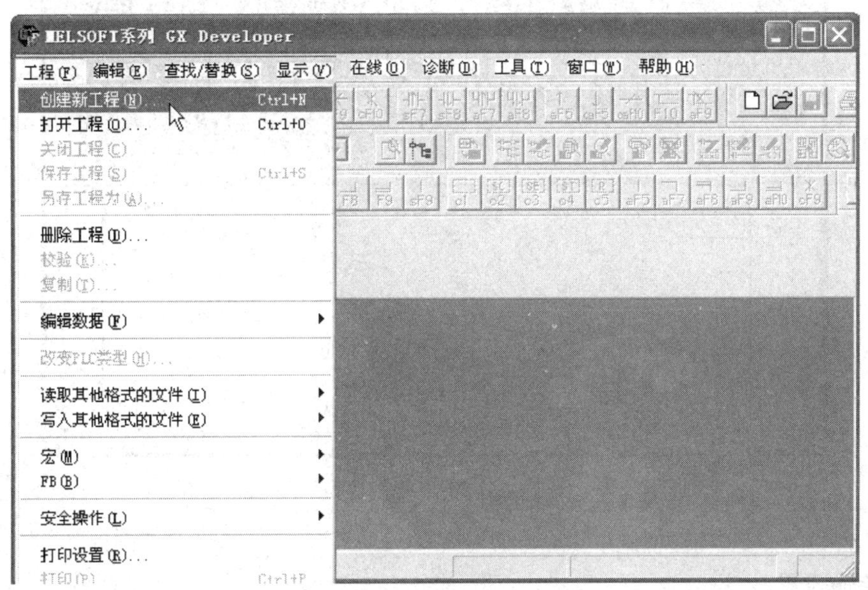

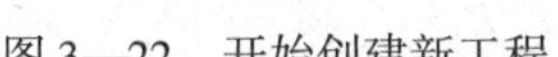

图 3—22 开始创建新工程

（2）在“创建新工程”对话框中选择 PLC 类型为“FX3U（C）”，如图 3—23 所示。

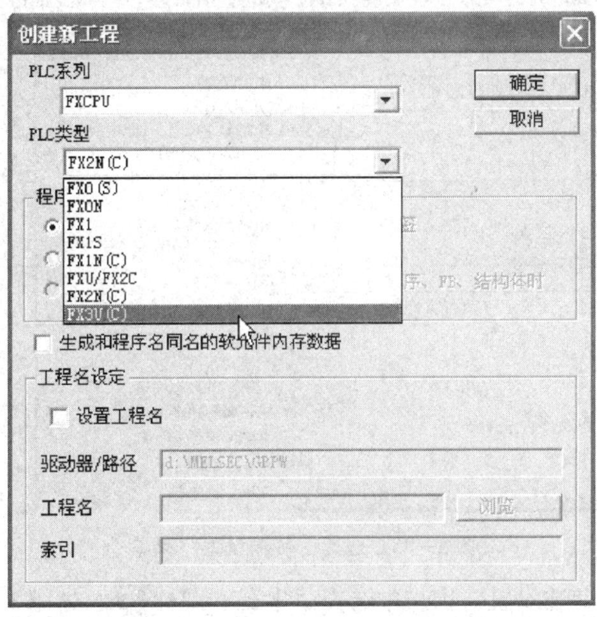

图 3—23 选择 PLC 类型

（3）单击“确定”按钮，新工程创建完毕，如图 3—24 所示。

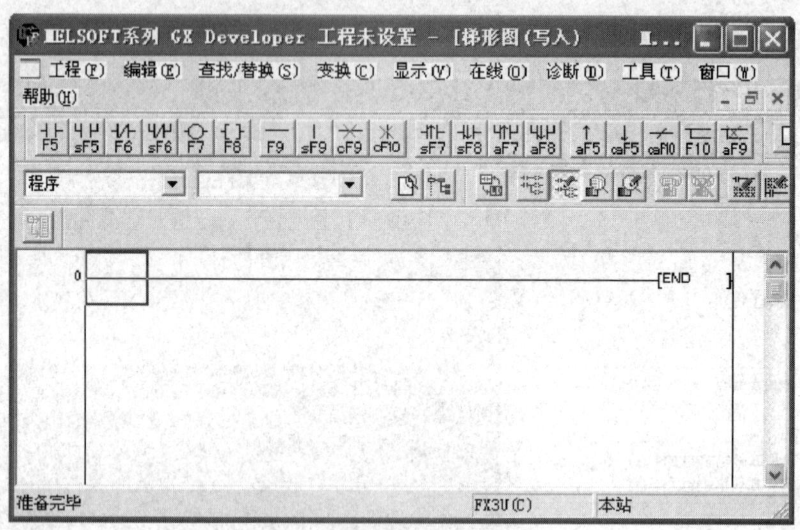

图 3—24　新工程创建完毕

3. 传输设置

（1）在 GX - Developer 主菜单中选择“在线”→“传输设置”，如图 3—25 所示。

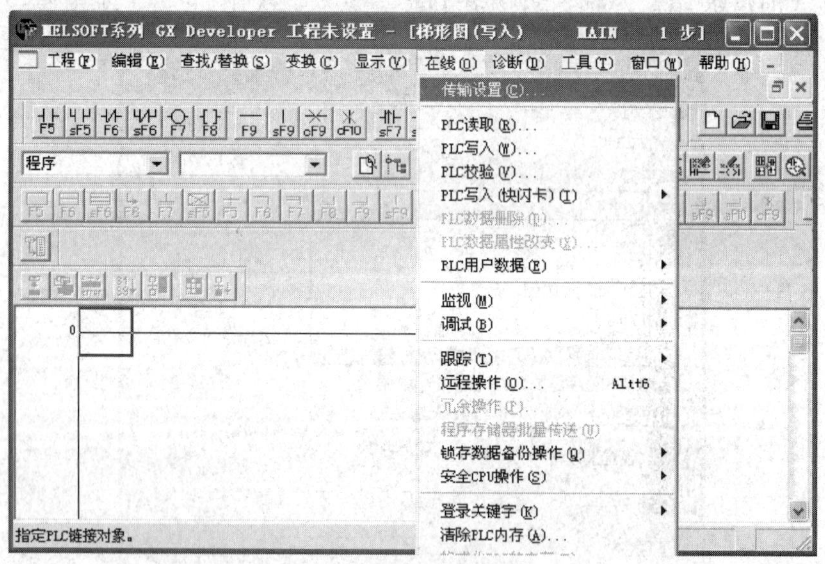

图 3—25　选择“传输设置”菜单

（2）在弹出的“传输设置”窗口中选择“串行”图标，如图 3—26 所示。

（3）在“串行”图标上双击，在弹出的对话框中选择通信串口类型（RS - 232C 或 USB）、COM 端口和传输速度，如图 3—27 所示。

（4）在“传输设置”对话框中单击“确认”按钮，完成 PLC 与计算机通信的传输设置，如图 3—28 所示。

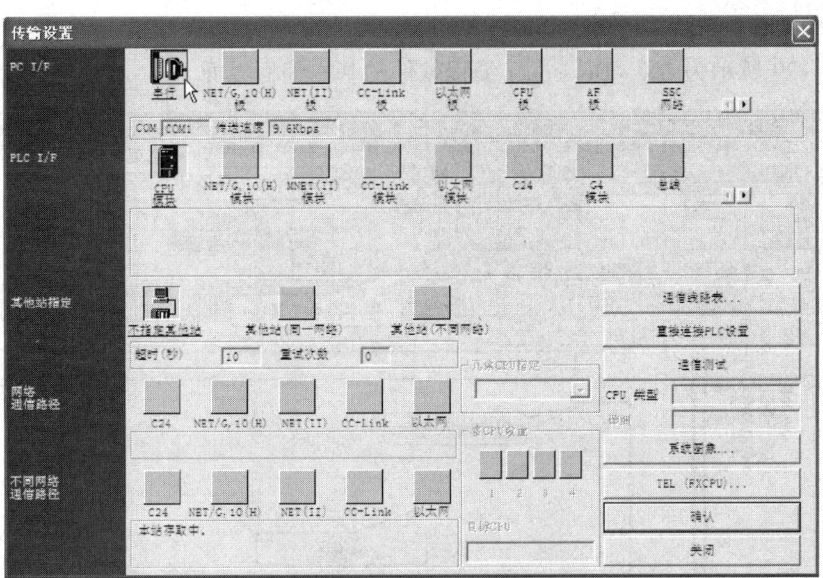

图 3—26　选择“串行”图标

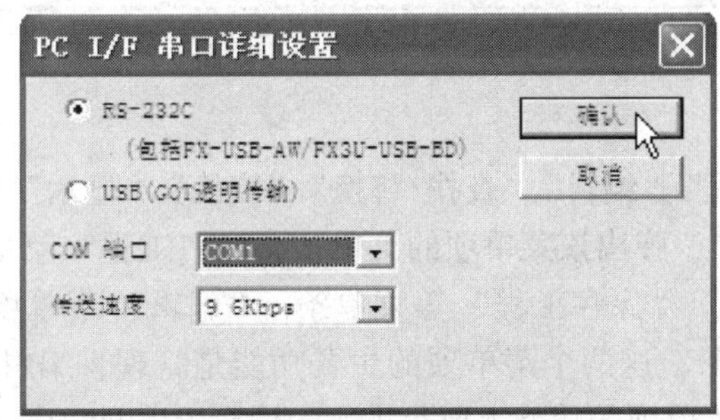

图 3—27　通信设置

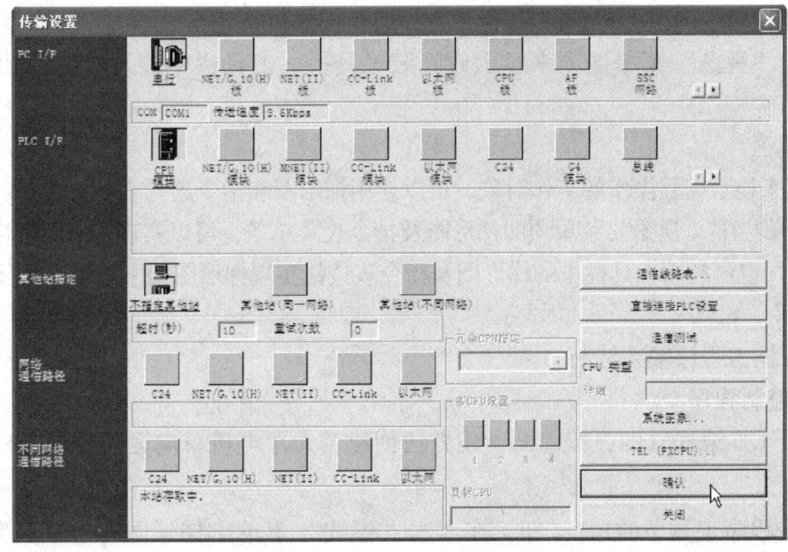

图 3—28　完成通信设置

4. 基本界面介绍

如图 3—29 所示为 GX－Developer 编程软件的基本编程界面。

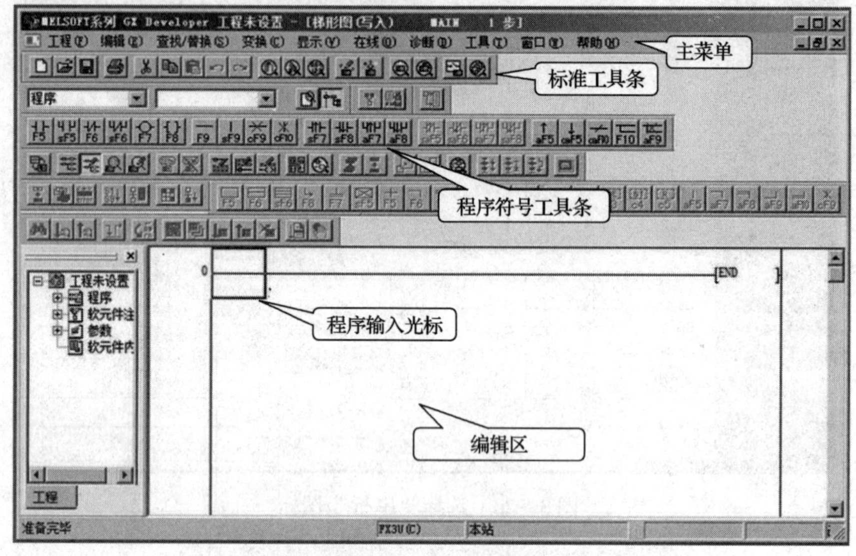

图 3—29　基本编程界面

（1）主菜单

主菜单中包含“工程”“编辑”“查找/替换”“变换”“显示”“在线”“诊断”“工具”等菜单项。单击某菜单项，弹出该菜单项的菜单条，如“工程”菜单项包含“创建新工程”“打开工程”“关闭工程”“保存工程”等菜单条，“编辑”菜单项包含“剪切”“复制”“粘贴”“删除”等菜单条，这两个菜单项的主要功能是管理、编辑程序文件。菜单栏中的其他项目，如“在线”菜单项的功能主要是进行传输设置以及程序的下载、上传等。

（2）标准工具条

工具栏提供简便的鼠标操作，将最常用的编程操作以按钮形式设定到工具栏上。可以利用菜单栏中的“视图”菜单选项来显示或隐藏工具栏。工具栏中涉及的各种功能在菜单栏中都能找到。

（3）编辑区

编辑区用来显示编程操作的工作对象。可以使用梯形图和指令语句表的方式进行程序的编辑工作。使用菜单栏中“视图”菜单项的梯形图及指令表菜单条，可以实现梯形图程序与指令语句表程序的转换。也可利用工具栏中的梯形图及指令表按钮实现梯形图程序与指令表程序的转换。

（4）光标

蓝色的方框为程序输入光标。

5. 编写控制程序

（1）打开 GX 编程软件，按前面所述方法创建名为“电机单向运转控制”FX$_{3U}$（C）机型的新工程。

（2）单击程序工具条的按钮，在“写入模式”下单击梯形图符号工具条的按钮或直接按快捷键 F5，在“梯形图输入”对话框中输入编号“X1”，如图 3—30 所示。

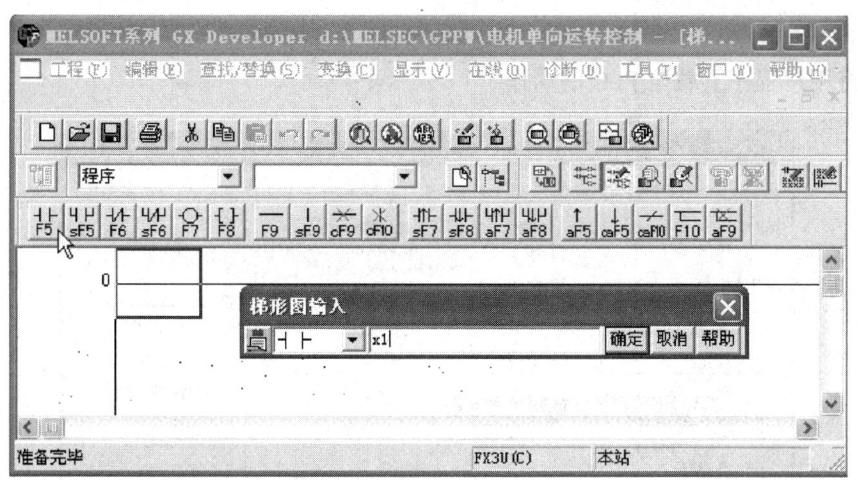

图 3—30　输入 X1 常开触点

6. 转换

输入一段程序后，有程序的部分将变为灰色，单击 或 按钮，将程序进行编译，使灰色梯形图编辑区域变白后，准备传送和调试程序。

7. 将程序写入 PLC，并启动监控

（1）单击标准菜单中的 按钮或单击菜单栏“在线”→“PLC 写入”，如图 3—31 所示。

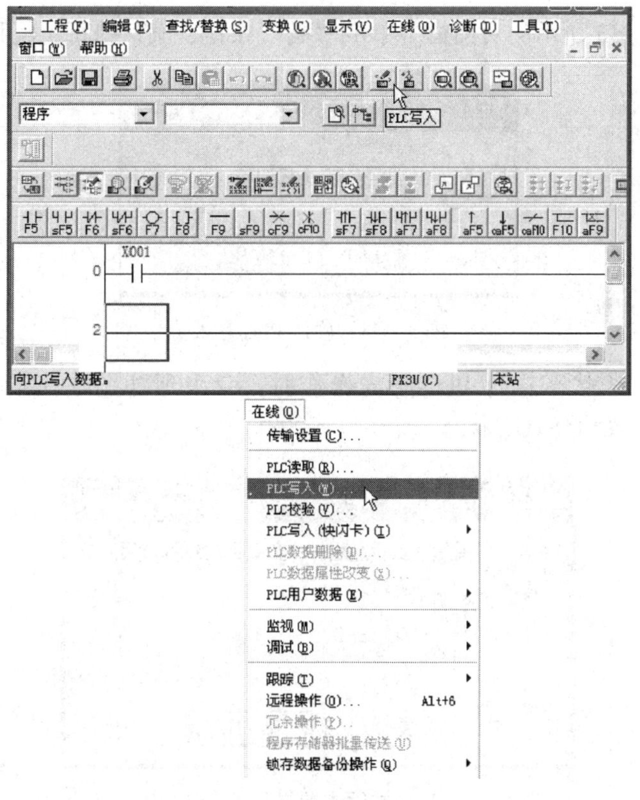

图 3—31　程序写入 PLC

（2）出现如图 3—32 所示“PLC 写入”对话框，选择程序“MAIN”，单击“执行”按钮，执行将用户程序下载至 PLC 的动作。

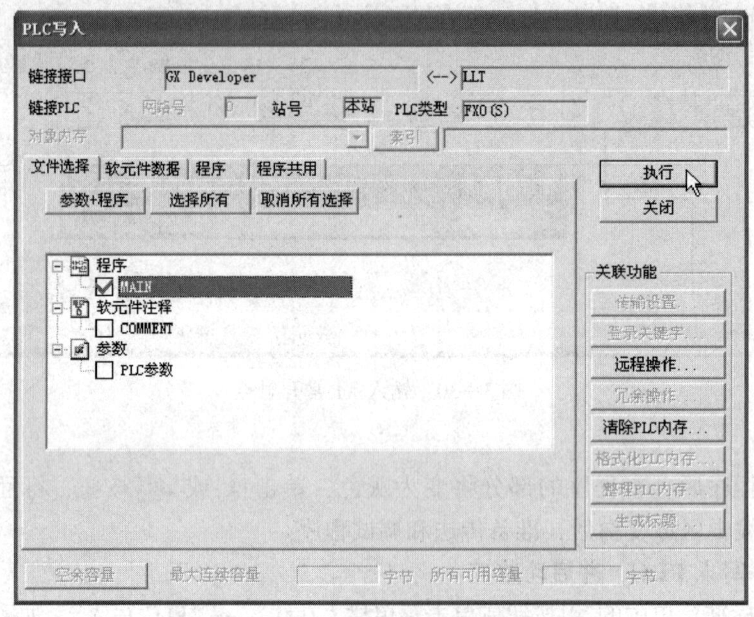

图 3—32　“PLC 写入”对话框

（3）在如图 3—33 所示的对话框中单击“是”按钮，确认执行，将程序写入 PLC。

图 3—33　确认 PLC 写入

（4）PLC 在 RUN 状态执行 PLC 写入操作时，会出现如图 3—34 所示对话框，单击“是”按钮，使 PLC 处于 STOP 状态。

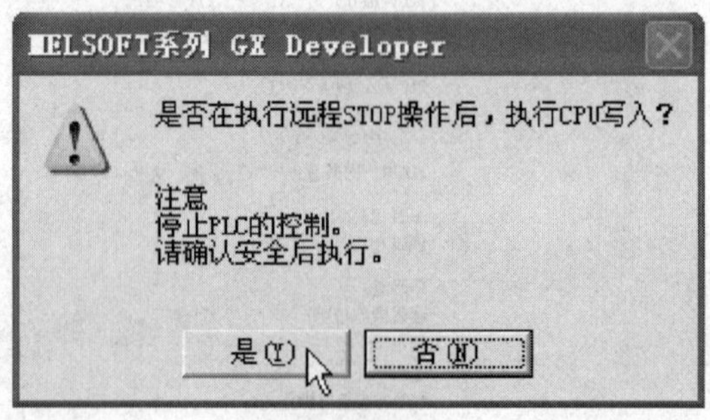

图 3—34　PLC 在写入前提示进入 STOP 状态

（5）PLC 写入时的“软元件检查中”和程序 MAIN 的“写入中”进度条，如图 3—35 所示。

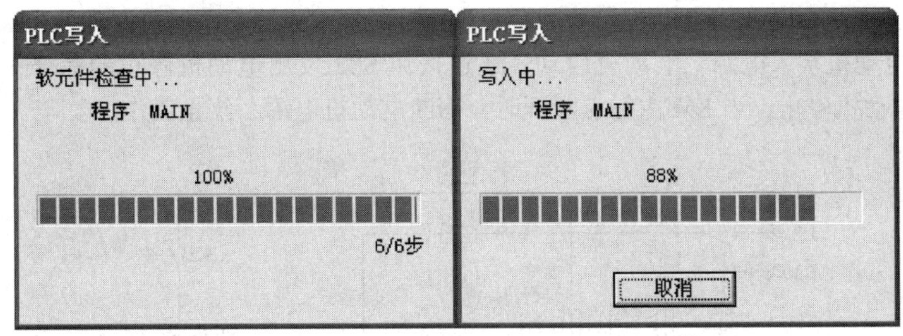

图 3—35　“PLC 写入”进度条

（6）PLC 写入后，在图 3—36 所示对话框中，单击“确定”按钮，完成整个程序的写入。

图 3—36　完成写入对话框

（7）单击程序工具条中的按钮或主菜单中的“在线”→“监视”→“监视模式”。菜单操作如图 3—37 所示。

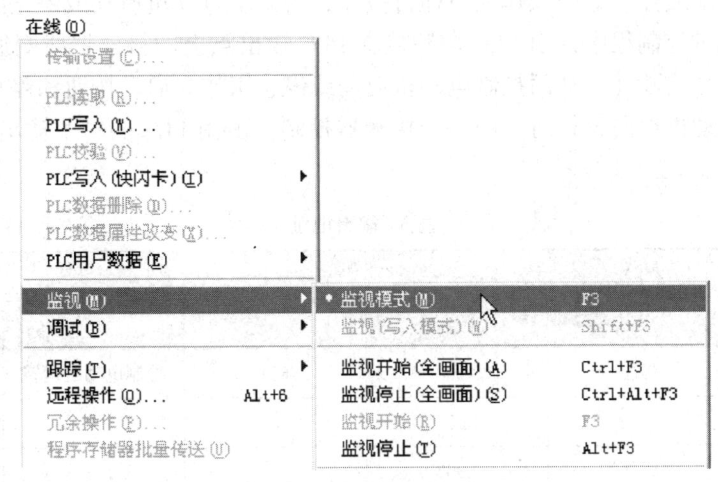

图 3—37　进入“监视模式”的菜单操作

（8）编程软件显示处于“监视模式”界面，系统默认以蓝色显示的触点或线圈处于接通状态。

三、PLC 控制电动机连续工作

如图 3—38 所示为接触器控制电动机启动与停止的控制线路图。由该控制线路可知，操作人员通过按钮 SB1 发出电动机启动的命令，由接触器 KM 控制电动机启动，当 KM 主触点闭合时，电动机接入电源，电动机启动；通过按钮 SB2 发出电动机停止的命令，由接触器 KM 控制电动机停止，当 KM 主触点断开时，切断电动机电源，停止工作。

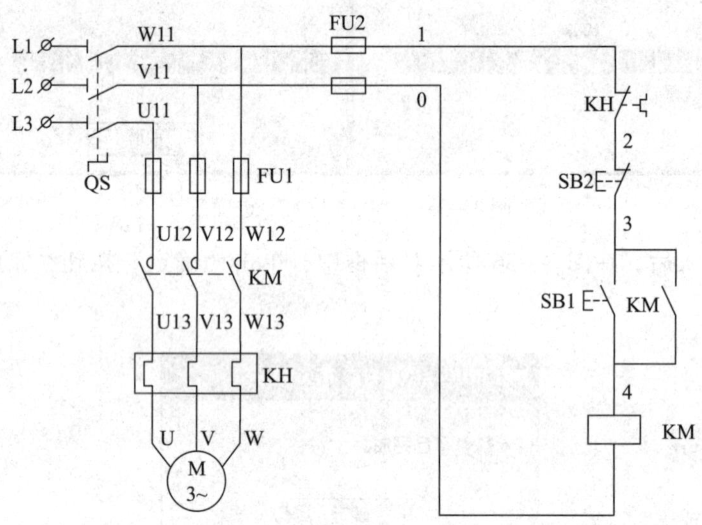

图 3—38　接触器控制电动机启动或停止的控制线路图

采用 PLC 控制电动机工作时，由于 PLC 的输出点带负载的能力受限制，电动机不可能直接接在 PLC 的输出点上，PLC 是通过接触器控制电动机启动或停止的。

1．分析控制要求，分配输入点和输出点

电动机的启动或停止是由操作人员通过按钮，将要求电动机启动或停止的信号送到 PLC 的输入端子，通过控制程序，由 PLC 控制接在 PLC 输出点上的接触器线圈通电或断电，使接触器主触点闭合或断开，从而控制电动机启动或停止工作。启动按钮和停止按钮分别接一个输入点。当电动机单向运行时，由一个接触器控制，占用 PLC 的一个输出点。输入/输出地址见表 3—5。

表 3—5　输入/输出地址

输入			输出		
元件	作用	输入点	元件	作用	输出点
SB2	停止	X000	KM	控制电动机运转	Y000
SB1	启动	X001			
KH	过载保护	X002			

2．画出 PLC 接线图

根据输入/输出地址表画出电动机控制系统的 PLC 接线图，如图 3—39 所示。

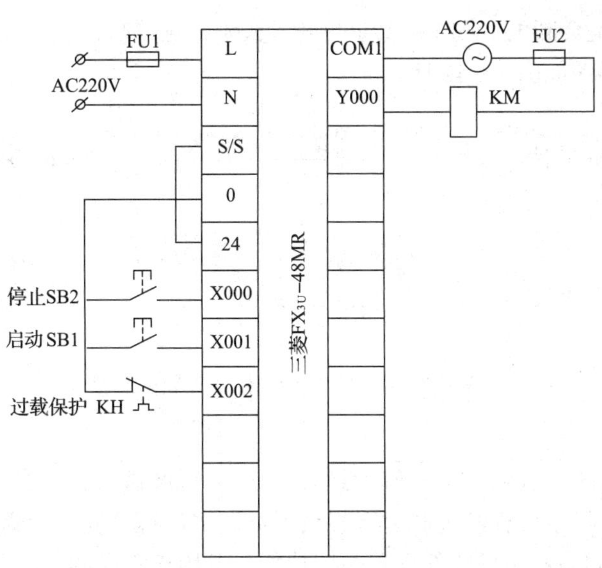

图 3—39 接触器控制电动机启动或停止的控制线路 PLC 接线图

3. 编写控制程序

编程思路如下：由图 3—39 可知，按下 SB1，输入继电器 X001 线圈通电，X001 常开触点闭合，则在梯形图中通过 X001 常开触点驱动 Y000 线圈通电，Y000 常开触点闭合，PLC 的 Y000 输出端子有信号输出，PLC 驱动接触器 KM 的线圈通电，KM 主触点闭合，电动机接通电源启动运行，其梯形图如图 3—40 所示。

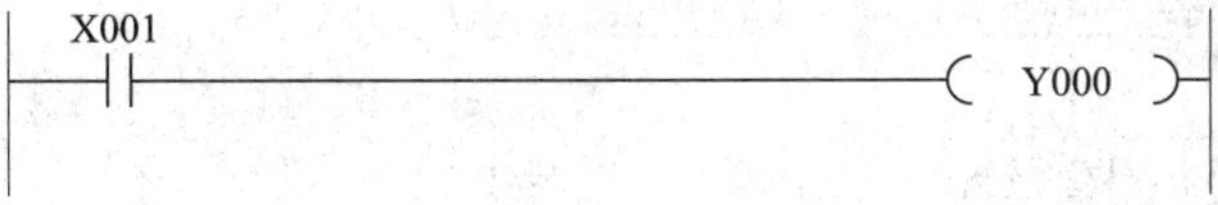

X001 Y000

图 3—40 电动机启动控制梯形图

松开 SB1，电动机会停止运行。这是因为：松开 SB1，输入继电器 X001 线圈断电，X001 常开触点断开 Y000 线圈断电，Y000 输出端子没有信号输出，KM 的线圈断电，KM 主触点断开，电动机断开电源停止运行。为解决该问题，程序中要加自锁环节，其梯形图如图 3—41 所示。

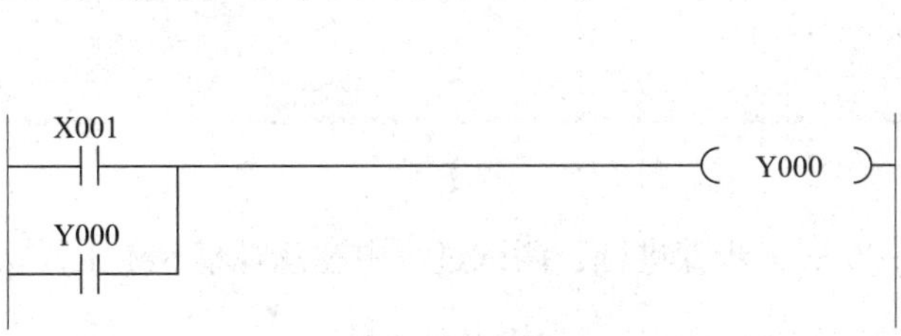

X001 Y000 Y000

图 3—41 电动机自锁运行梯形图

按下 SB2，输入继电器 X000 线圈通电，X000 常闭触点断开，程序中利用 X000 常闭触点断开使 Y000 线圈断电，Y000 常开触点断开，PLC 的 Y000 输出端子将没有信号输出，KM 线圈断电，KM 主触点断开，则电动机停止运行。KH 常闭触点接 X002 常开触点，输入继电器 X002 线圈通电，使得 X002 常开触点始终保持闭合，若热继电器 KH 动作，X002 常开触点断开，Y000 线圈也会断电，则 KM 线圈断电，KM 主触点断开，电动机停止运行，达到过载保护的目的。梯形图如图 3—42 所示。

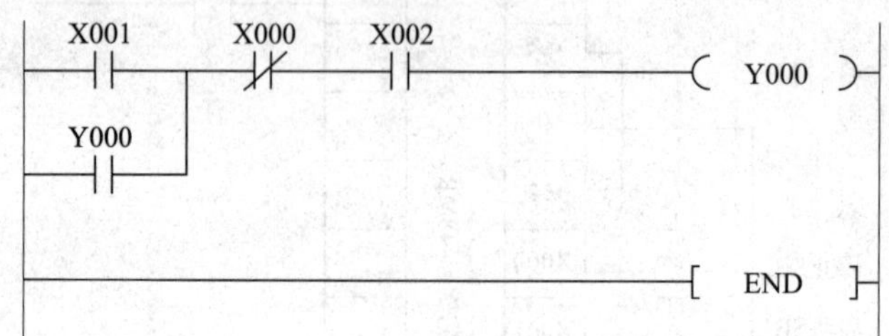

图 3—42　电动机启动或停止控制梯形图

4. 程序调试

首先，将控制程序传送到 PLC，然后运行 PLC 进行调试。程序的调试是程序开发的重要环节，编写的控制程序只有经过试运行甚至现场调试运行才能发现程序中不合理的地方并进行修改。GX - Developer 编程软件具有监控功能，可用于程序的监控及调试。

将程序写入 PLC 之后，单击程序工具条中的 按钮或主菜单中的“在线”→“监视模式”，编程软件出现如图 3—43 所示处于“监视模式”的界面。系统默认以蓝色显示的触点或线圈处于接通状态。

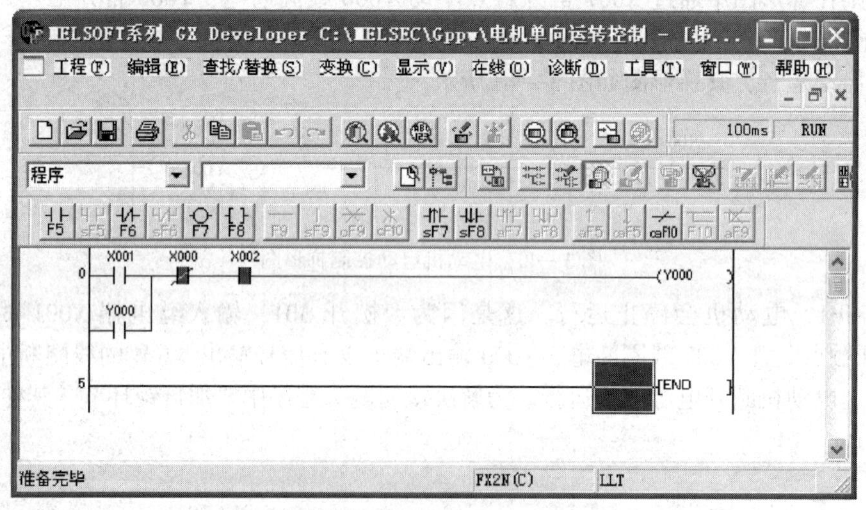

图 3—43　程序运行监控界面

程序调试按表 3—6 所示步骤进行，调试过程中注意观察 KM 工作状态。

表 3—6　　程序调试步骤

操作步骤	操作内容	观察 KM 工作状态
第一步	将图 3—43 的程序下载到 PLC 后，将 PLC 拨到“RUN”状态	KM 不动作
第二步	按下 SB1	KM 吸合
第三步	按下 SB2	KM 断开

四、PLC 基本指令

前面编写的控制程序都是用梯形图表示的，也可以用基本指令表示。PLC 的基本指令是最常用的指令。

1. 连接和驱动指令

这类指令主要是用于表示触点之间逻辑关系和驱动线圈的驱动指令。

（1）LD 指令和 LDI 指令

在梯形图中，每个逻辑行都是从左母线开始的，并通过各类常开触点或常闭触点与左母线连接，这时对应的指令应该用 LD 指令或 LDI 指令。

1）LD 指令。称为取指令，其功能是使常开触点与左母线连接。

2）LDI 指令。称为取反指令，其功能是使常闭触点与左母线连接。

LD 和 LDI 分别为取指令和取反指令的助记符，LD 指令和 LDI 指令的操作元件可以是输入继电器 X、输出继电器 Y、辅助继电器 M、状态继电器 S、定时器 T 和计数器 C 中的任何一个。

LD 指令和 LDI 指令的应用如图 3—44 所示。

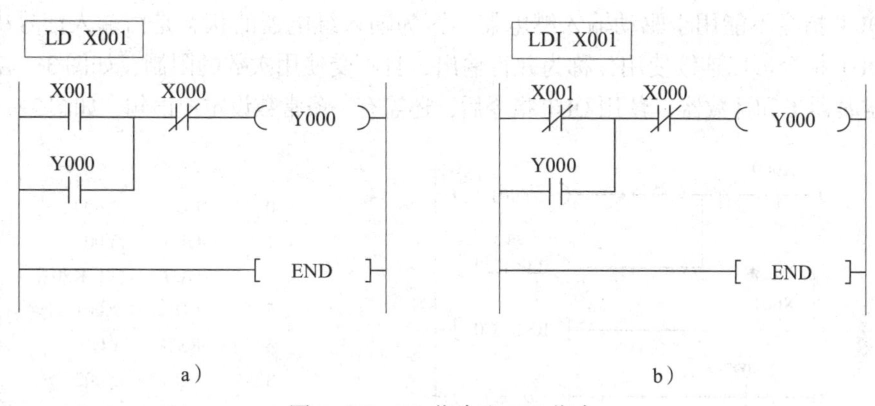

图 3—44　LD 指令和 LDI 指令

a）LD 指令应用　b）LDI 指令应用

3）LD 指令和 LDI 指令的说明。由触点混联组成的电路块梯形图中，虽然某触点不是接左母线，但它属于电路块第一个触点，即分支起点，如图 3—45 所示梯形图中，X001、X003 的常开触点和 X004 的常闭触点，这时也要用 LD 指令或 LDI 指令。

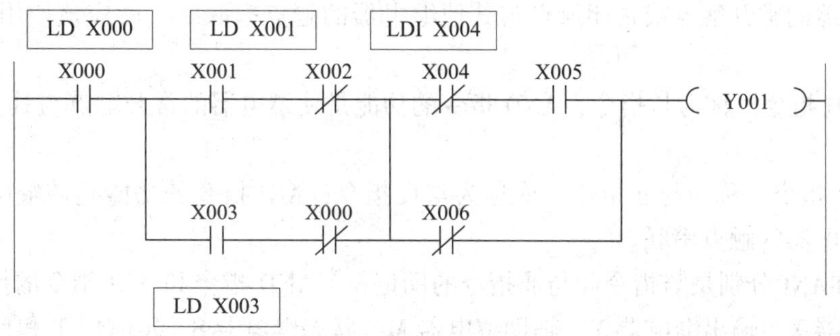

图 3—45　含电路块梯形图中 LD 指令和 LDI 指令的应用

（2）OUT 指令

OUT 指令称为输出指令或驱动指令，OUT 是驱动指令的助记符，驱动指令的操作元件可以是输出继电器 Y、辅助继电器 M、状态继电器 S、定时器 T 和计数器 C 中的任何一个。

OUT 指令的功能是输出逻辑运算结果，也就是根据逻辑运算结果去驱动一个指定的线圈。OUT 指令的应用如图 3—46 所示。当输入继电器 X000 的常开触点闭合时，PLC 执行“OUT Y001”指令，输出继电器 Y001 线圈被驱动接通，则 Y001 的常开触点闭合，Y001 的常闭触点断开。

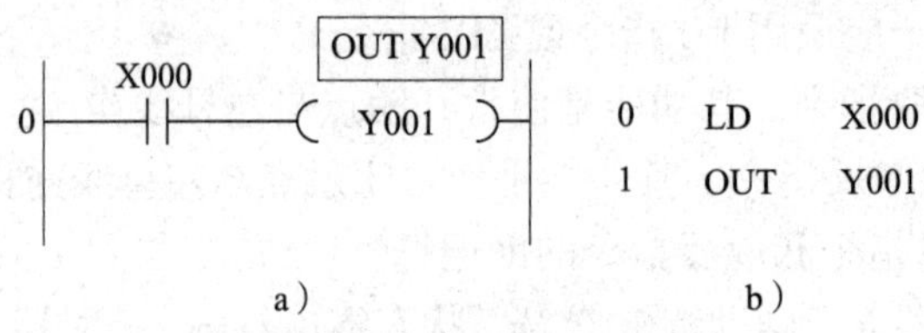

图 3—46　OUT 指令的应用

OUT 指令的说明如下：

1）OUT 指令不能用于驱动输入继电器，因为输入继电器的状态是由输入信号决定的。

2）OUT 指令可以连续使用，称为并行输出，且不受使用次数的限制，如图 3—47 所示。

3）定时器 T 和计数器 C 使用 OUT 指令后，还需有一条常数设定值语句，如图 3—47 所示。

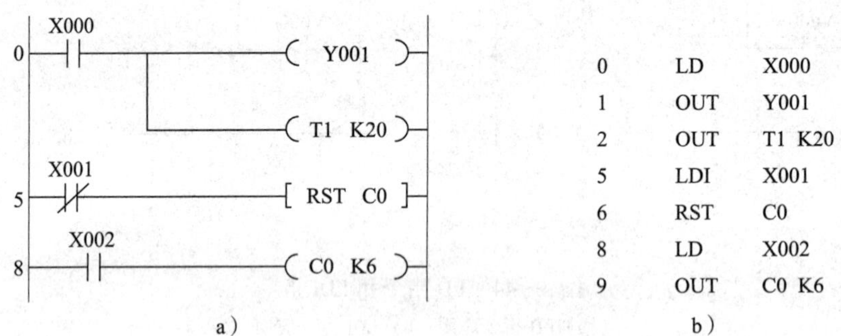

图 3—47　定时器和计数器 OUT 指令的应用

a）梯形图　b）指令语句表

（3）AND 指令和 ANI 指令

当继电器的常开触点或常闭触点与其他继电器的触点串联时，就应该使用 AND 指令或 ANI 指令。

1）AND 指令。称为与指令，AND 指令的功能是使继电器的常开触点与其他继电器的触点串联。

2）ANI 指令。称为与非指令，或称为与反指令，ANI 指令的功能是使继电器的常闭触点与其他继电器的触点串联。

AND 和 ANI 分别是与指令和与非指令的助记符。AND 指令和 ANI 指令的操作元件可以是输入继电器 X、输出继电器 Y、辅助继电器 M、状态继电器 S、定时器 T 和计数器 C 中的任何一个。

3）AND 指令和 ANI 指令使用说明

①AND 指令和 ANI 指令可以连续使用，并且不受使用次数的限制。

②如果在 OUT 指令之后，再通过触点对其他线圈使用 OUT 指令，称为纵接输出，如图 3—48 所示，X001 的常开触点与 M1 的线圈串联后，与 Y000 线圈并联，这就是纵接输出。这种情况下，X001 仍可以使用 AND 指令，并可多次重复使用。

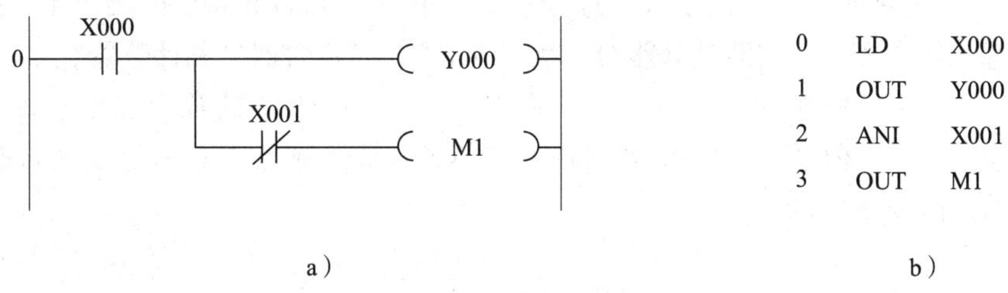

0	LD	X000
1	OUT	Y000
2	ANI	X001
3	OUT	M1

b）

图 3—48 纵接输出中 AND 指令的应用

a）梯形图 b）指令语句表

应注意，图 3—49 所示的梯形图不能直接使用 AND 指令，而是增加了多重输出（MPS、MPP）指令。MPS 是进栈指令，用于存储当前的运算结果，原来栈中内容下移。MPP 是出栈指令，用于读出并清除栈顶的内容，其余栈中内容上移。MPS、MPP 指令必须成对使用。限于篇幅原因，这里只作简单介绍。注意图 3—49 与图 3—48 的区别。

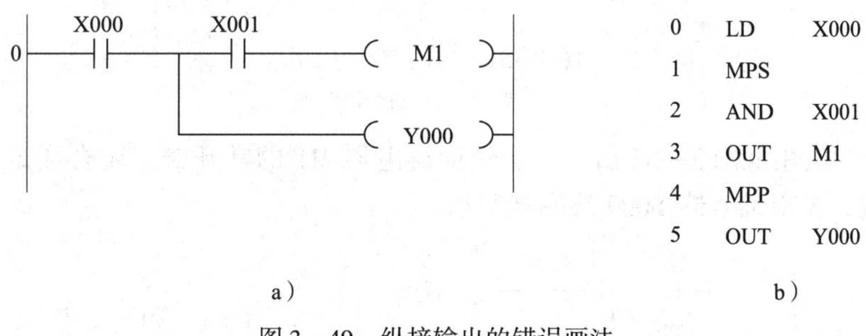

0	LD	X000
1	MPS	
2	AND	X001
3	OUT	M1
4	MPP	
5	OUT	Y000

b）

图 3—49 纵接输出的错误画法

a）梯形图 b）指令语句表

③当继电器的常开触点或常闭触点与其他继电器的触点组成的电路块串联时，也可以使用 AND 指令或 ANI 指令，如图 3—50 所示。

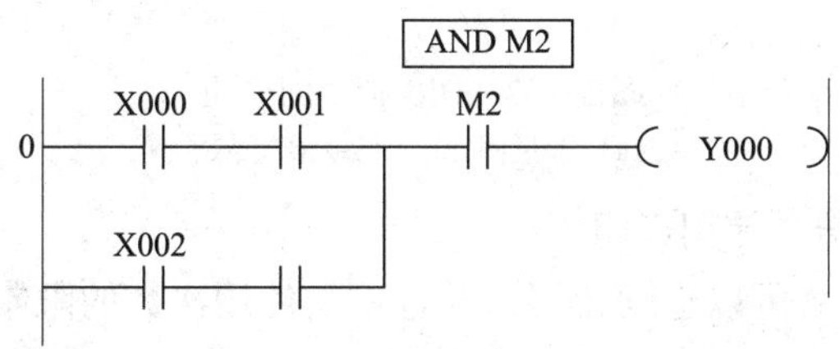

图 3—50 电路块串联梯形图中 AND 指令的应用

（4）OR 指令和 ORI 指令

在梯形图中，继电器的常开触点或常闭触点与其他继电器的触点并联时，就应该使用

OR 指令或 ORI 指令。

1）OR 指令。称为或指令，OR 指令的功能是使继电器的常开触点与其他继电器的触点并联。

2）ORI 指令。称为或非指令、或反指令，ORI 指令的功能是使继电器的常闭触点与其他继电器的触点并联。

OR、ORI 分别是或指令、或非指令的助记符。OR 指令和 ORI 指令的操作元件可以是输入继电器 X、输出继电器 Y、辅助继电器 M、状态继电器 S、定时器 T 和计数器 C 中的任何一个。

OR 指令的应用如图 3—51 所示，输入继电器 X000 和 X001 的常开触点并联，它们之间的逻辑关系是“或”逻辑。当 X000 常开触点或 X001 常开触点中有一个是闭合时，输出继电器 Y002 的线圈就被驱动。

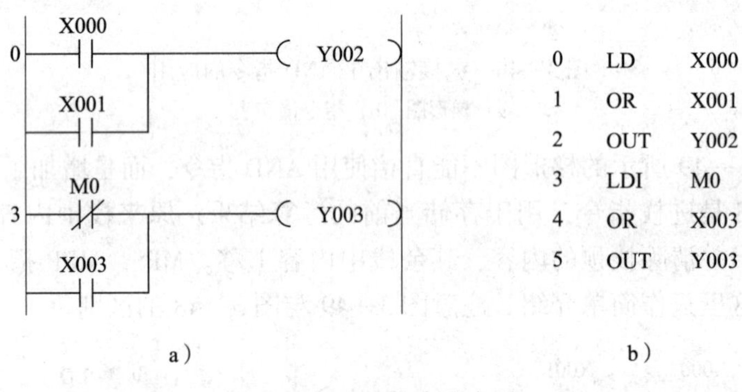

图 3—51　OR 指令的应用

a）梯形图　b）指令语句表

ORI 指令的应用如图 3—52 所示，当辅助继电器 M1 的常开触点闭合或定时器 T1 的常闭触点闭合时，输出继电器 Y000 线圈被驱动。

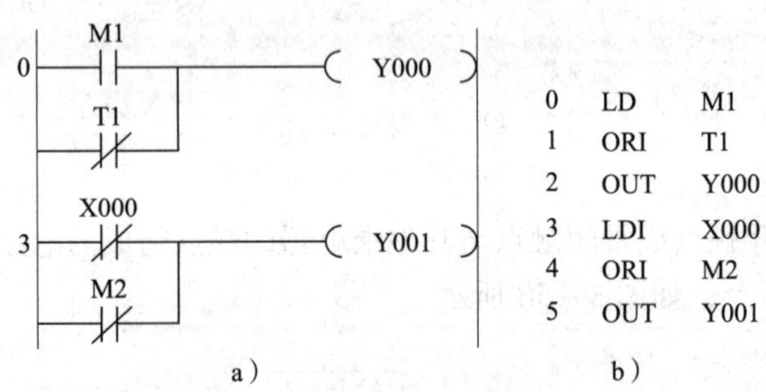

图 3—52　ORI 指令的应用

a）梯形图　b）指令语句表

3）OR 指令和 ORI 指令使用说明

①OR 指令和 ORI 指令可以连续使用，并且不受使用次数的限制。

②当继电器的常开触点或常闭触点与其他继电器的触点组成的混联电路块并联时，也可以使用 OR 指令或 ORI 指令，如图 3—53 所示，图中 X000 常开触点与 M1 常闭触点串联组成串联电路块，X001 常开触点与串联电路块并联后组成一个混联电路块，C1 的常开触点又与这个混联电路块并联。

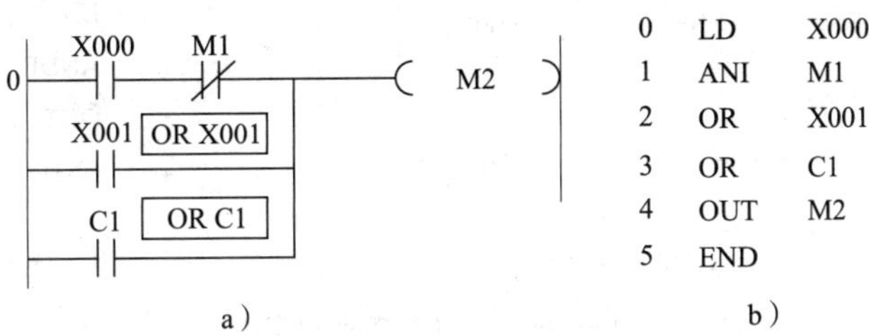

图 3—53　电路块并联梯形图中 OR 指令的应用

a）梯形图　b）指令语句表

（5）FX_{3U}的触点指令

在 FX_{3U}中，增加了常开触点闭合或断开瞬间动作的指令。

1）LDP 指令和 LDF 指令。LDP 指令和 LDF 指令的应用如图 3—54 所示，其指令功能和 LD 指令基本一样，用于常开触点接左母线，但不同的是 LDP 指令让常开触点只在闭合的瞬间接入左母线一个扫描周期，而 LDF 指令让常开触点只在断开的瞬间接入左母线一个扫描周期。

LDP 指令和 LDF 指令的操作元件可以是输入继电器 X、输出继电器 Y、辅助继电器 M、状态继电器 S、定时器 T 和计数器 C 中的任何一个。

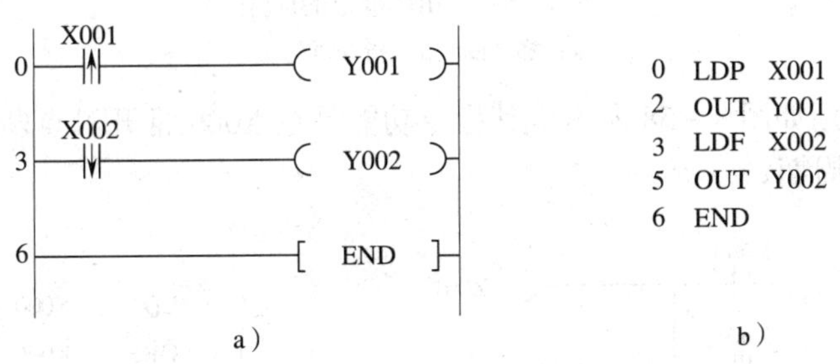

图 3—54　LDP 指令 LDF 指令的应用

a）梯形图　b）指令语句表

2）ANDP 指令、ANDF 指令、ORP 指令和 ORF 指令。ANDP 指令的应用如图 3—55 所示，其指令功能是在 X003 常开触点闭合的瞬间与前面的触点串联一个扫描周期。

ANDF 指令的应用如图 3—56 所示，其指令功能是在 X004 常开触点断开的瞬间与前面的触点串联一个扫描周期。

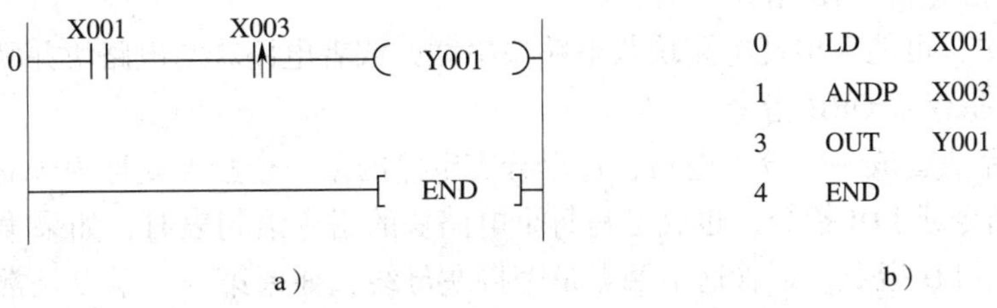

图 3—55　ANDP 指令的应用

a）梯形图　b）指令语句表

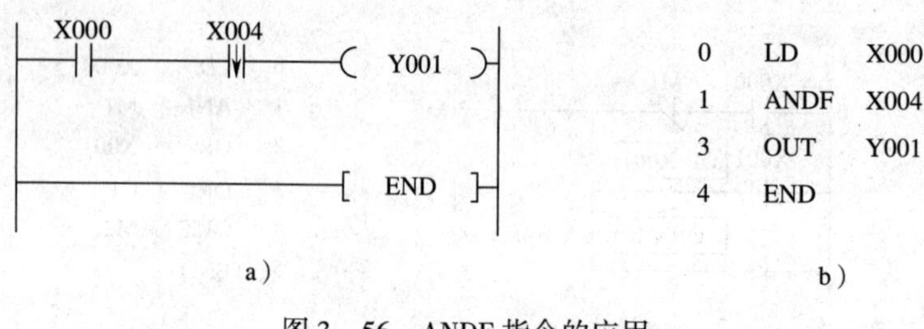

a）　　　　b）

图 3—56　ANDF 指令的应用

a）梯形图　b）指令语句表

ORP 指令的应用如图 3—57 所示，其指令功能是在 X005 常开触点闭合的瞬间与上面的触点并联一个扫描周期。

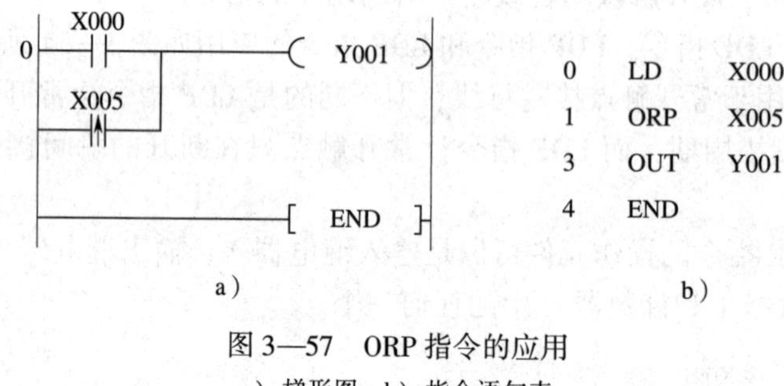

a）　　　　b）

图 3—57　ORP 指令的应用

a）梯形图　b）指令语句表

ORF 指令的应用如图 3—58 所示，其指令功能是在 X006 常开触点断开的瞬间与上面的触点并联一个扫描周期。

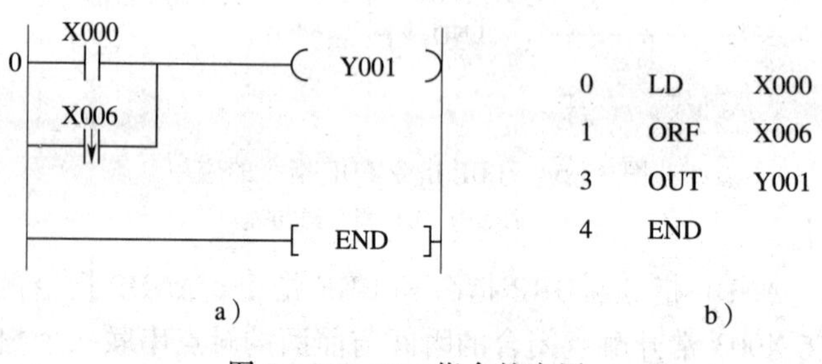

a）　　　　b）

图 3—58　ORF 指令的应用

a）梯形图　b）指令语句表

（6）ANB 指令和 ORB 指令

在梯形图中，可能会出现电路块与电路块串联，或者电路块与电路块并联的情况，这时就要使用 ANB 指令或 ORB 指令。

将每个电路块看成一个分支电路，每个分支电路的第一个触点就称为分支起点，这时规定要使用 LD 指令或 LDI 指令。也就是写每个电路块的指令语句表时，如果第一个触点是常开触点，则要用 LD 指令，不管这个触点是否接左母线，如果第一个触点是常闭触点，则要用 LDI 指令。

1）ANB 指令。称为电路块与指令，ANB 指令的功能是使电路块与电路块串联。

2）ORB 指令。称为电路块或指令，ORB 指令的功能是使电路块与电路块并联。

ANB 是“电路块与指令”的助记符，ORB 是“电路块或指令”的助记符。ANB 指令和 ORB 指令是独立指令，没有操作元件。

ANB 指令的应用如图 3—59 所示。

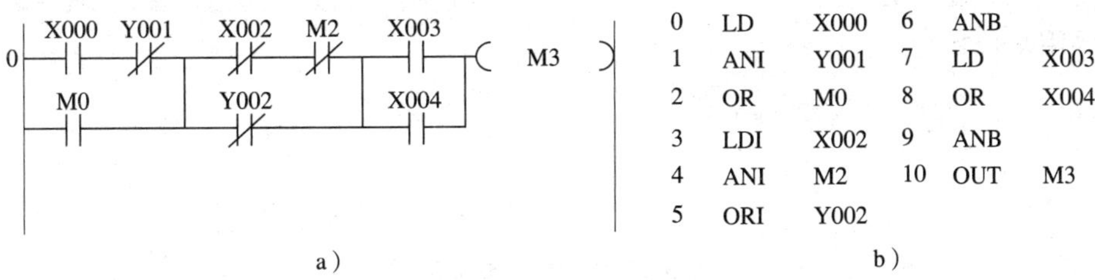

图 3—59　ANB 指令的应用

a）梯形图　b）指令语句表

ORB 指令的应用如图 3—60 所示。

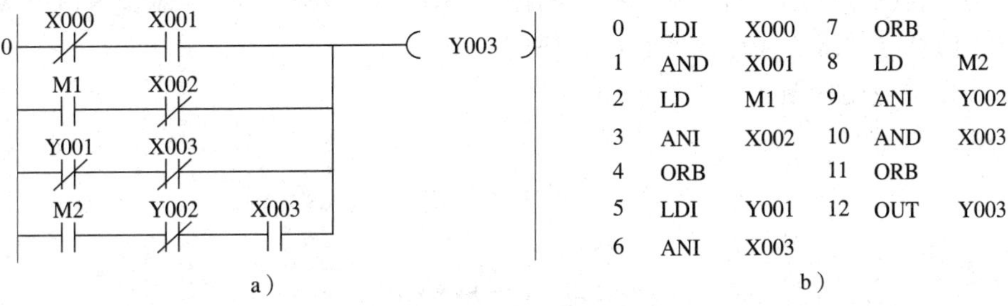

图 3—60　ORB 指令的应用

a）梯形图　b）指令语句表

3）ANB 指令和 ORB 指令的使用说明

①使用 ANB 指令和 ORB 指令编程时，最好采用如图 3—59 和图 3—60 所示的编程方法，这时，ANB 指令和 ORB 指令的使用次数将不受限制，且指令语句表的可读性相对来说比较好，两个电路块之间的联系比较直观。

②使用 ANB 指令和 ORB 指令编程时，也可以采用 ANB 指令和 ORB 指令连续使用的方法。这时，先按顺序将所有电路块的指令写出，再连续写出 ANB 指令或 ORB 指令，如果电路块数为 n 个，则应连续写 $n-1$ 个 ANB 指令或 ORB 指令。

③应注意 ANB 指令与 AND 指令之间的区别，能不用 ANB 指令时，尽量不用，以节省指令。

④同样要注意 ORB 指令与 OR 指令之间的区别，有时也可以省略 ORB 指令。

2. 置位与复位指令

实际生产中，许多情况往往需要自锁控制。在 PLC 控制系统中，自锁控制可以用置位指令实现。

（1）置位指令

SET 指令称为置位指令，SET 指令的功能是驱动线圈，使其具有自锁功能，维持接通状态。

SET 为置位指令的助记符。置位指令的操作元件为输出继电器 Y、辅助继电器 M 和状态继电器 S 中的任何一个。

SET 指令的应用如图 3—61 所示。在图 3—61 中，当常开触点 X000 闭合时，执行 SET 指令，使 M0 线圈接通。在 X000 断开后，M0 线圈继续保持接通状态，要使 M0 线圈断电，则必须要用复位指令。

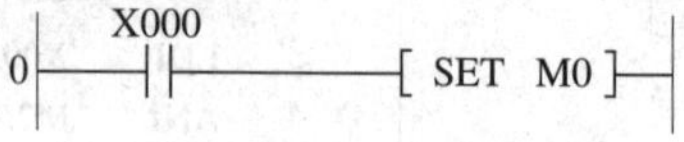

X000

0 ——| |——[SET M0]

a）

0 LD X000
1 SET M0

b）

图 3—61 SET 指令的应用

a）梯形图 b）指令语句表

（2）复位指令

RST 指令称为复位指令，RST 指令的功能是使线圈复位。

RST 为复位指令的助记符。复位指令的操作元件为输出继电器 Y、辅助继电器 M、状态继电器 S、积算定时器 T 和计数器 C 中的任何一个。

RST 指令的应用如图 3—62 所示。

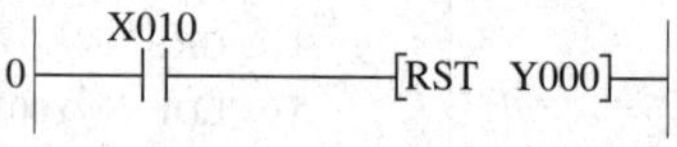

X010

0 ——| |——[RST Y000]

a）

0 LD X010
1 RST Y000

b）

图 3—62 RST 指令的应用

a）梯形图 b）指令语句表

3. 脉冲微分指令

脉冲微分指令主要用于检测输入脉冲的上升沿或下降沿，当条件满足时，产生一个很窄的脉冲信号输出。

（1）PLS 指令

PLS 指令称为上升沿脉冲微分指令。其功能是：当检测到输入脉冲的上升沿时，PLS 指令的操作元件 Y 或 M 的线圈通电一个扫描周期，产生一个宽度为一个扫描周期的脉冲信号输出。

PLS 为上升沿脉冲微分指令的助记符。PLS 指令的操作元件为输出继电器 Y 或辅助继电器 M，不含特殊继电器。

PLS 指令的应用如图 3—63 所示。

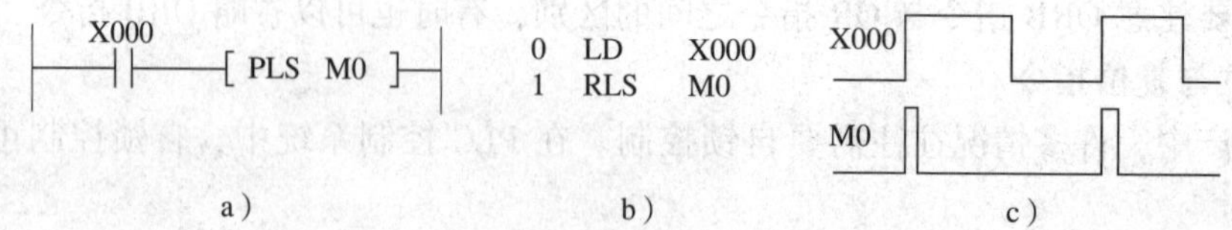

图 3—63 PLS 指令的应用

a）梯形图 b）指令语句表 c）时序图

（2）PLF 指令

PLF 指令称为“下降沿脉冲微分指令”。其功能是：当检测到输入脉冲信号的下降沿时，PLF 指令的操作元件 Y 或 M 的线圈通电一个扫描周期，产生一个脉冲宽度为一个扫描周期的脉冲信号输出。

PLF 为下降沿脉冲微分指令的助记符。PLF 指令的操作元件为输出继电器 Y 或辅助继电器 M，不含特殊继电器。

PLF 指令的应用如图 3—64 所示。

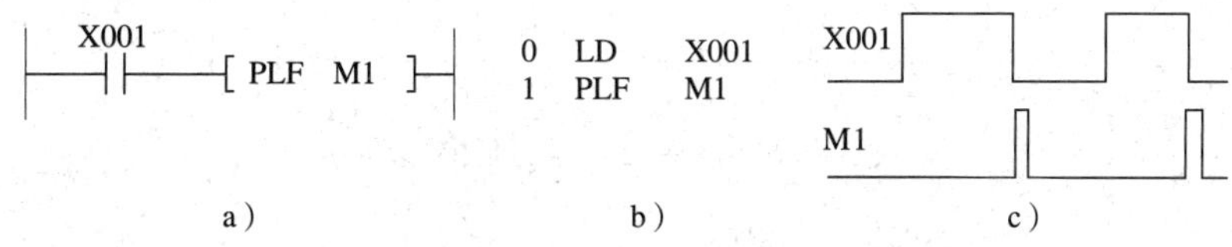

图 3—64　PLF 指令的应用

a）梯形图　b）指令语句表　c）时序图

4．空操作与结束指令

（1）NOP 指令

NOP 指令称为空操作指令。其主要功能是：在调试程序时，用它来取代一些不必要的指令，即删除由这些指令构成的程序，但现在编程器的功能越来越强，修改程序时可直接删除指令而基本上很少使用 NOP 指令。程序可用 NOP 指令延长扫描周期。

（2）END 指令

END 指令称为结束指令。END 指令没有操作元件。END 指令的功能是：执行到 END 指令后，END 指令后面的程序则不执行。如图 3—65 所示，PLC 工作过程分为输入处理、程序处理和输出处理三个阶段，当程序处理阶段执行到 END 指令后便直接运行输出处理。

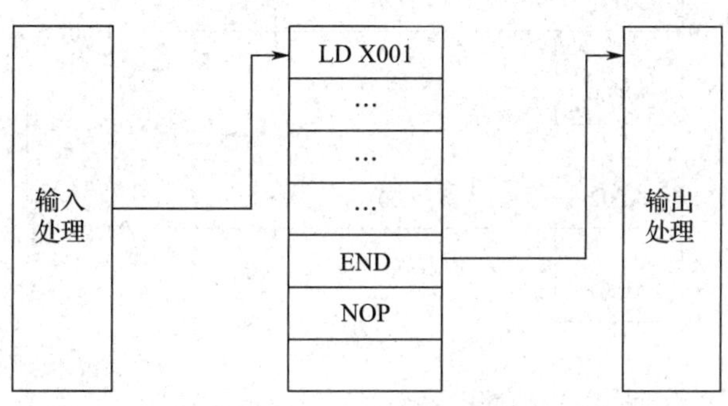

图 3—65　END 指令示意图

课堂活动

电动机控制程序的编写和调试

在教师指导下，学生编写点动控制、自锁控制及点动加自锁控制的控制程序，分别如图 3—66、图 3—67 和图 3—68 所示。观察教师演示或通过实践操作对电路进行调试，记录调试结果。

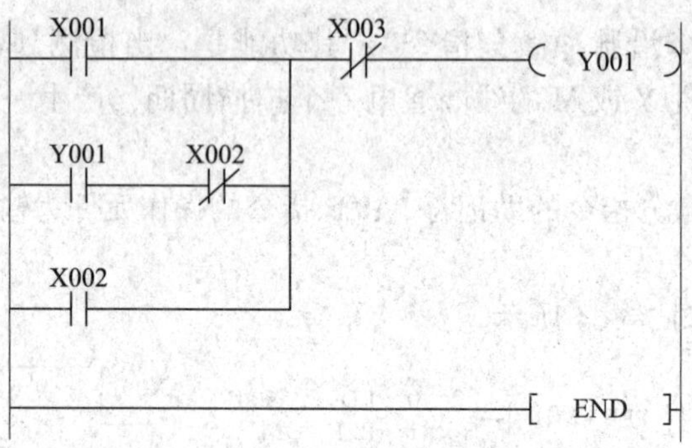

图 3—66　点动加自锁控制梯形图一

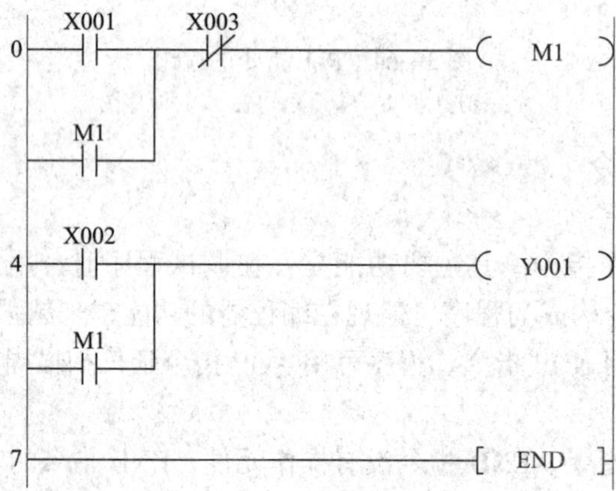

图 3—67　点动加自锁控制梯形图二

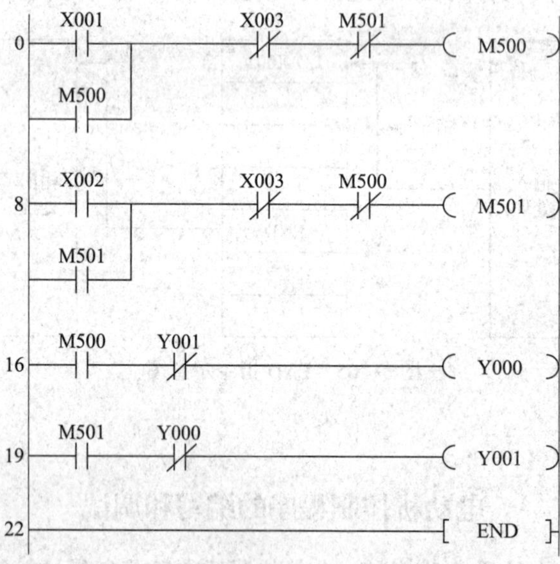

图 3—68　具有保持功能的正反转控制梯形图

程序调试按表 3—7 所示步骤进行，分析各输出继电器状态，并填写结果。

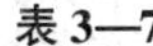

表 3—7 程序调试步骤

操作内容	Y001 动作状态	思考内容
程序如图 3—66 所示，接通 X001		为什么没有点动？ 理解 PLC 的执行过程
接通 X002		
修改程序如图 3—67 所示，接通 X001 或 X002		为什么程序修改后 Y001 可以实现点动了
修改程序如图 3—68 所示，接通 X001 或 X002	Y000、Y001 如何动作	M500、M501 是什么类型的继电器
将 PLC 断电后再次运行		

§3—3 定时器与计数器

学习目标

◎ 了解定时器和计数器的知识

◎ 掌握常用基本逻辑指令的应用

◎ 掌握时间控制程序和计数控制程序的编制方法

随着社会的发展、科技的进步，各种方便于生活的自动控制系统开始进入了人们的生活。而在自动控制系统中，定时和计数是最常用的自动控制手段。如图 3—69 所示，这是一套车库自动门的控制系统，当车到达车库大门时，大门需要打开；当车进入车库后，大门需要延时关闭（以免大门碰撞车），这时就要采用定时器来计算时间。再如图 3—70 所示，报警灯连续闪烁 16 次后熄灭，每次闪烁亮 2 s、灭 3 s，这里就需要配合使用定时器和计数器，以达到闪烁的效果。本节通过自动门和报警器控制系统的构建来讲解定时器和计数器的功能及使用方法。

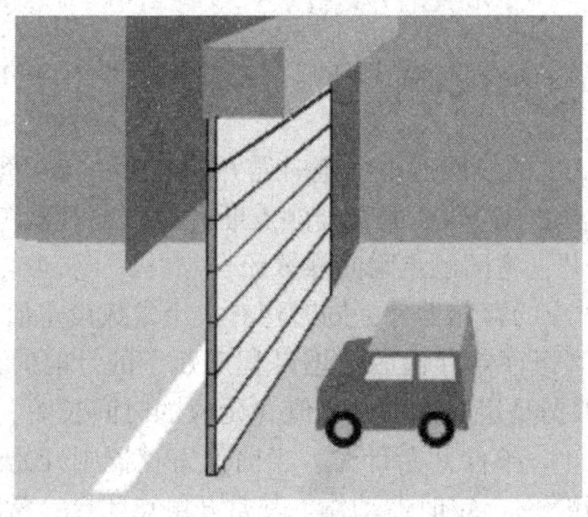

图 3—69 自动门控制系统

图 3—70 报警灯

一、定时器的使用

1. 定时器的分类

PLC 中定时器可在程序中作为延时控制。FX_{3U}系列可编程控制器定时器具有以下几种类型，见表 3—8。

表 3—8　　定时器的类型

T 的元件号	定时精度	总点数	定时时长
T0 ~ T191	100 ms	192 点	0. 1 ~ 3 276. 7 s
T192 ~ T199	100 ms（子程序、中断子程序用）	8 点	0. 1 ~ 3 276. 7 s
T200 ~ T245	10 ms	46 点	0. 01 ~ 327. 67 s
T246 ~ T249	1 ms 累计型	4 点	0. 001 ~ 32. 767 s
T250 ~ T255	100 ms 累计型	6 点	0. 1 ~ 3 276. 7 s
T256 ~ T511	1 ms	256 点	0. 001 ~ 32. 767 s

可编程控制器中的定时器是根据时钟脉冲累计计时的，时钟脉冲有 1 ms、10 ms、100 ms 三种不同的周期。定时器编程的梯形图如图 3—71 所示。

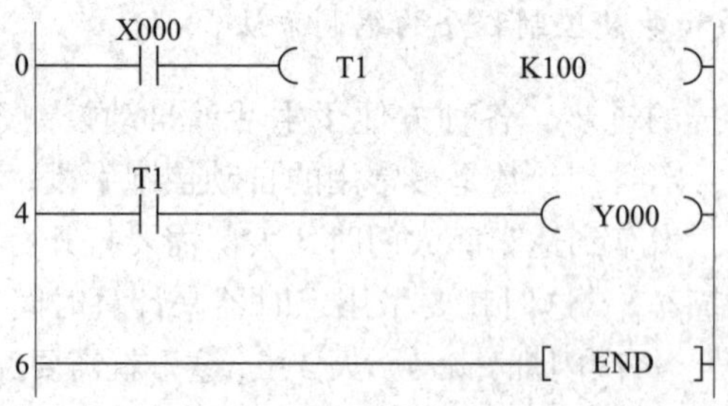

图 3—71　定时器编程的梯形图

在梯形图中，K100 是定时器 T1 的常数设定值，定时器 T1 延时时间为：$t = 100 \times 0.1\ s = 10\ s$。

式中，100 由常数设定值决定；0. 1 s 是定时器 T1 的时钟脉冲周期（$T = 100\ ms = 0.1\ s$）。

当 X000 的常开触点闭合时，定时器 T1 的线圈通电，定时器开始延时，10 s 时间一到，定时器 T1 的常开触点闭合，常闭触点断开；当 X000 的常开触点断开时，定时器 T1 的线圈断电，定时器 T1 的常开触点瞬间恢复断开，常闭触点瞬间恢复闭合。

定时器工作时，除了有和自己编号对应的存储器外，同时还有一个常数设定值寄存器和一个当前值寄存器一起工作。常数设定值寄存器存储的数据是程序赋予的计时时间，如图 3—71 中的 K100，当前值寄存器存储的数据是定时器的设定值（延时的时间长短）。这些寄存器为 16 位二进制存储器。定时器满足计时条件开始计时，当前值寄存器则开始计数，当寄存器的数据与常数设定值寄存器数据相等时，定时器动作，其常开触点闭合，常闭触点断开，并通过程序作用于控制对象，达到延时控制的目的。

积算定时器在计时条件失去或PLC断电时，其当前值寄存器的数据及触点状态均可保持，可累积计时时间，所以称为“积算”，这主要是由于积算定时器的当前值寄存器及触点都有记忆功能，其复位时必须在程序中加入专门的复位指令。如图3—72b所示X001即为复位条件，当X001常开触点接通时，执行“RST T250”指令，T250的当前值寄存器清零，同时触点复位。

非积算定时器和积算定时器的应用如图3—72所示，图3—72a所示是非积算定时器，当X000闭合时，定时器T1的线圈通电，T1当前值寄存器则开始计数，T1当前值寄存器的数据没有达到T1常数设定值寄存器的数据时（即延时时间没到），如果X000断开或PLC电源停电，T1当前值寄存器则自动清零；在X000再次闭合时，T1当前值寄存器重新开始计数。图3—72b所示是积算定时器，当X000闭合时，定时器T250的线圈通电，T250当前值寄存器则开始计数，T250当前值寄存器的数据没有达到T250常数设定值寄存器数据时（即延时时间没到），如果X000断开或PLC电源停电，T250当前值寄存器将此时的数据记忆下来，在X000再次闭合时，T250当前值寄存器继续计数。直到T250当前值寄存器的数据等于T250常数设定值寄存器的数据，T250线圈通电，触点动作。只有当X001常开触点闭合，执行“RST T250”指令，T250线圈才会断电，触点复位。

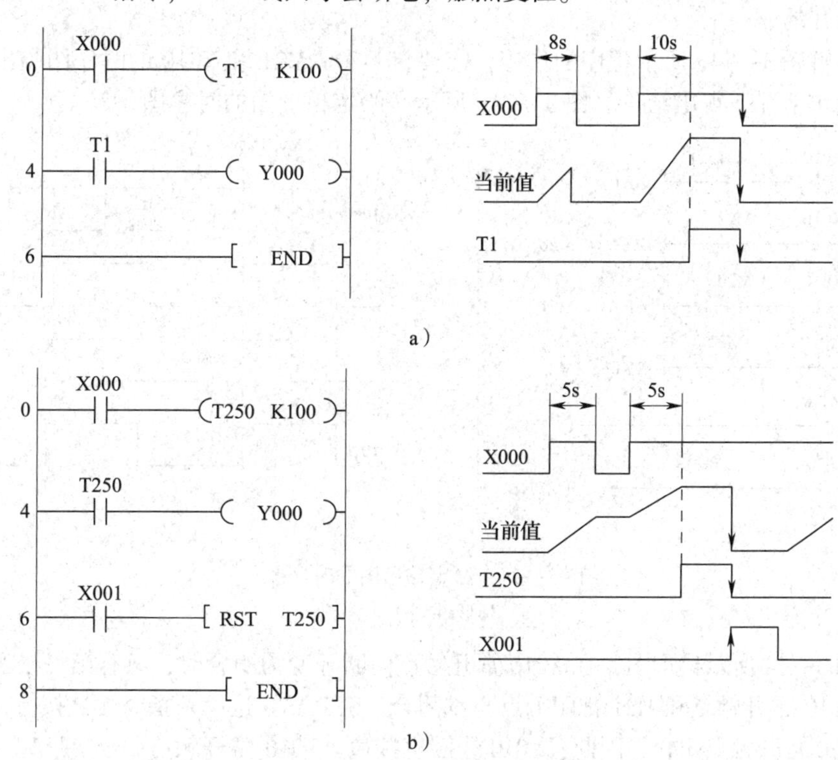

图3—72　非积算定时器和积算定时器的应用

a）非积算定时器　b）积算定时器

2. 时序图

时序图是编写和分析控制程序的基本方法之一。时序图就是在某一个时间应该进行某一个控制动作的图形。与图3—73a所示梯形图对应的时序图如图3—73b所示。

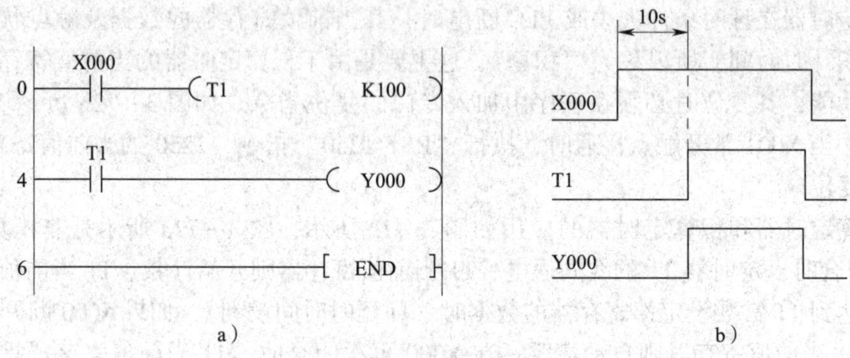

a）　　　　　　　　b）

图 3—73　梯形图与对应的时序图

a）梯形图　b）时序图

在画时序图时，规定只画各元件的常开触点的状态。如果常开触点是闭合状态，用“1”表示（即高电平）；常开触点是断开状态，用“0”表示（即低电平）。假如梯形图中只有某元件的线圈或常闭触点，则在时序图中仍然只画常开触点的状态。因为同一个元件的线圈和触点的状态是互相关联的，例如某元件线圈通电时，该元件的常开触点是闭合的，常闭触点是断开的。

为了了解图 3—74a 所示程序的作用，需要将 M20、M21 和 Y010 的时序图画出，才能分析它们的动作情况，得出结论。图 3—74b 所示是给定梯形图的时序图。

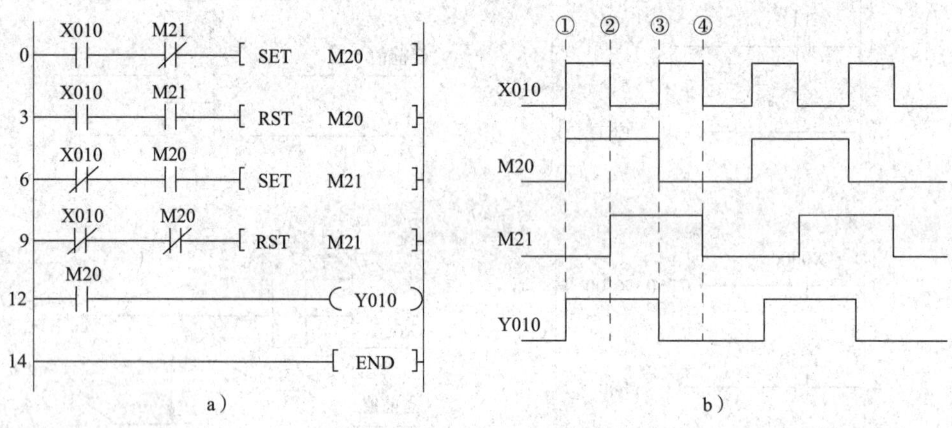

a）　　　　　　　　b）

图 3—74　给定梯形图的时序图

a）梯形图　b）时序图

根据图 3—74 所示梯形图，在 X010 常开触点由断开变为闭合时，只有第一个逻辑行中两个触点（X010 常开触点和 M21 常闭触点）都闭合，SET M20 这一条指令才被执行，M20 线圈被驱动，M20 常开触点闭合，因此，Y010 线圈也接通，Y010 常开触点闭合。所以，此时，在图 3—74 所示时序图中虚线①的位置，M20 由“0”变为“1”，Y010 也由“0”变为“1”。

在 X010 常开触点由闭合变为断开时，X010 常闭触点就由断开恢复闭合，此时梯形图中第三个逻辑行的两个触点都是闭合状态，SET M21 这一条指令被执行，使 M21 线圈被驱动，M21 常开触点闭合。因此，在时序图中虚线②的位置，M21 由“0”变为“1”。

在 X010 常开触点又由断开变为闭合时，梯形图中只有第二个逻辑行的两个触点都闭合，因此，RST M20 指令被执行，使 M20 线圈复位，M20 常开触点断开。因为 M20 常开触点的断开，Y010 线圈也复位，Y010 常开触点断开。因此，在时序图中虚线③的位置，M20 由“1”变为“0”，Y010 也由“1”变为“0”。

同样可以分析出时序图中虚线④位置的结果，其他状态则都是重复这几种情况。从完整的时序图可以看出，输出信号 Y010 的频率是输入信号 X010 的频率的一半，实现了二分频。如果 PLC 的输入点 X010 接一个按钮，PLC 的输出点 Y010 接一个接触器线圈，通过接触器控制电动机，则该段程序可实现单按钮控制电动机的启动和停止。

3. 定时器指令应用

下面以车库自动门控制系统为例，介绍定时器指令的应用。

在车库自动门控制系统中，当感应开关探测到车接近自动门时，给 PLC 发出控制信号，延时 10 s 后，驱动开门电动机打开自动门，自动门到位后开门电动机停止运行；车进自动门后，自动门自动关闭，如图 3—75 所示为自动门控制系统。

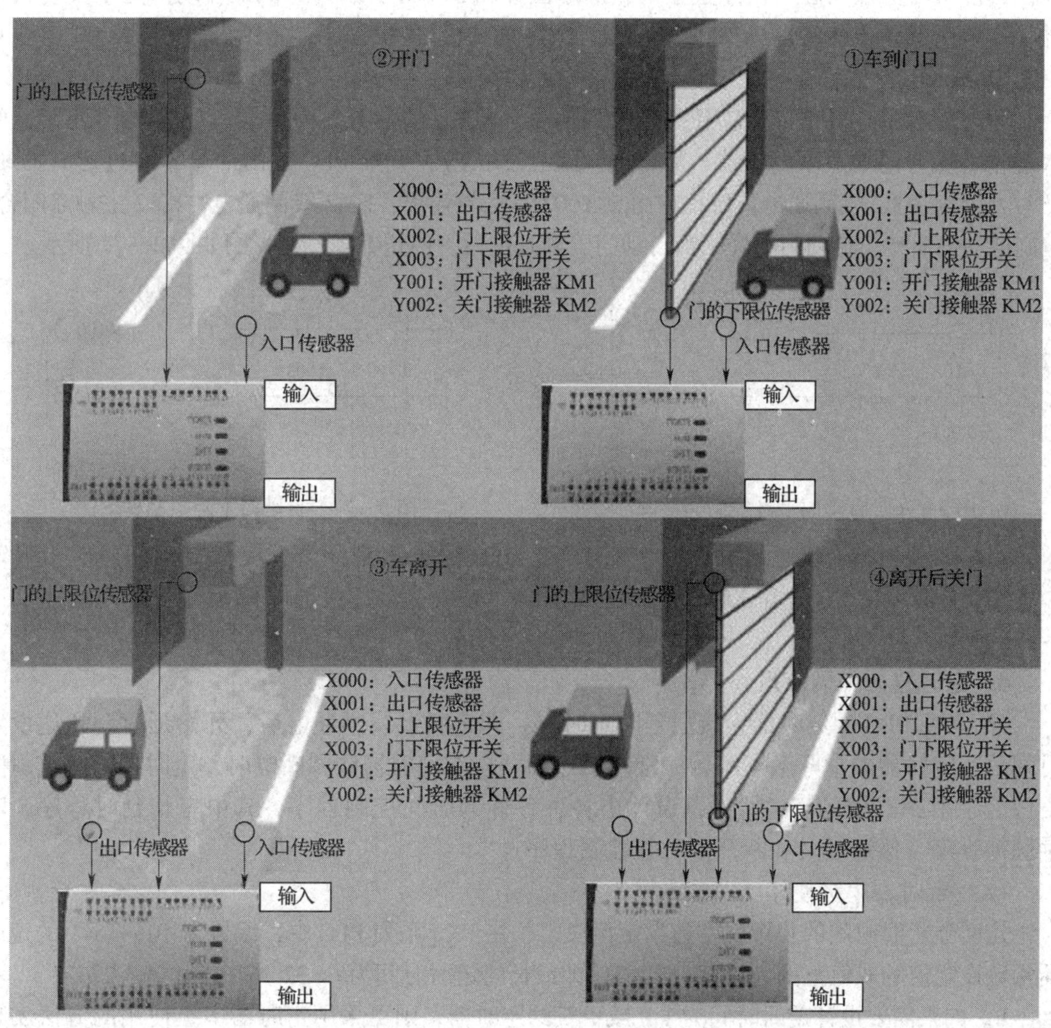

图 3—75　自动门控制系统

根据车库自动门控制系统的控制要求编写程序。先列出 I/O 分配表，见表 3—9。

表 3—9　　　　自动门控制系统 I/O 分配表

输入		输出	
入口传感器	X000	开门接触器 KM1	Y001
出口传感器	X001	关门接触器 KM2	Y002
门上限位开关	X002		
门下限位开关	X003		

当车接近自动门时，感应开关给 PLC 发出信号，X000 线圈通电，X000 常开触点闭合，定时器 T0 线圈通电，到达延时时间后，T0 常开触点闭合，控制 Y001 线圈通电，PLC 输出点 Y001 有信号输出，KM1 线圈通电，KM1 主触点闭合，自动门驱动电动机正转，自动门上升，当自动门上升到位后，停止上升，梯形图如图 3—76 所示。为保证自动门处于关门状态时（压合门的下限传感器，X003 常开触点闭合）执行这段程序，采用 X003 与 X000 串联来控制 T0 线圈。

车进车库后，另一个感应开关接收到信号，X001 的常开触点闭合，当自动门处于开门状态时（压合门的上限传感器，X002 常开触点闭合），就给 PLC 发出信号，通过定时器 T1 延时，控制 Y002 线圈通电，PLC 输出点 Y002 有信号输出，KM2 线圈通电，KM2 主触点闭合，控制电动机反转，自动门下降，当自动门下降到位后，停止下降，梯形图如图 3—77 所示。

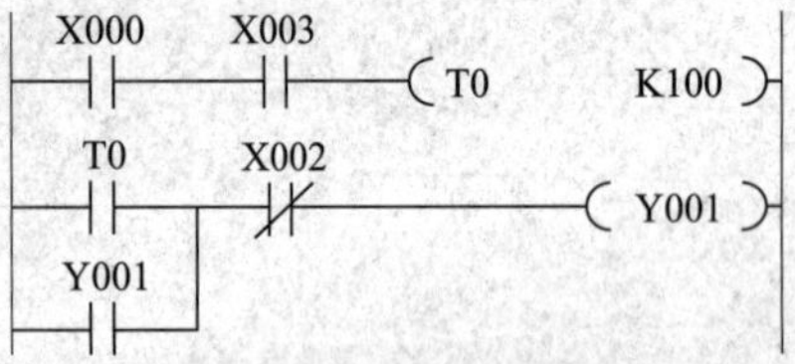

图 3—76　自动门上升控制梯形图

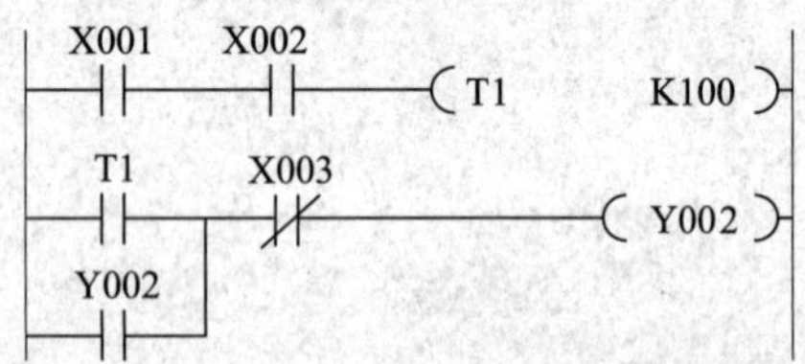

图 3—77　自动门下降控制梯形图

当车要驶出车库接近自动门时，X001 和 X003 常开触点闭合，完成自动门延时上升动作；车出车库后，X000 和 X002 常开触点闭合，完成自动门延时下降动作，控制程序如图 3—78 所示。

4. 定时器的扩展应用

FX 系列 PLC 的定时器为接通延时定时器。即定时器线圈通电后，开始延时，到达设定时间后，定时器的常开触点闭合，常闭触点断开。在定时器线圈断电时，定时器的触点瞬间复位。利用 PLC 中的定时器可以设计出各种各样的时间控制程序，其中有长延时程序、时钟脉冲程序、接通延时和断开延时等控制程序。

（1）定时器串级使用

定时器定时时间的长短由常数设定值决定，在 FX_{3U} 系列 PLC 中，编号为 T0 ~ T511 的定时器常数设定值的取值范围为：1 ~ 32 767，即最长的定时时间为 t = 32 767 × 0.1 = 3 276.7 s，不到 1 h。如果需要设计定时时间为 1 h 或更长的定时器，则可采用定时器串级使用的方法实现长时间延时。

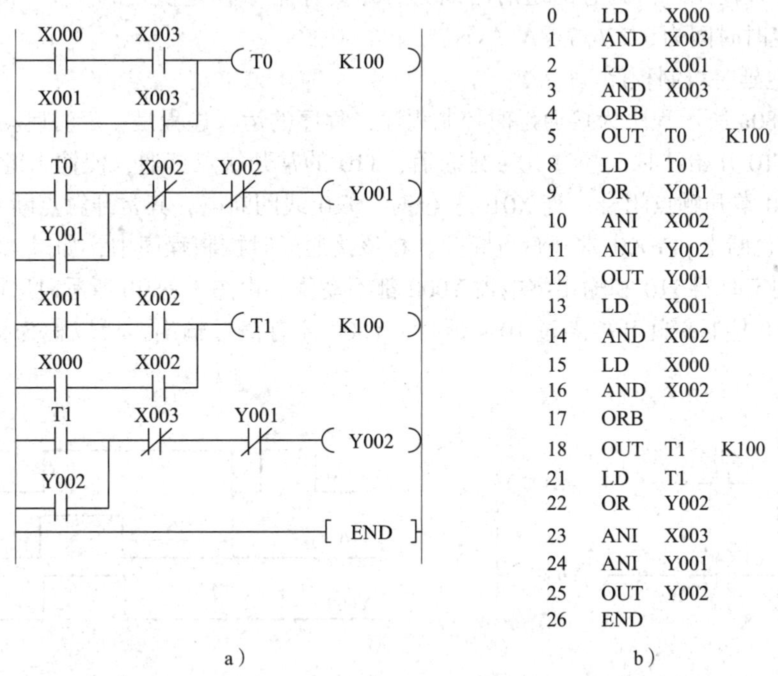

图 3—78　车出库时自动门控制程序

a）梯形图　b）指令语句表

如图 3—79 所示是定时时间为 1 h 的时间控制程序。由图 3—79b 所示的时序图可以看到，输入触点 X014 闭合后，经过 1 h（3 600 s）的延时，输出信号 Y004 才接通，从而实现了长时间定时。为实现这种功能，采用两个定时器 T14 和 T15 串级使用。当 T14 开始定时后，经 1 800 s 延时，T14 的常开触点闭合，使 T15 再开始定时，又经 1 800 s 的延时，T15 的常开触点闭合，输出继电器 Y004 线圈接通。这样，从输入触点 X014 接通，到 Y004 产生输出信号，其延时时间为 1 800 s + 1 800 s = 3 600 s = 1 h。定时器串级使用就是先启动一个定时器定时，时间一到，用第一个定时器的常开触点控制第二个定时器定时，如此下去，使用最后一个定时器的常开触点去控制所要控制的对象。

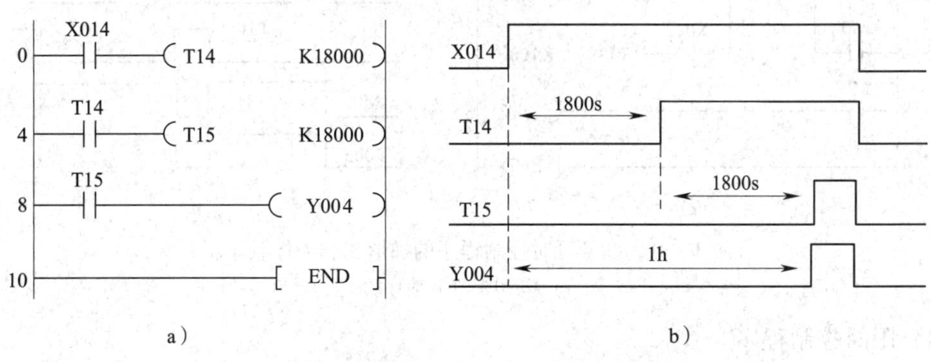

图 3—79　长时间延时控制程序

a）梯形图　b）时序图

定时器串级使用时，其总的定时时间为各定时器常数设定值之和。N 个定时器串级使用，其最长定时时间为 3 276. 7 × N（s）。

（2）接通延时控制程序

如图 3—80a 所示程序为接通延时控制程序，程序的运行过程是：定时启动信号 X010 接通，定时器 T10 开始计时，经过 10 s 延时后，T10 的常开触点接通，使输出继电器 Y000 线圈通电，Y000 常开触点闭合。当 X010 复位时，T10 线圈断电，其常开触点断开，输出继电器 Y000 线圈也断电，Y000 常开触点断开。在该接通延时控制程序中，如果 X010 接通时间不够 10 s，则定时器 T10 和输出继电器 Y000 都不动作。由图 3—80b 所示时序图可以看到从输入信号 X010 接通瞬间开始经过 10 s 延时，Y000 才有信号输出，所以称为接通延时控制程序。

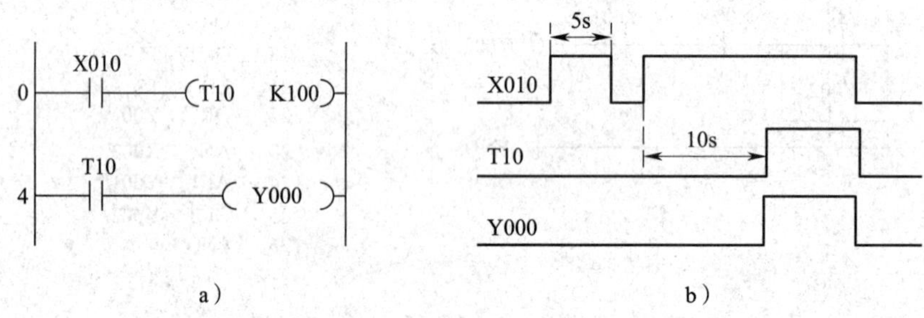

图 3—80　接通延时控制程序

a）梯形图　b）时序图

（3）断开延时控制程序

PLC 中定时器都是接通延时，如图 3—81 所示为断开延时程序的梯形图和动作时序图，程序的运行过程是：当定时启动信号 X013 接通时，M0 线圈接通并自锁，输出继电器 Y003 线圈接通，这时定时器 T13 因 X013 常闭触点断开而没有定时。当启动信号 X013 断开时，X013 的常闭触点恢复闭合，T13 线圈通电，开始定时。经过 10 s 延时后，T13 常闭触点断开，使 M0 复位，输出继电器 Y003 线圈断电，Y003 常开触点断开，从而实现从输入信号 X013 断开，经 10 s（定时器常数设定值决定）延时后，输出信号 Y003 才断开的延时功能。

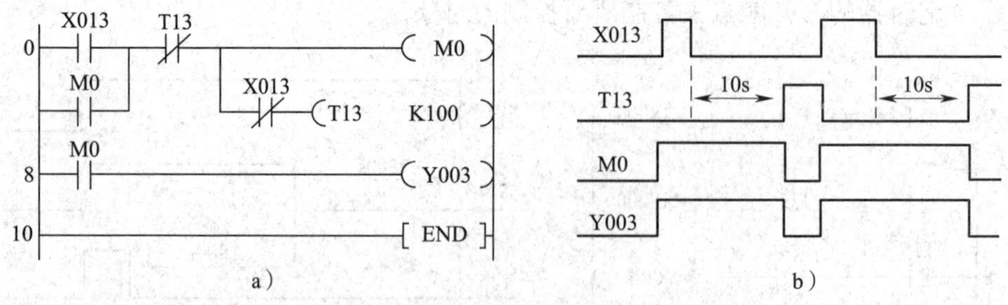

图 3—81　断开延时控制程序的梯形图和动作时序图

a）梯形图　b）时序图

（4）限时控制程序

如图 3—82 所示程序为限时控制程序，该时间控制程序的运行过程是：当启动定时信号 X011 接通后，定时器 T11 和输出继电器 Y001 线圈都通电，T11 定时器开始定时，经过 10 s

延时后，T11 的常闭触点断开，Y001 线圈断电，Y001 常开触点由闭合恢复为断开。由图 3—82b 所示时序图可看出，该段程序的特点是，定时启动信号 X011 接通时间少于 10 s（T11 的常数设定值决定），则输出继电器 Y001 接通时间与 X011 接通时间一样。当 X011 接通时间大于 10 s 时，则 Y001 接通时间为 10 s，即 Y001 最长接通时间为 10 s。该段程序属于限时控制程序，可将负载的工作时间限制在规定的时间内。

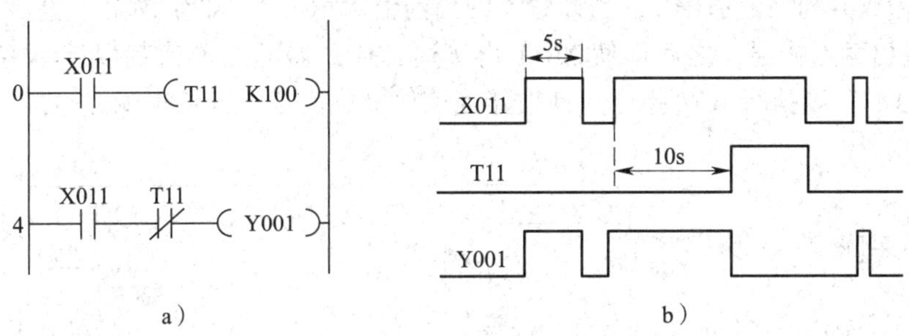

图 3—82　限时控制程序一
a）梯形图　b）时序图

如图 3—83 所示是另一种限时控制程序。该时间控制程序的运行过程是：当定时启动信号 X012 接通并且接通时间大于 10 s 时，定时器 T12 和输出继电器 Y002 线圈都通电，Y002 常开触点闭合自锁，T12 开始定时，经 10 s 延时，T12 常闭触点断开，使 Y002 常开触点失去自锁作用。这样，当 X012 触点断开后，T12 和 Y002 线圈随之断电，T12 和 Y002 的触点都复位。当 X012 接通时间小于 10 s 时，因 Y002 常开触点闭合自锁，使 T12 和 Y002 线圈在 X012 常开触点断开后能继续通电，经过 10 s 延时，T12 常闭触点才断开，T12 和 Y002 线圈才随之断电，T12 和 Y002 触点复位。由时序图可以看出这种限时控制程序的特点是：当定时启动信号 X012 接通时间少于 10 s 时，则输出信号 Y002 接通时间保持 10 s，当 X012 接通时间大于 10 s 时，则 Y002 接通时间与 X012 接通时间相同，即输出信号 Y002 最少接通时间为 10 s。在工程上采用这种程序，可控制负载的最少工作时间。

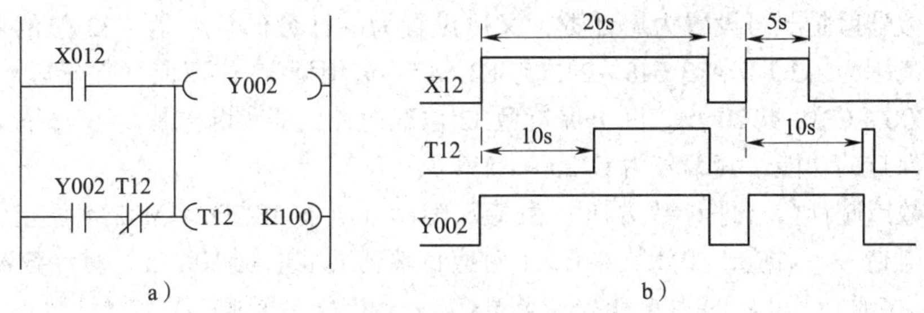

图 3—83　限时控制程序二
a）梯形图　b）时序图

二、计数器的使用

1．计数器

内部信号计数器是在执行扫描操作时对内部元件（如 X、Y、M、S、T 和 C）的信号进行计数的计数器。因此，其接通（ON）时间和断开（OFF）时间应比 PLC 的扫描周期稍长。

（1）16 位增计数器

16 位增计数器有两种类型的二进制计数器，一种是 16 位通用计数器 C0 ~ C99 共 100 点；另一种是断电保持计数器 C100 ~ C199 共 100 点，其当前值和输出触点的置位/复位状态也能保持。

图 3—84 所示为增计数器的动作时序。X011 为计数端，X010 为计数复位端，X011 每接通一次，计数器的当前值增 1，当计数器的当前值为 10 时，即计数输入达到 10 次时，计数器 C0 的输出触点接通，之后即使 X011 再接通，计数器的当前值都保持不变。复位输入 X010 接通（ON）则执行 RST 指令，计数器当前值复位为零，其输出触点也随之复位。

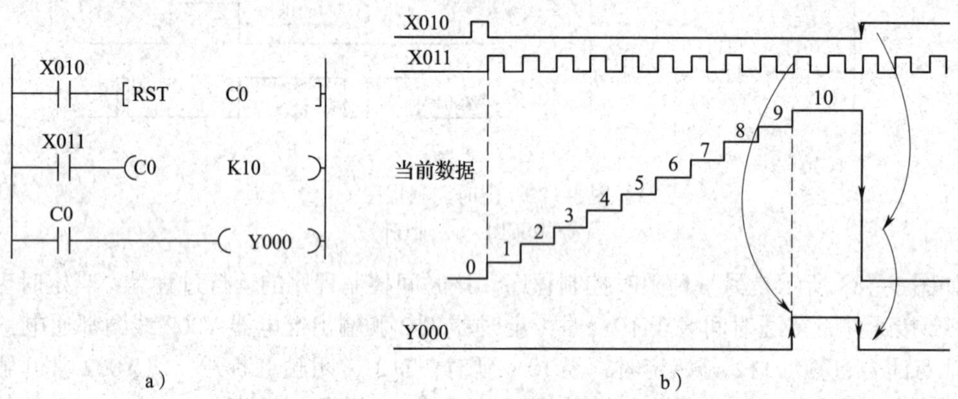

图 3—84　增计数器的控制程序

a）梯形图　b）时序图

计数器的设定值除了可由常数 K 直接设定外，还可通过指定数据寄存器的元件号来间接设定。如指定 D125，而 D125 的内容为 250，则与设定 K250 等效。如果将大于设定值数值置入当前值寄存器（例如用 MOV 指令置数），则当计数输入端接通时，计数器将继续计数。其他类型的计数器也具有这种特点。

（2）32 位双向计数器

双向计数器就是既可设置为增计数，又可设置为减计数的计数器。32 位的双向计数器计数值设定范围为 –2 147 483 648 ~2 147 483 647。通用型 32 位双向计数器以十进制编号，其编号为 C200 ~ C219 共 20 点。断电保持型 32 位双向计数器和断电保持型 16 位增计数器一样具有断电保持的功能，其编号为 C220 ~ C234 共 15 点。

作增计数或减计数（即计数方向）由特殊辅助继电器 M8200 ~ M8234 设定，计数器与特殊辅助继电器一一对应，如计数器 C211 对应特殊辅助继电器 M8211。对计数器 C × × ×，当 M8 × × ×接通（置 1）时为减计数，当 M8 × × ×断开（置 0）时为增计数。

图 3—85 所示为双向计数器的动作时序，按下复位按钮 X013 后，计数器当前值复位为 0。X012 用于计数方向选择，当 X012 接通时，M8200 处于接通状态，则计数器 C200 为减计数器，每来一个 X012 的上升沿，计数器当前值减 1；当 X012 断开时，M8200 处于断开状态，则计数器 C200 为增计数器，每来一个 X014 的上升沿，计数器当前值加 1，因此 32 位通用计数器通常为增计数器；当 C200 的当前值增加至设定值（由 –6 增加为 –5）时，计数器线圈有输出，Y001 也接通，此时再按 X014，计数器当前值继续增加，但它仍保持接通状

态；当 C200 的当前值减少至设定值后再往下减少 1（由 -5 减少为 -6）时，计数器 C200 断开，Y001 线圈断电。

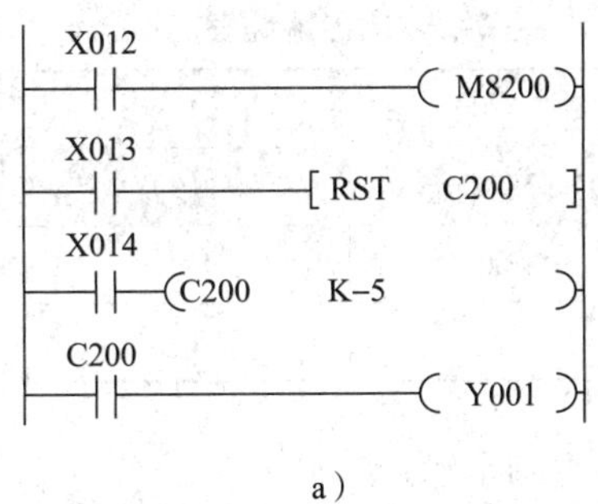

a）

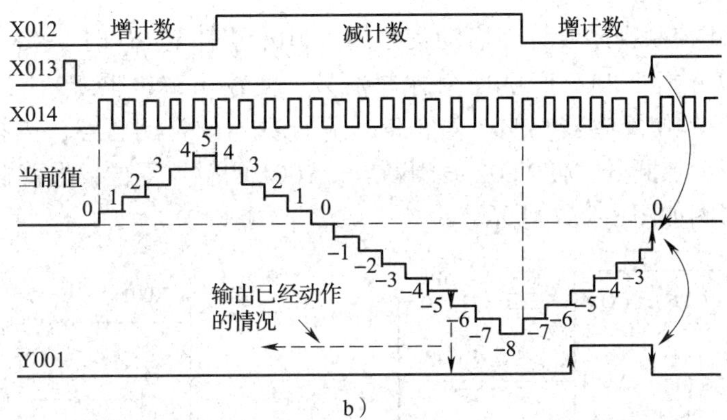

b）

图 3—85 双向计数器的控制程序

a）梯形图 b）时序图

当前值的增加、减少虽与输出触点的动作无关，但由于双向计数器是循环计数器，当前值为 +2 147 483 647 时，若再进行加计数，则当前值就成为 -2 147 483 648。同样当前值为 -2 147 483 648 时，若再进行减计数，当前值则为 +2 147 483 647。当复位输入 X013 接通时，计数器的当前值变为 0，输出触点也复位。

（3）高速计数器

FX_{3U} 系列 PLC 中共有 21 点高速计数器，元件编号为 C235 ~ C255，这 21 点高速计数器在 PLC 中共享 8 个高速计数器的输入端 X000 ~ X007。当高速计数器的一个输入端被某个计数器占用时，这个输入端就不能再用于另一个高速计数器，也不能用作其他的输入。也就是说，由于只有 8 个高速计数器的输入，因此，最多只能同时用 8 个高速计数器。

2. 计数器指令应用

设计一个报警器，要求当条件 X001 = ON 满足时，蜂鸣器鸣叫，同时，报警灯连续闪烁 16 次，每次亮 2 s，熄灭 3 s。此后，停止声光报警。

（1）分析控制要求

控制报警灯开始工作的可以是按钮，也可以是行程开关或接近开关等来自现场的信号，现假定是行程开关。蜂鸣器和报警灯分别占有一个输出点。报警灯亮、暗闪烁，可以采用两个定时器分别控制亮和暗的时间，而闪烁的次数则由计数器控制。

（2）分配 PLC 的输入点和输出点

输入/输出地址见表 3—10。

表 3—10 　　输入/输出地址表

输入			输出		
元件代号	元件名称	输入继电器	元件代号	元件名称	输入继电器
SQ	行程开关	X001	HA	报警蜂鸣器	Y001
			HL	报警灯	Y002

报警器的 PLC 接线图如图 3—86 所示。

（3）设计梯形图

1）启动和停止控制程序设计。启动信号为 X001，当碰到 SQ 时，X001 常开触点闭合，利用上升沿脉冲微分指令 PLS 产生一个脉冲信号，使输出继电器 Y001 线圈通电并自锁，Y001 产生的输出信号使蜂鸣器鸣叫。停止信号是计数器的常闭触点，当报警灯闪烁 16 次后，计数器的常闭触点断开，使 Y001 线圈断电，Y001 的触点复位，报警电路停止报警。启停控制程序的梯形图如图 3—87 所示。

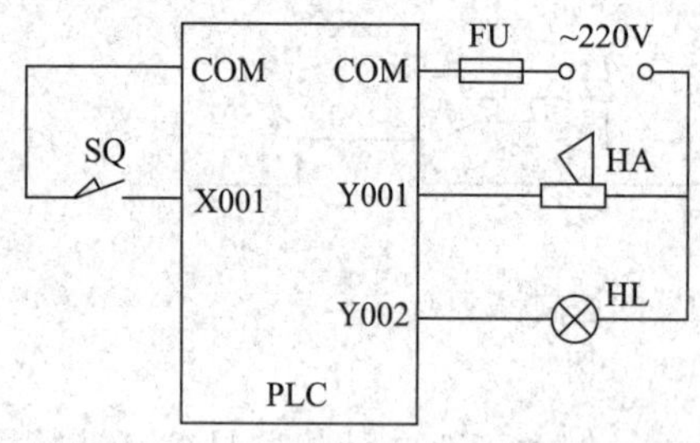

图 3—86　报警器的 PLC 接线图

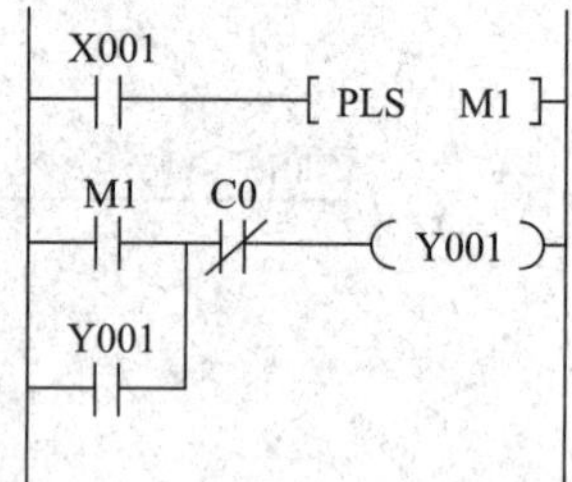

图 3—87　启停控制程序的梯形图

2）报警灯闪烁控制程序设计。报警灯在蜂鸣器鸣叫的同时闪烁，所以，采用 Y001 的常开触点控制报警灯闪烁。采用定时器 T0 控制报警灯亮的时间，定时器 T1 控制报警灯熄灭的时间。当 Y001 常开触点闭合时，Y002 线圈与 T0 线圈同时通电。Y002 线圈通电后，Y002 产生的输出信号使报警灯亮。T0 线圈通电后，开始计时，经 2 s 延时后，T0 常闭触点断开，使 Y002 线圈断电，Y002 的触点复位，报警灯熄灭。同时，T0 常开触点闭合，使 T1 线圈通电，开始定时，经 3 s 延时后，T1 常闭触点断开，使 T0 线圈断电，T0 常开触点瞬间断开，TI 线圈也随之断电，T1 常闭触点闭合，定时器 T1 的触点只动作了一个扫描周期。当 T1 常闭触点闭合后，Y002 和 T0 线圈又通电，重复以上动作。该段程序的时序图如图 3—88b 所示。

由时序图可以看到，Y002 常开触点接通时间为 2 s，断开时间为 3 s，是一个连续脉冲信号，而且 Y002 常开触点接通和断开的时间可分别由 T0 和 T1 的常数设定值改变，可以改变 Y002 常开触点闭合的时间。这一段程序也可以作为基本控制程序，在今后编程中使用。

3）报警灯闪烁次数控制程序设计。采用计数器 C0 进行闪烁次数的控制。这时，要考虑计数输入信号和计数器复位信号两个方面。由图 3—88b 所示的时序图可看到，Y002 产生

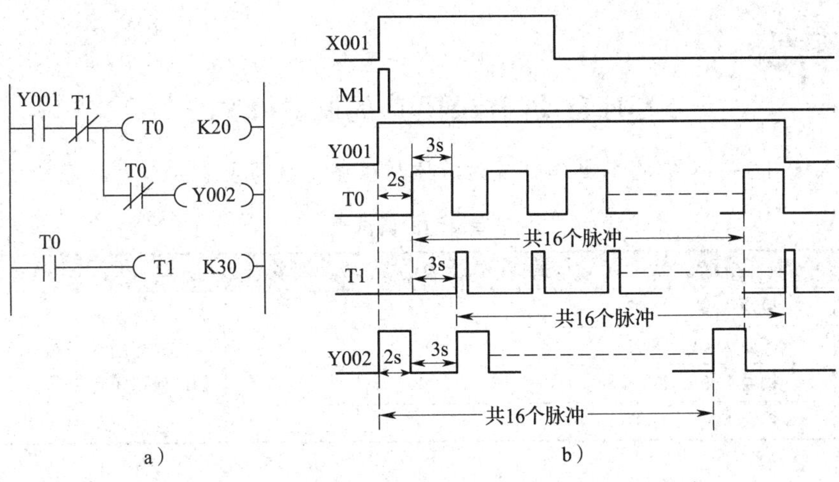

图 3—88　报警灯闪烁控制程序
a）梯形图　b）时序图

的脉冲信号下降沿正好是 T0 脉冲的上升沿。当 Y002 第 16 个脉冲结束时，即报警闪烁 16 次后，T0 正好产生第 16 个脉冲，将 T0 触点的动作作为计数输入信号，这样，当计数器累计到第 16 个脉冲时，计数器 C0 线圈通电，C0 常闭触点断开，报警器停止工作。

计数器 C0 的复位信号，可以采用 C0 常开触点，当计数器 C0 线圈通电，C0 常开触点闭合时，RST C0 指令执行，使 C0 复位，但这时 C0 常开触点应并联 M8002 常开触点，在 PLC 开机时，对 C0 进行清零；也可以采用 Y001 的常闭触点，当蜂鸣器鸣叫时，Y001 常闭触点是断开的，RST C0 指令不执行，说明计数器 C0 正在计数，当累计到 16 个脉冲时，则 C0 常闭触点断开，Y001 线圈断电，Y001 常闭触点恢复闭合，RST C0 指令执行，计数器 C0 被复位，为报警器下次工作做准备。

4）将各段程序合并成完整的报警器控制程序，如图 3—89 所示。

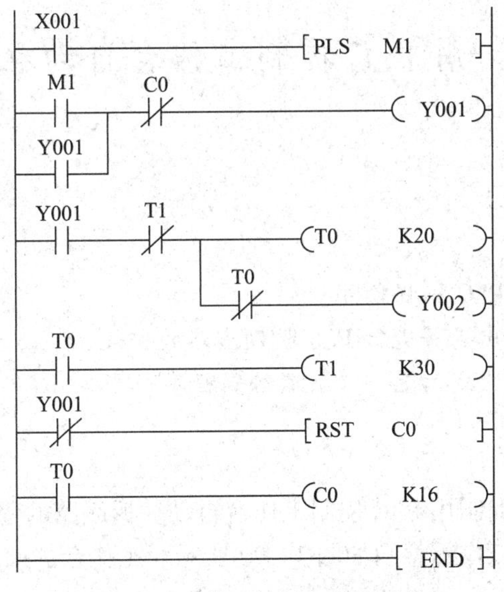

图 3—89　报警灯闪烁次数控制程序

课堂活动

车库自动门控制程序的调试和改进

1. 请根据图 3—78 中的车出库时自动门控制程序，填写表 3—11。

表 3—11　　车库自动门调试表

操作步骤	操作内容	T0 和 T1 以及 Y001、Y002 的状态	思考内容
1	接通 X000、X003		定时器的常开触点在计时结束后如何保持闭合
2	接通 X001、X002		
3	接通 X001、X003		
4	接通 X000、X002		

2. 请在车出库时自动门控制程序的基础上，增加进入车库车辆的计数功能，当车库进入 100 辆车后，“车库已满”的显示灯打开。

提示：进入车库传感器信号可作为计数信号，同时计数器应选择双向计数器。

〔提示〕

1. 选用定时器时注意定时器的元件编号，不同的编号具有不同的定时精度。
2. 在分析和编写带有定时器的程序时，建议采用时序图的方式进行。
3. 积算定时器需要采用 RST 指令才能使定时器复位。
4. 计数器在使用时需要和 RST 指令配合使用，否则会造成计数错误。
5. 定时器和计数器均为 PLC 自带内部寄存器，无须外接设备。

实训四　用 PLC 控制工作台自动往返线路

学习目标

◎ 熟练使用 FX 系列 PLC 编程软件

◎ 会分配输入点与输出点并进行 PLC 控制线路的安装

◎ 熟练应用基本指令、定时器、计数器编制程序

一、任务要求

本实训的主要任务是编制用 PLC 控制工作台自动往返线路的程序。

工作台自动往返循环工作示意图如图 3—90 所示。工作台的前进、后退由电动机通过丝杠驱动。

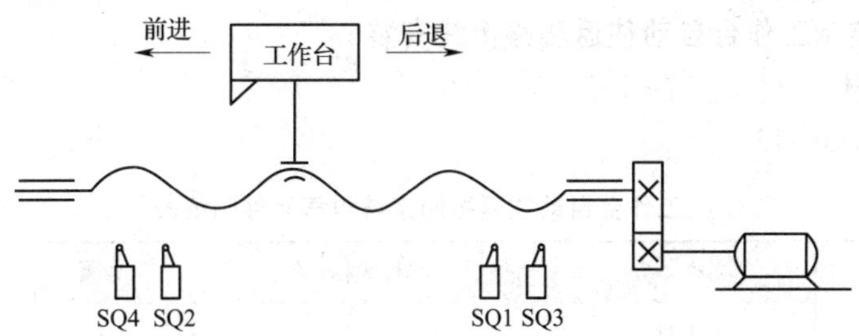

图 3—90　工作台自动往返循环工作示意图

控制要求为：

（1）自动循环工作。

（2）点动控制（供调试用）。

（3）单循环运行，即工作台前进、后退一次循环后停在原位。

（4）8 次循环计数控制。即工作台前进、后退为一个循环，循环 8 次后自动停止在原位。

二、任务实施

1. 分析控制要求

工作台前进与后退是通过电动机正、反转来控制的，所以完成这一动作只要用电动机正反转控制基本程序即可。

工作台工作方式有点动控制和自动连续控制两种方式，可以采用程序（软件的方法）实现两种运行方式的转换，也可以采用控制开关 SA1（即硬件的方法）来选择。设控制开关 SA1 闭合时，工作台工作在点动控制状态；SA1 断开时，工作台工作在自动连续控制状态。

工作台有单循环与多次循环两种工作状态，也可以采用控制开关来选择。设 SA2 闭合时，工作台实现单循环工作；SA2 断开时，工作台实现多次循环工作。

多次循环因要限定循环次数，所以选择计数器进行控制。

2. 分配 PLC 的输入点与输出点

输入/输出地址见表 3—12。

表 3—12　　输入/输出地址表

输入			输出		
元件代号	作用	输入继电器	元件代号	作用	输出继电器
SA1	点动/自动选择开关	X000	KM1	接触器（控制正转）	Y000
SB1	停止按钮	X001	KM2	接触器（控制反转）	Y001
SB2	正转启动按钮	X002			
SB3	反转启动按钮	X003			
SA2	单循环/连续循环选择开关	X004			
SQ1	行程开关	X005			
SQ2	行程开关	X006			
SQ3	行程开关	X007			
SQ4	行程开关	X010			

3. 用 PLC 控制工作台自动往返线路接线安装

（1）实训器材

实训器材见表 3—13。

表 3—13　　工作台自动往返控制系统电气元件明细表

序号	分类	名称	型号规格	数量	单位	备注
1	工具	电工工具		1	套	
2	器材	万用表	MF47 型	1	块	
3		可编程控制器	FX_{3U} - 48MR	3	只	
4		计算机	P4	1	台	
5		编程软件	GX - Developer	1	套	
6		安装铁板	600 mm×900 mm	2	块	
7		导轨	C45	0.3	m	
8		低压断路器	Mulit9 C65N D20	1	只	
9		熔断器	RT28 - 32	6	只	
10		交流接触器	NC3 - 32	2	只	
11		行程开关	YBLX19 - 222	4	只	
12		稳压电源	JW6324 - 380V 250W 0.85A	1	只	
13		控制变压器	JBK3 - 100 380/220V	1	只	
14		按钮	LA4 - 3H	3	只	
15		热继电器	JR0 - 20/3，1.5A	1	只	
16		电源转换开关	HZ1 - 60/3J，60A，500V	1	只	
17		转换开关	HZ1 - 60/3J，10A，500V	2	只	
18		端子	D - 20	30	只	
19	消耗材料	铜塑线	BV1/1.37 mm^2	10	m	主电路
20		铜塑线	BV1/1.13 mm^2	15	m	控制电路
21		软线	BVR7/0.75 mm^2	10	m	
22		紧固件	M4×20 螺杆	若干	只	
23			M4×12 螺杆	若干	只	
24			Φ4 mm 平垫圈	若干	只	
25			ϕ4 mm 平垫圈及 ϕ4 mm 螺母	若干	只	
26		号码管		若干	m	
27		号码笔		1	支	

（2）系统接线图

系统接线如图 3—91 所示。

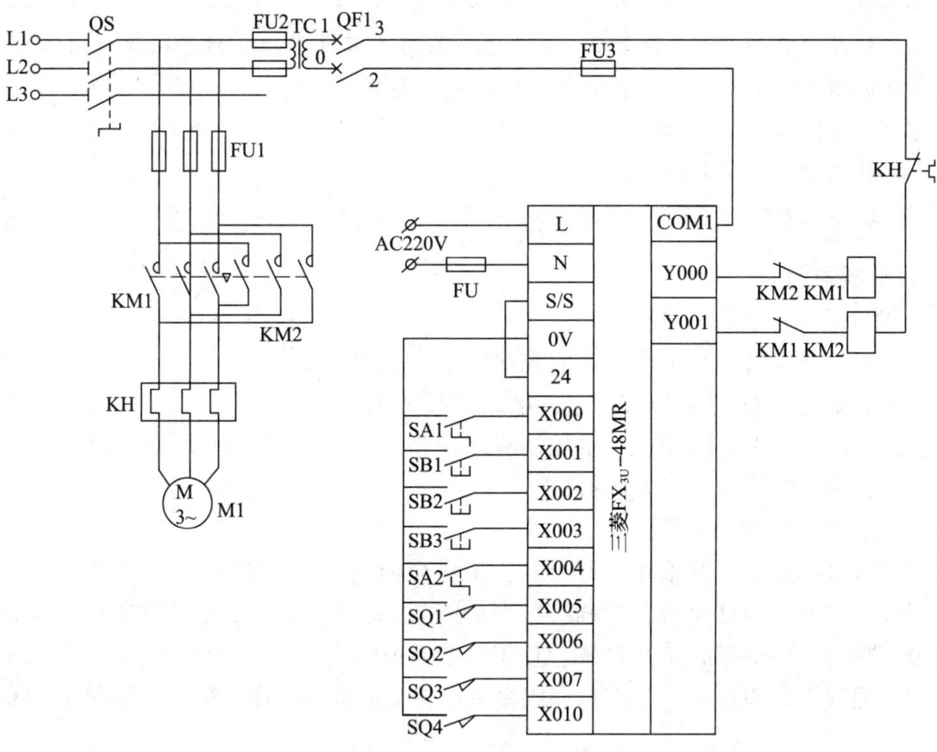

图 3—91　系统接线图

〔提示〕

1. 电源接线时要注意以下事项：

（1）电源电压不能超过电压的允许范围 AC 85～264 V。

（2）为避免发生重大事故，应有急停电路。

（3）为防止发生短路故障，应选用 250 V、1 A 的熔断器。

（4）为防止电源电压波动过大或过强的噪声干扰引起整个控制系统瘫痪，可采取隔离变压器等有效措施。

（5）不能将外部电源线接到内部提供 24 V 直流电源的端子上。

（6）PLC 的接地线应为专用接地线，要单独接地。

2. 输入部件和输出部件接线时要注意以下事项：

（1）输入部件导线应尽可能远离输出部件导线、高压线及电动机等干扰源。

（2）不能将输入部件和输出部件接到带“·”端子上。

（3）PLC 的各“COM”端均为独立的，当各负载使用不同电压时，可采用独立输出方式；而各个负载使用相同电压时，可采用公共输出方式，这时应使用型号为 AFP1803 的短路片将它们的“COM”端短接起来。

（4）若输出端接感性负载时，需根据负载的不同情况接入相应的保护电路。在交流感性负载两端并接 RC 串联电路；在直流感性负载两端并接二极管保护电路；在带低电流负载的输出端并接一个泄放电阻，以避免漏电流的干扰。

（5）在 PLC 内部输出接口电路中没有熔断器，为防止因负载短路而造成输出短路，应在外部输出电路中安装熔断器。

4. 设计梯形图

（1）设计基本控制环节的程序

控制对象是工作台，其工作方式有前进和后退，电动机正转时，通过丝杠使工作台前进；电动机反转时，通过丝杠使工作台后退。因此，基本控制程序应是正反转控制程序，梯形图如图 3—92 所示。

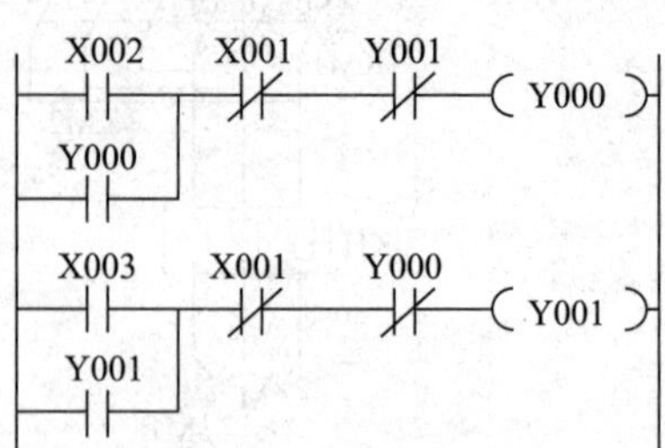

图 3—92　正反转控制程序梯形图

（2）设计自动往返功能程序

分析工作台自动往返的工作过程可知，工作台前进中撞块压合 SQ2 后，SQ2 动作，X006 常闭触点应先断开 Y000 线圈，使工作台停止前进，然后 X006 常开触点再接通 Y001 线圈，使工作台后退，完成工作台由前进转为后退的动作，同样道理，撞块压合 SQ1 后，工作台完成由后退转为前进的动作，梯形图如图 3—93 所示。

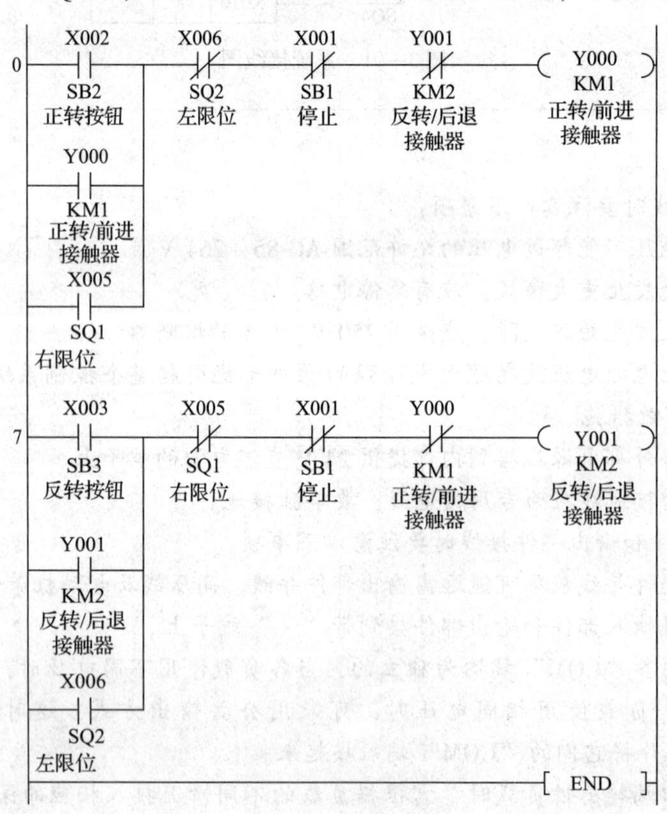

图 3—93　工作台自动往返控制程序梯形图

（3）设计点动控制功能程序

根据点动控制的概念可知，如果解除自锁功能，就能实现点动控制。利用开关 SA1 来选择点动控制与自动连续控制，设 SA1 闭合后，实现工作台点动控制，梯形图如图 3—94 所示。在梯形图中，利用 X000 常闭触点分别与实现自锁控制的常开触点 Y000、Y001 串联，实现点动与自动连续控制的选择。SA1 闭合后，输入继电器 X000 线圈通电，则 X000 常闭触点断开，使 Y000、Y001 失去自锁作用，实现了系统的点动控制。

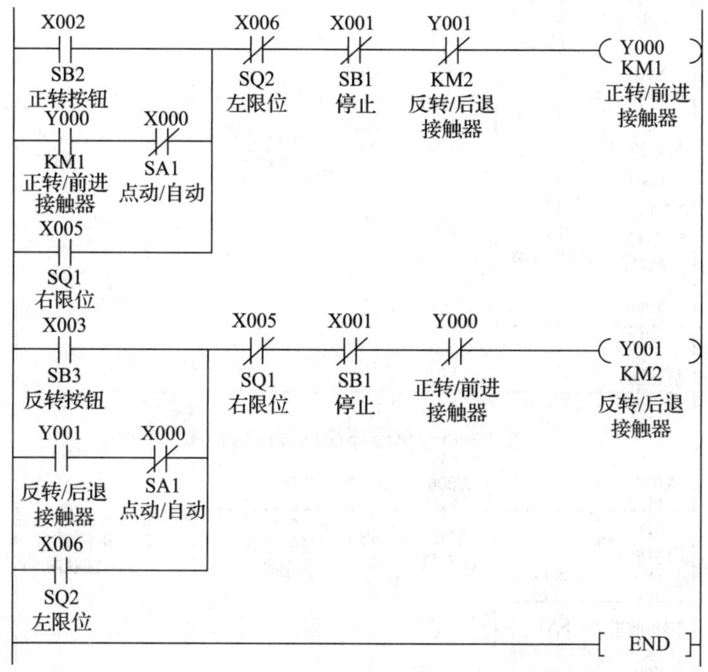

图 3—94　工作台点动控制程序梯形图

（4）设计单循环控制程序

单循环工作方式是指按启动按钮后，工作台由原位前进，当撞块压合 SQ2 后工作台由前进转为后退，后退到原位、撞块压合 SQ1 后，使工作台停在原位。由分析可知，如果撞块压合 SQ1，则 X005 常闭触点断开，使 Y001 线圈断电，工作台停止后退。在 X005 常开触点闭合后，只要不使 Y000 线圈通电，工作台就不会前进，这样便实现了单循环控制。

采用开关 SA2 选择单循环控制，当 SA2 闭合后，输入继电器 X004 线圈通电，X004 常闭触点断开，与 X004 常闭触点串联的 X005 常开触点失去作用，即在 X005 常开触点闭合后，Y000 线圈也不能通电，工作台不能前进。梯形图如图 3—95 所示。

（5）设计循环计数功能程序

工作台由前进变为后退并使撞块压合 SQ1 后，为一次工作循环。要求工作台循环 8 次后，自动停在原位，可由计数器累计工作台循环次数。计数器的计数输入信号由 X005（SQ1）提供，梯形图如图 3—96 所示。梯形图中 X002 为启动信号，X002 闭合时系统启动，同时计数器清零，为计数循环次数做准备。SQ1 被压合 8 次后，X005 便通断 8 次，则 C0 就有 8 个计数脉冲输入，C0 线圈通电。C0 常闭触点断开，使 Y000 线圈不可能通电，工作台停在原位。

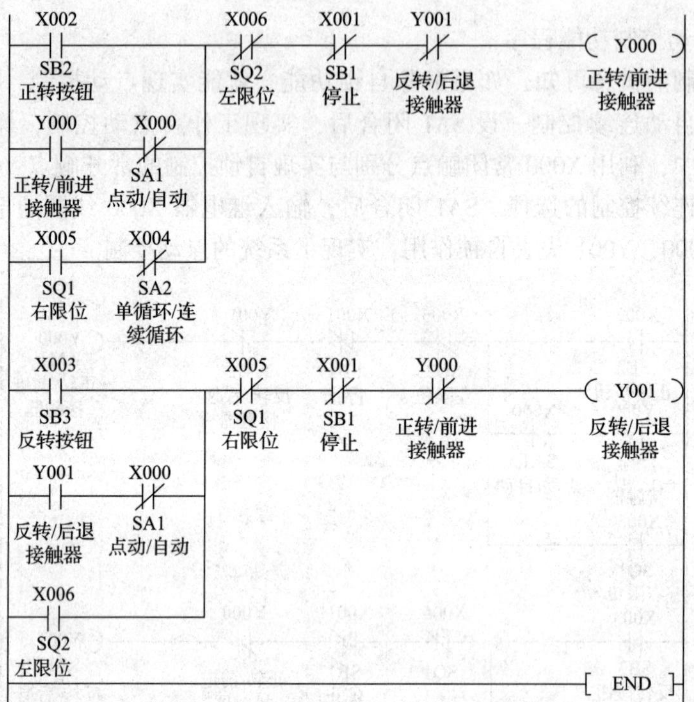

图 3—95　单循环控制程序梯形图

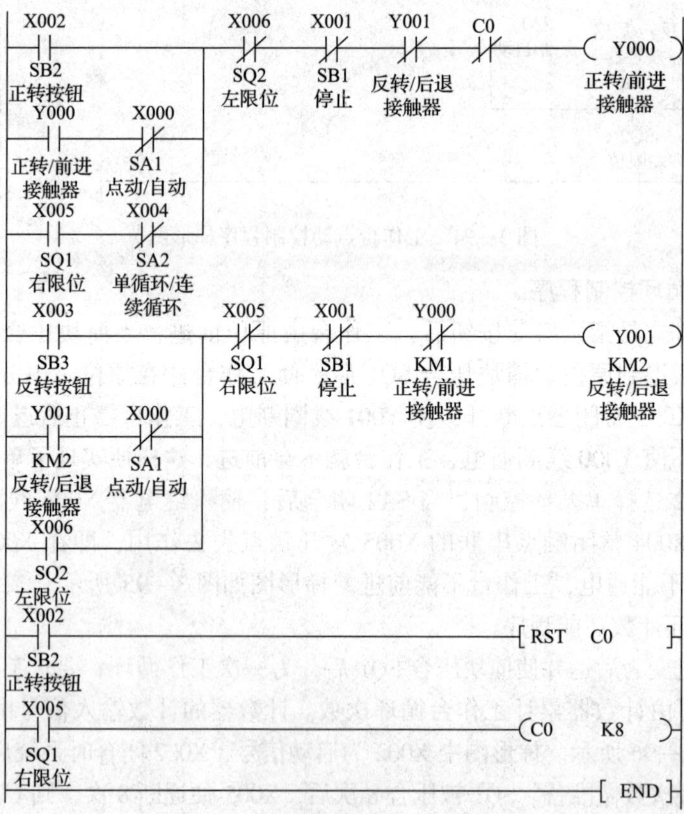

图 3—96　循环计数功能程序梯形图

（6）设置限位保护环节

工作台自动往返控制必须设置限位保护，SQ3 与 SQ4 分别为后退和前进方向的限位保护极限开关。当 SQ4 被压合后，X010 常闭触点断开，Y000 线圈断电，工作台停止前进，实现了限位保护。同样道理，压合 SQ3 后可实现后退限位保护，如图 3—97 所示。

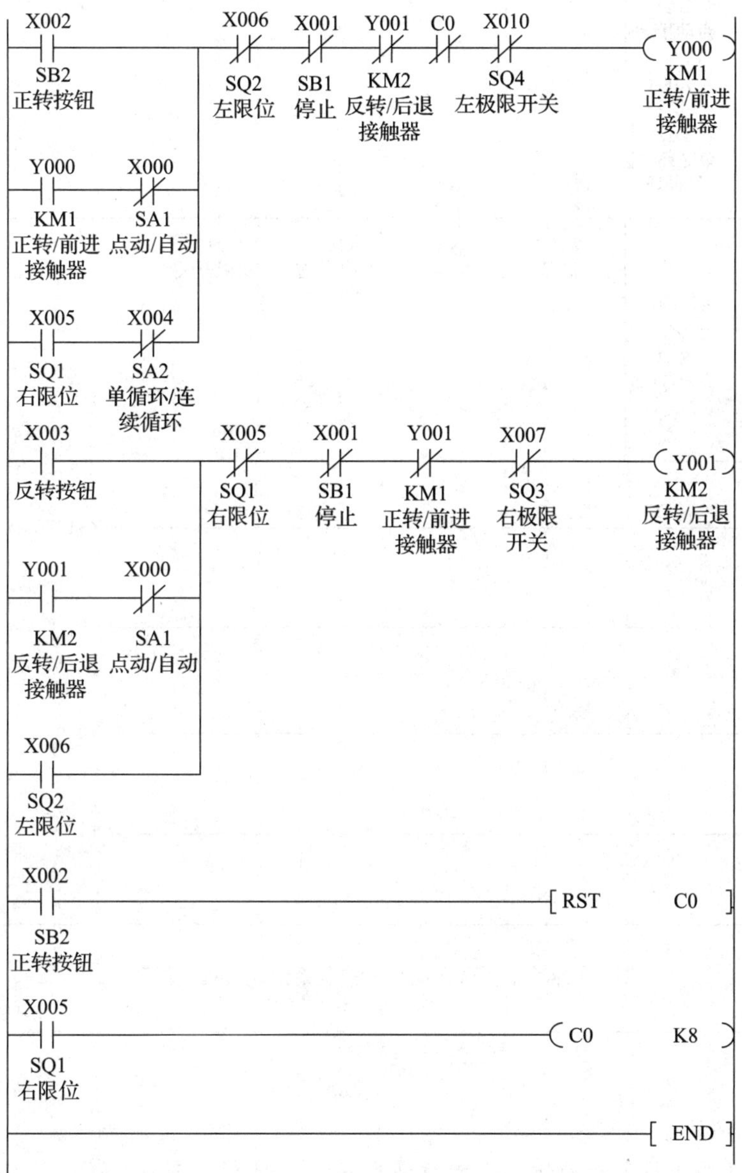

图 3—97　带有限位保护的控制程序梯形图

（7）设计工作台在两端停留 5 s 后再返回控制程序

利用左右限位开关 SQ1、SQ2 接通定时器来实现停留 5 s 的定时功能，如图 3—98 所示。

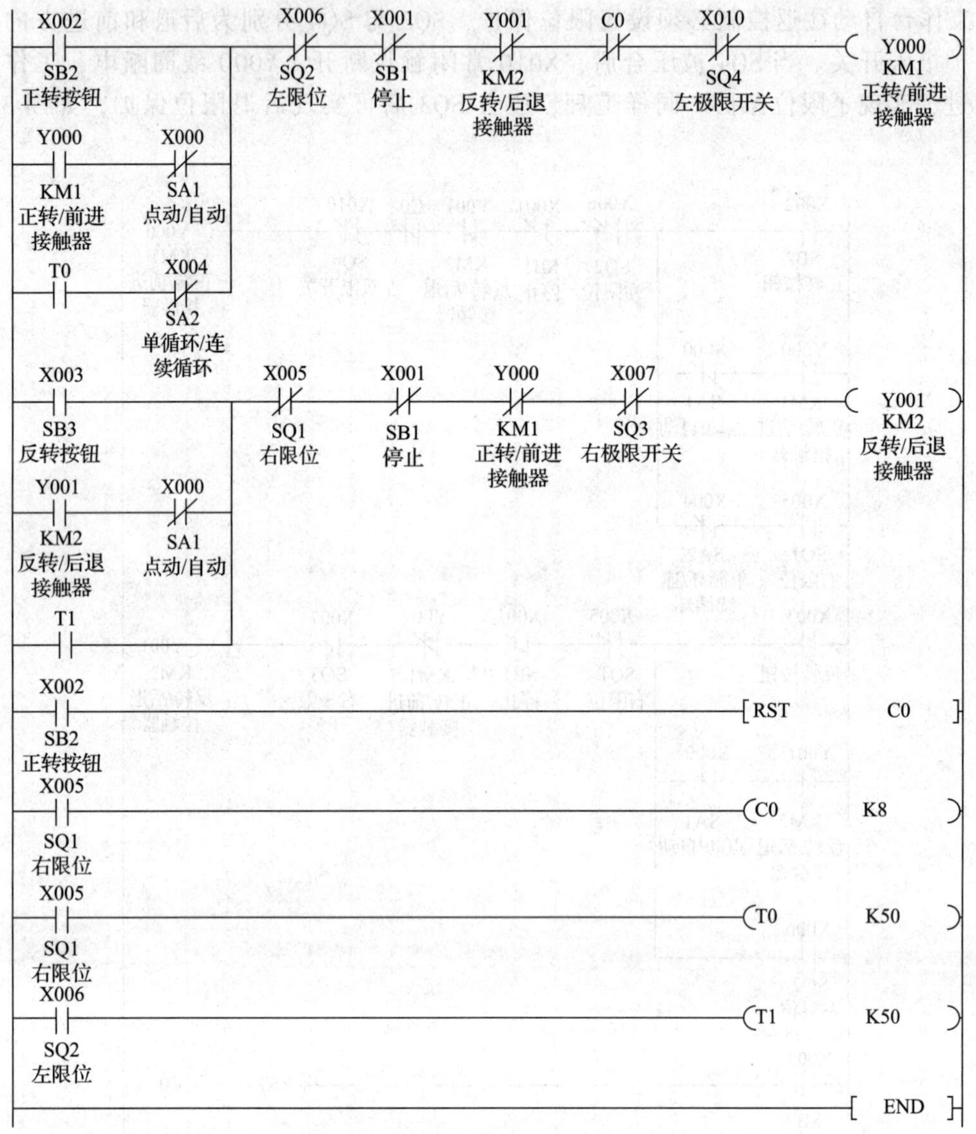

图 3—98　工作台自动往返控制系统完整程序梯形图

〔提示〕

1．系统调试

（1）在教师现场监护的情况下进行通电调试，将程序写入 PLC，验证系统功能是否符合控制要求。

（2）如果出现故障，应独立检修。线路检修完毕和梯形图修改完毕后应重新调试，直至系统正常工作。

2. 工艺要求

(1) 熟悉所用电气元件的作用和控制线路的工作原理。列出 I/O 分配表，配齐所有电气元件，并检查质量情况是否符合要求。

(2) 绘制元件布置图，经检查合格后，在控制板上安装电气元件。电气安装应牢固并符合安装工艺要求。

(3) 线路安装应遵循由内到外、横平竖直的原则；尽量做到合理布线、就近走线；编码正确、齐全；接线可靠、不松动、不压皮、不反圈、不损伤线芯。

(4) 安装完毕后进行自检，可使用万用表来检查线路，要求确保无误后再通电调试。

三、任务评价

工作台自动往返 PLC 控制系统构建评分表见表 3—14。

表 3—14　　工作台自动往返 PLC 控制系统构建评分表

开始时间			结束时间		实际操作时间	
项目	考核内容	配分	评分标准	扣分	得分	备注
电路设计及绘制（15 分）	电源电路设计合理，保护功能齐全	3	设计不合理、保护功能不齐全，酌情扣 1 ~ 3 分			
	主电路设计符合题意，保护、联锁功能齐全	4	设计不合理、保护功能不齐全，酌情扣 1 ~ 4 分			
	I/O 接线图输入、输出分配合理且符合题意	4	输入、输出分配不正确，每处扣 0.5 ~ 1 分			
	电路绘制合理、规范	4	电路绘制不够合理、规范，酌情扣 1 ~ 4 分			
电路安装（30 分）	电气元件的选择、布局合理，安装正确、牢固、整齐	6	不合规范处，每处酌情扣 0.5 ~ 1 分			
	按图接线	8	接线错误，每处扣 1 ~ 2 分			
	线路安装符合规范及工艺	16	线路安装不符合规范及工艺，酌情扣分			

续表

项目	考核内容	配分	评分标准	扣分	得分	备注
通电调试（45分）	系统通电正常	5	根据故障原因和调试情况，酌情扣1~5分			
	“手动”工作方式工作正常	5	根据故障原因和调试情况，酌情扣1~5分			
	“自动”—“单循环”工作方式工作正常	10	根据故障原因和调试情况，酌情扣1~10分			
	“自动”—“连续循环”工作方式工作正常	10	根据故障原因和调试情况，酌情扣1~10分			
	系统停止	2	根据故障原因和调试情况，酌情扣1~2分			
	改变工作方式工作正常	3	根据故障原因和调试情况，酌情扣1~3分			
	系统可靠性测试正常	5	测试未通过，根据故障原因和调试情况，酌情扣1~3分			
	元件参数设置合理	5	元件参数设置不合理，酌情扣1~5分			
安全文明生产（10分）	安全规范	10	1. 不穿戴工作服、绝缘鞋等劳动保护用品，扣2分 2. 考生自行通电，造成熔断器熔断或低压断路器跳闸，每次扣2分 3. 不遵守安全用电操作规程，调试过程中发生人身或设备事故，酌情扣分 4. 考试结束后，未清理现场，扣5分			
考核时间	180 min	/	每超时1 min扣1分，最长不应超时15 min			
总分						

第四章　数控机床电气控制

§4—1　认识数控机床

学习目标

◎ 了解数控机床的工作特点和组成

◎ 了解数控机床各部分的功能

◎ 了解 FANUC 系统的特点

现代制造业的发展，对机械加工范围和加工精度都提出了更高的要求，传统普通的加工机床已经不能满足生产的需要，因此，数控机床应运而生。近年来，数控技术得到了飞速发展，广泛应用于制造业的各个领域。

如图 4—1 所示为一台型号为 CK616i 的数控车床，该数控车床由车床主体、数控系统、主轴箱、刀架等几部分组成，其加工最大回转直径为 320 mm。那么，什么是数控机床？常用的数控机床有哪些？数控机床又由哪些部分组成？数控机床的控制方式有哪些？本节将重点介绍有关数控机床的这些知识。

一、数控机床的概念

数控机床是采用数字控制技术的机床，即用数字化信号控制机床运动及其加工过程。国际信息处理联盟对数控机床的定义是：数控机床是一个装有程序控制系统的机床，该系统能够逻辑地处理具有使用号码或其他符号编码指令规定的程序。定义中的程序控制系统即数控系统。

常见的数控机床有数控车床（见图 4—1）、数控铣床（见图 4—2）、立式加工中心（见图 4—3）、卧式加工中心（见图 4—4）等。

二、数控车床的组成

数控车床又称为计算机数字控制车床，是目前使用较为广泛的数控机床之一。数控车床与普通卧式车床相比较，其结构仍然是由主轴箱、主轴、进给箱、丝杠、溜板、刀架、尾座、冷却系统、润滑系统等部分组成。但普通卧式车床的主运动、进给运动均通过主轴电动机的旋转运动来实现，而数控车床的主运动、进给运动则分别通过主电动机、伺服电动机来实现。

图 4—1　CK616i 型数控车床

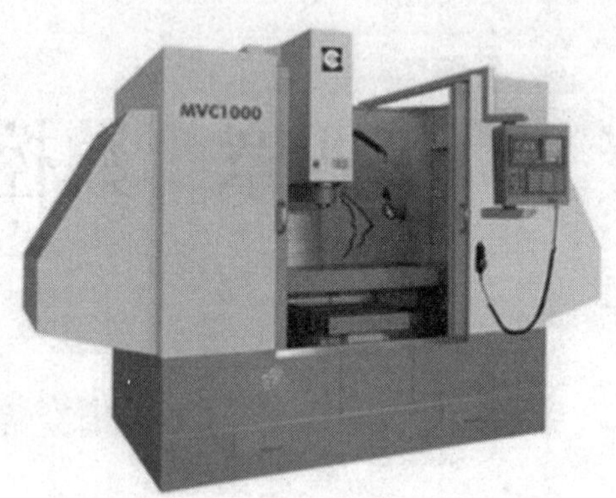

图 4—2　数控铣床

图 4—3　立式加工中心

图 4—4　卧式加工中心

数控车床一般是由输入/输出设备、NC 装置、伺服驱动系统、可编程控制器（PLC）及辅助装置、车床本体及位置监测系统等组成，如图 4—5 所示。由于伺服电动机已在电工学中介绍过，本章主要对位置检测、变频器进行重点介绍。

1. 输入/输出设备

输入/输出设备是 CNC 系统（数控系统）与外部设备进行数据或信息交换的装置。交换的信息通常是零件加工程序。即将编制、记录在控制介质上的零件加工程序，输入到 CNC 系统或将调试好的零件加工程序通过输出设备存储、记录在相应的控制介质上。

2. NC 装置

NC 装置是数控车床的核心，由硬件和软件两部分组成。它接收输入装置输入的加工信息，对代码进行识别、存储、运算，并输出相应的控制指令，使机床按规定的要求动作。

3. 主轴驱动

主轴驱动是数控系统的执行机构，它包括主轴驱动单元和主轴电动机。目前，数控车床的主轴驱动有机械调速（普通电动机）、变频调速、伺服调速等几种形式。

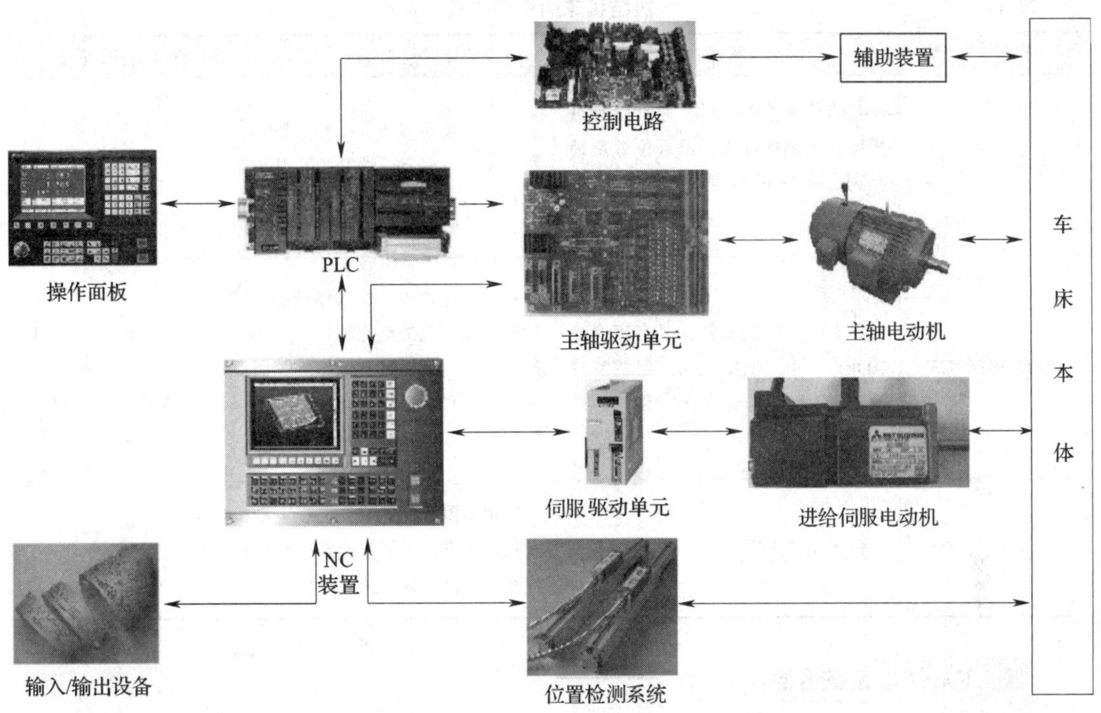

图 4—5 数控车床的组成

4. 伺服驱动

伺服驱动是数控系统的执行机构，包括伺服驱动单元和伺服电动机。伺服电动机接收NC 装置发来的各种动作指令，带动滚珠丝杠旋转，来实现机床移动部件的直线运动。

5. PLC 装置

可编程机床控制器，简称 PMC，即应用于数控机床的 PLC。数控机床通过 NC 装置和PLC 装置的共同作用来完成控制功能。PLC 主要完成与逻辑运算有关的一些动作。数控车床所用 PLC 主要有两种类型：独立型与内装型。独立型 PLC 是数控系统的外部专用设备，如SIEMENS 公司的 S7－300 系列、三菱公司的 FX_{0N} 系列。内装型 PLC 是数控系统的组成部分之一，如图 4—5 所示。

6. 位置检测系统

位置检测系统的作用是将车床的实际位置、速度等参数检测出来，转变成电信号，传输给 NC 装置，通过比较，检查实际位置与指令位置是否一致，并由 NC 装置发出指令修正所产生的误差。常用位置检测元件有光栅、光电编码器、感应同步器、旋转变压器和磁栅尺。

7. 车床本体

数控车床本体由基础件和配套件组成。数控车床的基础件有床身、床鞍、滑板、主轴箱、主轴等部件；配套件主要有刀架、丝杠、导轨、冷却泵等。

三、数控机床的控制方式

数控机床按控制方式的不同可分为三类：开环控制方式、全闭环控制方式和半闭环控制方式，见表 4—1。

表 4—1　　数控机床的控制方式

控制方式	特点	原理	适用场合
开环控制方式	没有位置检测元件，通常以步进电动机为驱动部件。没有位置反馈信号，不能进行误差校正，精度较低	控制装置每发出一个指令脉冲，步进电动机就转动一个角度，从而带动工作台移动	很少使用
全闭环控制方式	既有位置检测元件，又有速度检测元件。系统精度较高，但调整较复杂，有时工作也不够稳定	在加工过程中，检测移动部件的实际位移量，反馈给比较器，与原指令信号进行比较，其差值作为伺服驱动的控制信号，进而带动移动部件以消除误差	精度要求很高的精密数控车床、精密数控铣床等
半闭环控制方式	位置反馈采用转角检测元件	转角检测元件安装在伺服电动机或丝杠的端部，可间接测量执行部件的位移量，并以此作为反馈信号	大部分中、小型数控机床

四、FANUC 系统介绍

FANUC 系统是日本富士通公司的产品，通常其中文译名为发那科。FANUC 系统进入中国市场有非常悠久的历史，目前有多种型号的产品在使用，使用较为广泛的产品有 FANUC0、FANUC16、FANUC18、FANUC21 等。在这些型号中，使用最为广泛的是FANUC0 系列。

FANUC 系统在设计中大量采用模块化结构。这种结构易于拆装、各个控制板高度集成，使可靠性有很大提高，而且便于维修、更换。FANUC 系统设计了比较健全的自我保护电路。

PMC 信号和 PMC 功能指令极为丰富，便于工具机厂商编制 PMC 控制程序，而且增加了编程的灵活性。系统提供串行 RS232C 接口、以太网接口，能够完成 PC 和机床之间的数据传输。

FANUC 系统性能稳定，操作界面友好，系统各系列总体结构非常类似，具有基本统一的操作界面。FANUC 系统可以在较为宽泛的环境中使用，对于电压、温度等外界条件的要求不是特别高，因此适应性很强。

1. FANUC 系统特点

(1) 刚性攻螺纹

主轴控制回路为位置闭环控制，主轴电动机的旋转与攻螺纹轴（Z 轴）进给完全同步，从而实现高速高精度攻螺纹。

(2) 复合加工循环

复合加工循环可用简单指令生成一系列的切削路径。比如定义了工件的最终轮廓，可以自动生成多次粗车的刀具路径，简化了车床编程。

(3) 圆柱插补

适用于切削圆柱上的槽，能够按照圆柱表面的展开图进行编程。

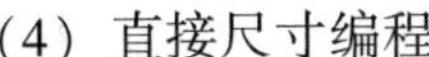

(4) 直接尺寸编程

可直接指定诸如直线的倾角、倒角、转角半径等尺寸，这些尺寸在零件图上指定，这样能简化部件加工的控制程序。

(5) 记忆型螺距误差补偿

可对丝杠螺距误差等机械系统中的误差进行补偿，补偿数据以参数的形式存储在 CNC 的存储器中。

(6) 内装 PMC 编程装置

CNC 内装 PMC 编程装置，利用 PMC 可对机床和外部设备进行程序控制。

(7) 随机存储模块

机床厂家可在 CNC 上直接改变 PMC 程序和宏执行器程序。由于使用的是闪存芯片，故无须专用的 RAM 写入器或 PMC 的调试 RAM。

2. FANUC 系统控制面板按钮及功能

如图 4—6 所示为 FANUC 0i TA 数控系统面板，其机床控制面板功能介绍见表 4—2。

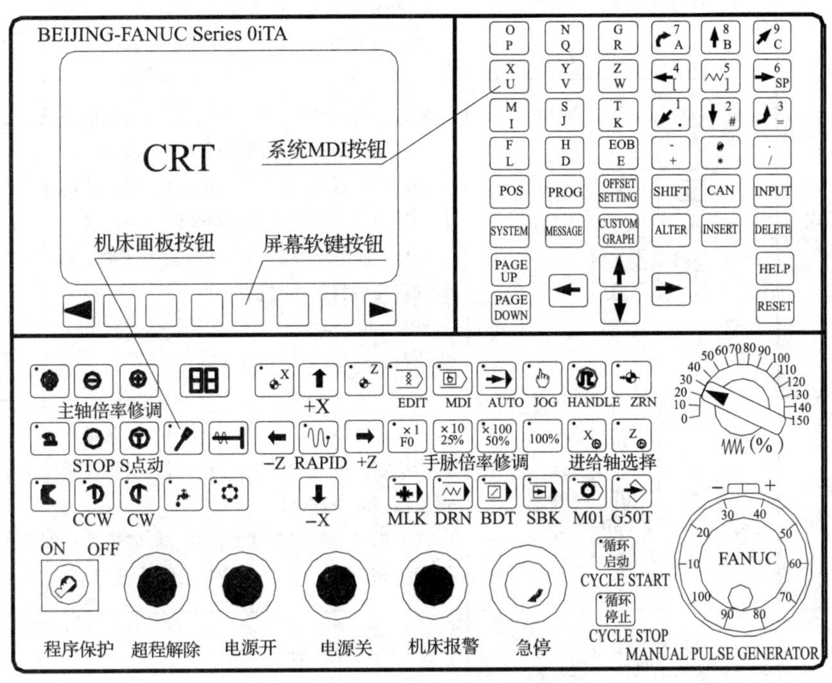

图 4—6　FANUC 0i TA 数控系统面板

表 4—2　　FANUC 0i TA 机床控制面板功能介绍

名　称	功能键图	功　　能
机床总电源开关	OFF ON	机床总电源开关一般位于机床的背面，置于“ON”时为主电源开
系统电源开关	电源开　电源关	按下“电源开”按钮，向机床润滑、冷却等机械部分及数控系统供电

续表

名　称	功能键图	功　　能
紧急停止与机床报警	机床报警　急停	当出现紧急情况而按下急停按钮时，在屏幕上出现“EMG”字样，机床报警指示灯亮
超程解除	超程解除	当机床出现超程报警时，按下“超程解除”按钮不要松开，可使超程轴的限位挡块松开，然后用手摇脉冲发生器反向移动该轴，从而解除超程报警
模式选择按钮	EDIT　MDI　AUTO JOG　HANDLE　ZRN	“EDIT”模式：程序的输入及编辑操作 “MDI”模式：手动数据（如参数）输入的操作 “AUTO”模式：自动运行加工操作 “JOG”模式：手动切削进给或手动快速进给 “HANDLE”模式：手摇进给操作 “ZRN”模式：回参考点操作 注：以上模式按钮为单选按钮，只能选择其中的一个
“AUTO”模式下的按钮	MLK　DRN　BDT SBK　M01	MLK：机床锁住，用于检查程序编制的正确性，该模式下刀具在自动运行过程中的移动功能将被限制 DRN：空运行，用于检查刀具运行轨迹的正确性，该模式下自动运行过程中的刀具进给始终为快速进给 BDT：程序段跳跃，当该按钮按下时，程序段前加“/”符号的程序段将被跳过执行 SBK：单段运行，该模式下，每按一次循环启动按钮，机床将执行一段程序后暂停
“JOG”进给及其进给方向	+X –Z　RAPID　+Z –X	“JOG”模式下，按下指定轴的方向键不松开，即可指定刀具沿指定的方向进行手动连续慢速进给。进给速率可通过进给速度倍率旋钮进行调节 按下指定轴的方向键不松开，同时按下中间位置的快速移动按钮（RAPID），即可实现自动快速进给
“HANDLE”操作及其进给方向	X　Z	选择手摇操作的进给轴
	×1 F0　×10 25% ×100 50%　100%	“×1”“×10”和“×100”为手摇操作模式下的三种不同增量步长，而“F0”“25%”“50%”和“100%”为四种不同的快速进给倍率
回参考点指示灯	X　Z	当相应轴返回参考点后，对应轴的返回参考点指示灯变亮
冷却润滑		按下“间隙润滑”后，将立即对机床进行间隙性润滑
		按下“手动冷却”按钮后，执行切削液“开”功能

续表

名　称	功能键图	功　　能
主轴功能	CCW　CW　STOP S点动　主轴倍率修调	CW：主轴正转按钮 CCW：主轴反转按钮 STOP：主轴停转按钮 注：以上按钮仅在“JOG”或“HANDLE”模式下有效 按下“S 点动”主轴旋转，松开“S 点动”主轴则停止旋转 按主轴倍率修调“+”使主轴增速，反之使主轴减速
液压按钮		该按钮依次为液压启动、液压尾座和液压卡盘
其他按钮	刀架转位　REPOS ON　G50T OFF 刀号显示　程序保护	每按一次“刀架转位”按钮，刀架将转过一个刀位 “REPOS”用于实现程序中断后的返回中断点操作 “G50T”功能可为每一把刀具设定一个工件坐标系 “刀号显示”用于显示当前机床转速挡位数及刀具号 当“程序保护”开关处于“ON”位置时，即使在“EDIT”状态下也不能对 NC 程序进行编辑操作
加工控制	循环启动　循环停止	“循环启动”用于启动自动运行 “循环停止”用于使自动运行加工暂时停止

课堂活动

数控车床的操作

观察教师演示或在教师指导下进行实际操作，熟悉数控车床的基本操作方法。

1. 机床电源的开关

(1) 电源开

机床电源开的操作流程如图 4—7b 所示。

1）检查 CNC 和机床外观是否正常。

2）接通机床电器柜电源，按下“电源开”按钮。

3）检查 CRT 画面显示资料（见图 4—7a）。

4）如果 CRT 画面显示“EMG”报警画面，可松开“急停”按钮并按下“RESET”按钮数秒，系统将复位。

5）检查散热风机等是否正常运转。

(2) 电源关

1）检查操作面板上的循环启动灯是否关闭。

2）检查 CNC 机床的移动部件是否都已经停止移动。

3）如有外部输入/输出设备接到机床上，应先关闭外部设备的电源。

4）按下“急停”按钮后，按下“电源关”按钮，关闭机床总电源。

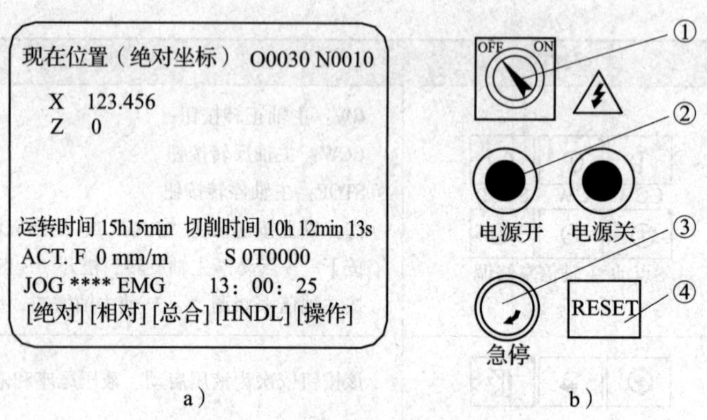

图 4—7 开机流程与开机后的画面

2. 手动操作

（1）返回参考点操作

机床返回参考点的操作流程如图 4—8b 所示。

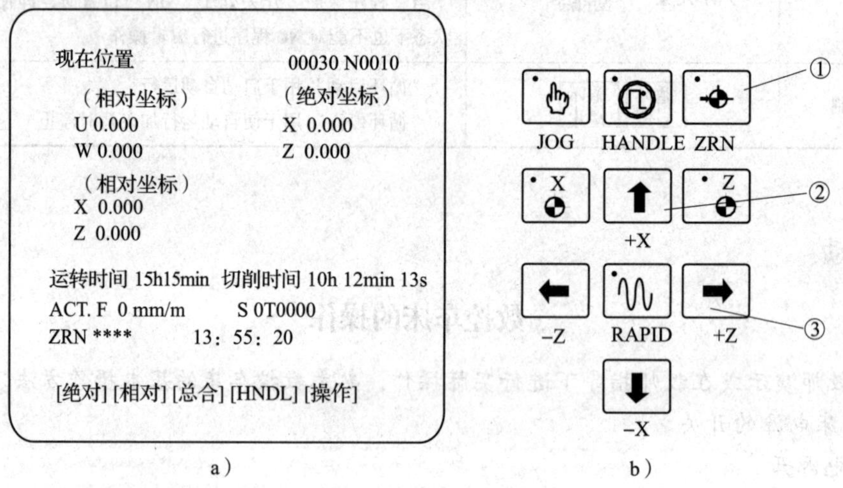

图 4—8 返回参考点的操作流程与显示画面

1）选择模式按钮“ZRN”。

2）按下“+X”轴的方向选择按钮不松开，直到 *X* 轴的返回参考点指示灯亮。

3）按下“+Z”轴的方向选择按钮不松开，直到 *Z* 轴的返回参考点指示灯亮。

在返回参考点过程中，为了刀具及机床的安全，数控车床的返回参考点操作一般应按先 *X* 轴后 *Z* 轴的顺序进行。

（2）手轮进给操作

机床手轮进给操作流程如图 4—9b 所示。

1）选择模式按钮“HANDLE”。

2）在机床面板上选择移动刀具的坐标轴。

3）选择增量步长。

4）旋转手摇脉冲发生器，向相应的方向移动刀具。

(3) 手动连续进给与手动快速进给

该操作等同于手轮进给操作。手动/手轮进给的操作流程及其显示画面如图 4—9 所示。

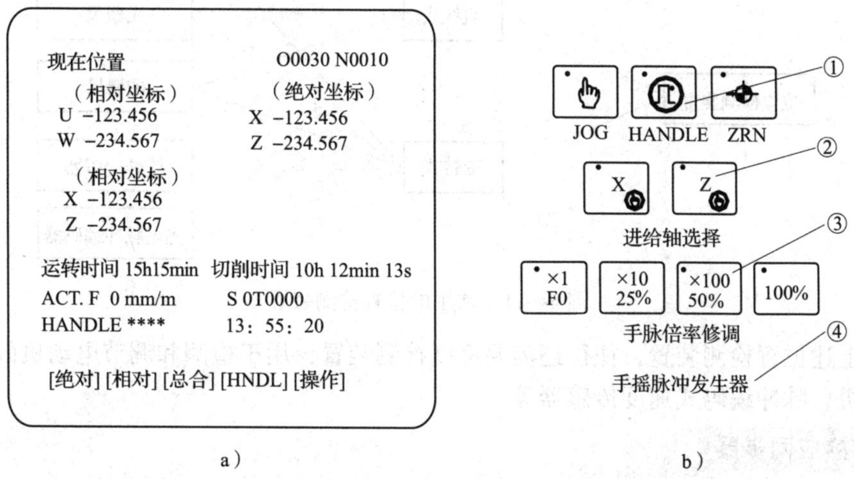

图 4—9 手动/手轮进给的操作流程及其显示画面

§ 4—2 数控机床的检测装置

学习目标

◎ 了解常用检测元件工作原理及安装注意事项

◎ 了解常用检测元件测量电路

◎ 了解位置检测元件故障表现形式

在普通机床的加工过程中，加工的精度完全依靠人工进行测量，如图 4—10 所示，加工精度很难得到保证。数控机床相对于普通机床的最大特点就是精度高。而要保证数控机床加工的高精度，就必须依靠高质量的检测装置。检测装置是数控机床的重要组成部分，在闭环控制系统中，其主要作用是检测位移量，并发出反馈信号，与给定量进行比较，从而实现对设备的控制。

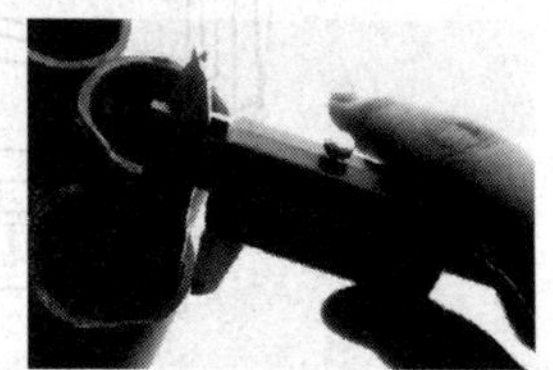

图 4—10 人工测量

一、检测装置的分类

数控系统中的检测装置按检测对象不同，可分为位移、速度、电流三种类型。按运动方式不同，又可分为直线式和旋转式两大类。直线式位置检测装置用于检测直线位移，旋转式位置检测装置用于检测角位移。

常用的位置检测装置如图 4—11 所示。

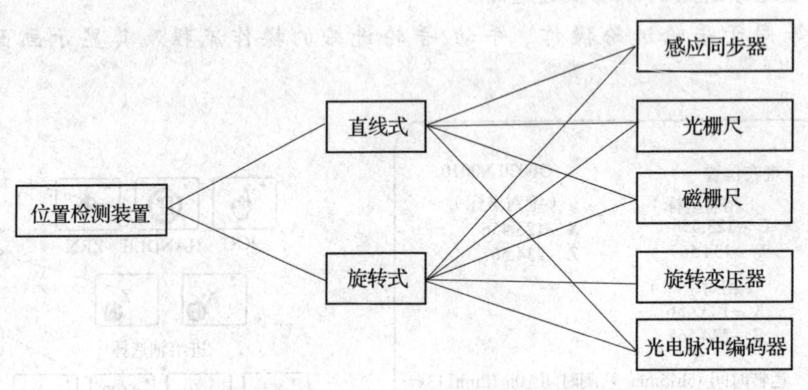

图 4—11　常用的位置检测装置

除了上述位置检测装置，往往还需要速度检测装置，用于检测和调节电动机的转速，如测速发电机、脉冲编码式速度传感器等。

二、感应同步器

感应同步器有直线式和旋转式两种。直线式感应同步器是一种电磁感应式的高精度位移检测元件，如图 4—12 所示。它由定尺和滑尺两部分组成，两者相对平行安装。定尺和滑尺上的绕组均为矩形绕组，其中定尺绕组是连续的，滑尺上分布着两个励磁绕组，即正弦绕组和余弦绕组。直线式感应同步器随着其定尺与滑尺相对位置的变化而产生电磁耦合的变化，从而发出相应的位移电信号来进行位置检测。

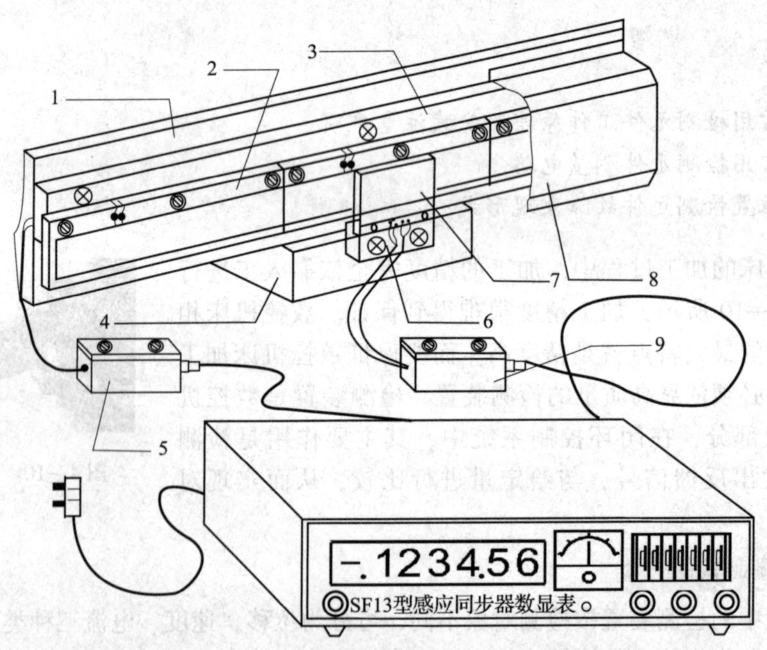

图 4—12　直线式感应同步器外形结构图

1—机床不动部分　2—定尺　3—定尺座　4—机床移动部分
5—前置放大器　6—滑尺座　7—滑尺　8—保护罩　9—励磁绕组

直线式感应同步器在安装维护时应注意以下几点：

（1）安装时，必须保持定尺和滑尺相对平行，且定尺固定螺栓不得超过尺面，调整间隙在0.05～0.25 mm为宜。

（2）要防止铁屑进入定尺和滑尺之间，以免损坏定尺表面涂层和滑尺表面带绝缘层的铝箔。

（3）接线时要分清滑尺的正弦绕组和余弦绕组，这两个绕组必须分别接入励磁电压。

三、光栅尺

光栅有两种形式，一种是透射光栅，即在一块透明玻璃片上刻有一系列等间隔的密集线纹。另一种是反射光栅，即在长条形金属镜面上制成间隔相等的全反射或漫反射密集线纹。光栅是利用光学原理，通过光敏元件测量莫尔条纹移动的数量来测量机床工作台的移动量或丝杠的旋转量。光栅尺的输出信号常用于变相的相位信号和机床回参考点控制的零标志位脉冲信号。光栅尺外形如图4—13所示。

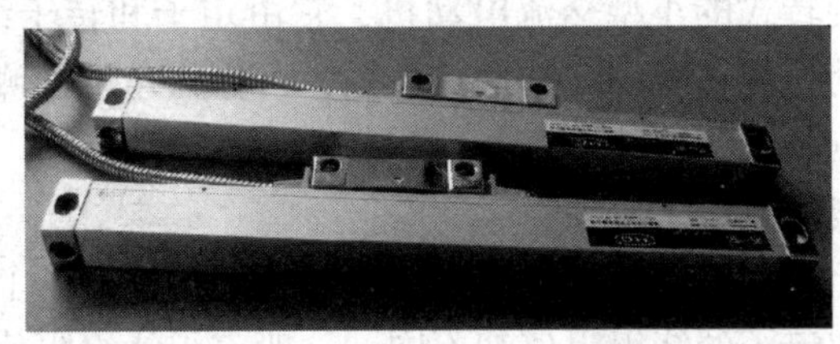

图4—13　光栅尺外形

光栅尺属于精密测量器件，由于它直接安装于工作台和机床床身上，因此，极易受到切削液和润滑油的污染，从而造成信号丢失，影响位置控制精度。

在安装和使用中应注意以下几点：

（1）光栅尺拆装时不能用硬物敲击，以免引起光学元件的损坏。

（2）光栅尺安装时应严格按照使用说明书的要求进行安装。

（3）切削液和润滑油在使用过程中会产生污垢，这种污垢在扫描头上会形成一层薄膜导致透光性变差，影响测量精度，而且这种污垢很难清除，所以要尽量避免污垢碰触到光栅尺。

（4）加工过程中，切削液的压力不要太大，流量也不要过大，以免形成大量的水雾进入光栅尺。

（5）光栅尺上的污物可以用脱脂棉蘸无水酒精轻轻擦除。

四、磁栅尺

磁栅尺是将具有一定节距的磁化信号用记录磁头记录在磁性标尺的磁膜上，用来作为测量基准。在测量时，读取磁头将磁性标尺上的磁化信号转化为电信号，然后再送到检测电路中，把磁头相对于磁性标尺的位置或位移量转化为控制信号输入到数控系统。磁栅尺外形如图4—14所示。

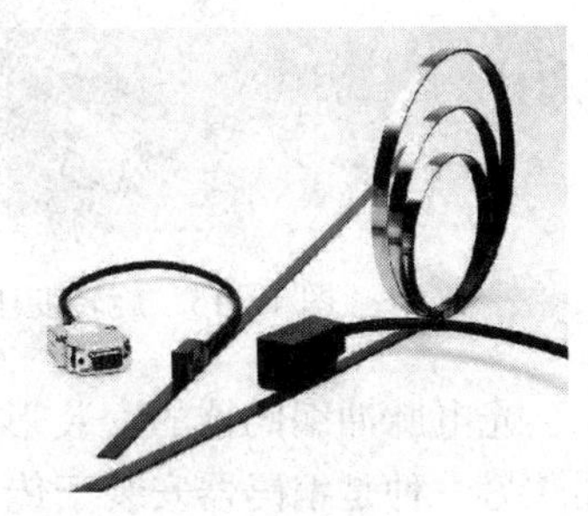

图4—14　磁栅尺外形

磁栅尺由磁性标尺、读取磁头和检测电路三部分组成。磁性标尺是在非导磁材料（如玻璃、不锈钢等）的基体上，覆盖上一层10～20 μm厚的磁性材料，形成一层均匀有规则的磁膜。磁化信号可以是脉冲，也可以是正弦波，磁化信号的节距一般有 0.05 mm、0.10 mm、0.20 mm、1 mm 等几种。

读取磁头是进行磁－电转换的变化器，它能把反映空间位置关系的磁化信号检测出来，转换成电信号输送给检测电路，它是磁栅尺测量装置中比较关键的元件。

磁栅尺的维护应注意以下几点：

（1）不能将磁膜刮坏，要防止铁屑和油污落在磁性标尺和读取磁头之间，清理读取磁头时要用脱脂棉蘸酒精轻轻地擦其表面。

（2）不能用力拆装、撞击磁性标尺和读取磁头，否则会使磁性减弱或使磁场紊乱。

（3）接线时要分清读取磁头上的励磁绕组和输出绕组，前者绕在磁路截面尺寸较小的横臂上，后者绕在磁路截面尺寸较大的竖杆上。

五、旋转变压器

旋转变压器是一种旋转式的小型交流电动机，它由定子和转子组成，如图 4—15 所示。定子的输出电压与转子的角位移有固定的函数关系，可作为角度检测元件，一般用于精度要求不高或大型机床的粗测及中测系统中。

旋转变压器的维护应注意以下事项：

旋转变压器的定子上有相等匝数的励磁绕组和补偿绕组，转子上也有相等匝数的正弦绕组和余弦绕组，但转子和定子的绕组阻值却不同，一般定子绕组阻值稍大，有时补偿绕组会自行短接或接入一个阻抗，在接线时要注意区分。

六、光电脉冲编码器

光电脉冲编码器是一种将旋转位移转换成一连串数字脉冲信号的旋转式传感器，如图 4—16 所示，这些脉冲信号能用来控制角位移，如果光电脉冲编码器与齿轮齿条或丝杠结合在一起，也可用于测量直线位移。光电脉冲编码器光盘的边缘上开有间距相等的缝隙，在其两边分别装有光源和光敏元件。当码盘转动时，光线的明暗变化经光敏元件就会变成脉冲信号。光电脉冲编码器按输出信号与位置的对应关系，通常分为增量式光电脉冲编码器和绝对式光电脉冲编码器两种。

图 4—15　旋转变压器外形图

图 4—16　光电脉冲编码器

光电脉冲编码器的安装形式有两种：一种是与伺服电动机同轴安装，称为内装式编码器；另一种是编码器安装于传动链末端，称为外装式编码器，当传动链较长时，这种安装方式可以减小传动链累积误差对位置检测精度的影响。

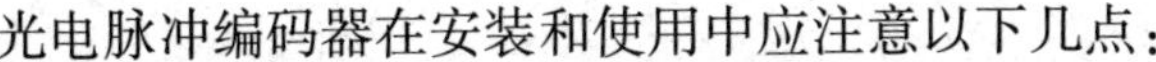

光电脉冲编码器在安装和使用中应注意以下几点：

（1）由于光电脉冲编码器是精密测量元件，因此，使用时要注意防污和防振。因为污染容易造成信号丢失，振动容易使编码器内的紧固件松动脱落，造成内部电源短路或码盘损坏。

（2）光电脉冲编码器轴与电动机轴或丝杠端连接应采用弹性联轴器，不宜采用刚性连接，以免由于电动机轴或丝杠端窜动或跳动，造成光电脉冲编码器轴系或码盘的损坏。

七、传感器简介

随着科学技术的发展，现代工业的生产过程已经实现了高度的自动化，生产设备能够自动检测系统状态的变化，并根据这些变化自动进行调节控制，例如，温度高了就自动实施降温措施，易燃易爆气体含量增高就点亮自动报警灯，这些自动控制技术的实现都离不开传感器。

在实际应用中，大多数设备只能处理电信号，因此，传感器的作用就是把被测信号或者被控信号转换成电信号，并传递给控制装置。

1．传感器的定义及组成

传感器能够感受规定的被测量并按照一定的规律将其转化成可用的输出信号，通常由敏感元件、转换元件和接口电路等组成。其中，敏感元件是传感器中能直接感受或响应被测量的部分；转换元件是传感器中能将敏感元件或响应的被测量转换成适用于传输或测量的电信号的部分。

传感器的组成框图如图4—17所示。

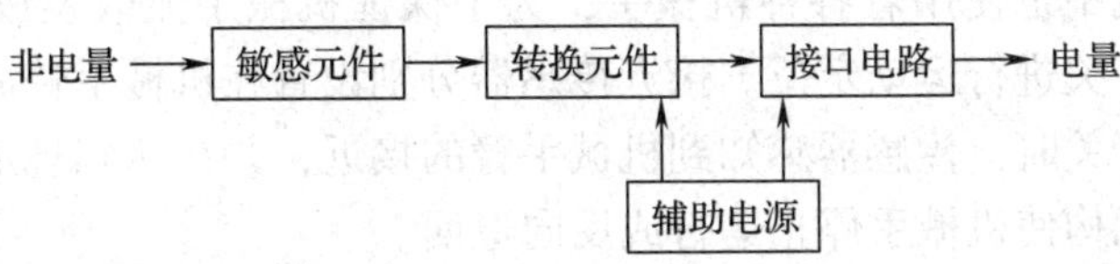

图4—17　传感器的组成框图

传感器的概念有以下四种含义：

（1）传感器是测量器件或装置，能够完成信号的获取，例如，维持交通秩序的电子眼能够准确获取车速、车牌等信息。

（2）传感器的输入量是一个被测量，可以是物理量，也可以是生物量或化学量。

（3）传感器的输出量是某种物理量，主要是以电量的形式输出。

（4）输出和输入有对应关系，并应具有一定的精度，否则会因检测误差大，无法满足控制指标的要求，严重时还可能出现安全事故。

2．传感器的分类

根据被测物理量的性质，传感器可分为温度传感器、位置传感器、力传感器、转速传感器、湿敏传感器、气敏传感器等。

根据能量关系，传感器可分为有源传感器和无源传感器。

根据工作原理，传感器可分为电阻式传感器、电容式传感器、电感式传感器、光电传感器、红外线传感器、磁敏传感器、霍尔传感器、电涡流传感器、压电式传感器等。

根据使用材料，传感器可分为金属传感器、半导体传感器、光纤传感器、陶瓷传感器、复合材料传感器等。

3. 传感器应用举例

数控机床检测装置中的磁栅尺、光电编码器都是常用的传感器。此外，接近传感器也是常用的传感器。接近传感器是一种能感知物体接近程度的器件。它利用传感器对所接近物体的敏感特性，识别物体的接近状态并输出开关量信号，因此，通常将接近传感器称为接近开关。在使用的时候，把它作为非接触式的自动开关来使用。

接近传感器分为电容式、涡流式、霍尔式、光电式等类型。在实际应用中，为了提高识别的可靠性，有时几种接近开关一起使用。接近开关输出电路均有较大的带负载能力，所以可以用它去控制并带动执行机构工作。由于不需要其他控制电路和装置，因此，用它构成的控制装置简单、可靠、成本低。接近开关实物如图 4—18 所示。

图 4—18 接近开关

在自动化生产线中也使用着各种机械手，为了保证机械手抓取及放置工件位置的准确性，往往采用接近开关进行运动定位。接近传感器分别设置在机械手臂需要限位的位置，当机械手臂靠近接近开关时，传感器感知到机械手臂的接近，并在达到规定的检测距离时输出控制信号，经执行机构使机械手停止运行或反向退回。

§4—3 数控机床的变频器

学习目标

◎ 能对数控机床进行调速
◎ 能安装维护变频器并进行参数设置

在生产中，经常会遇到主轴电动机具有不同转速的情况，这时通常会利用机械调速，如图 4—19 所示。但是机械调速的结构复杂，维修不方便，而数控机床主轴电动机主要是采用变频调速，这是因为主轴电动机需要容量较大，调速性能没有伺服系统要求高，调速范围也不需要太大。因此，采用交流异步电动机和 *U/f* 型变频调速，便能满足铣床、钻床、磨床等对于主轴驱动的要求。

图 4—19 机械调速

一、变频器类型

通过改变定子供电电压频率而使转速平滑变化的方法称为变频调速。对交流电动机实现变频调速的装置称为变频器。

变频器有交 – 交变频器和交 – 直 – 交变频器两大类，目前几乎都是采用交 – 直 – 交变频器，其结构框图如图 4—20 所示。

50 Hz 正弦交流电压经整流滤波成为幅值恒定的直流电压，输入逆变器后，又在一个正弦参考信号的控制下变换为宽度不等的矩形脉冲。

在改变电压频率的同时，通过改变输出脉冲的宽度即可改变输出电压的大小，从而满足变频调速对 U/f 协调控制的要求。在整个半周内，脉冲宽度是按正弦规律变化的，即脉冲宽度先逐渐增大，然后再逐渐减小；与此相应输出电压也会按正弦规律变化。这就是目前工程实际中应用最多的正弦脉宽调制（SPWM）变频技术。

此外，还有一种矢量控制方式。这是一种新型控制技术，它可以实现转矩与磁通的独立控制，获得与直流电动机相同的调速特性，既能满足主轴驱动的要求，又能满足进给驱动的要求。

二、变频器在数控机床中的应用

变频器与主轴电动机配合使用时，需根据主轴加工的特性和要求，预先进行一系列的设定，如设定加速、减速时间等。设定的方法是通过编程器上的键盘和数码管显示将参数输入或修改，具体操作需根据使用说明书进行。

如图 4—21 所示为数控机床中常用的三菱通用变频器 FR – D700。

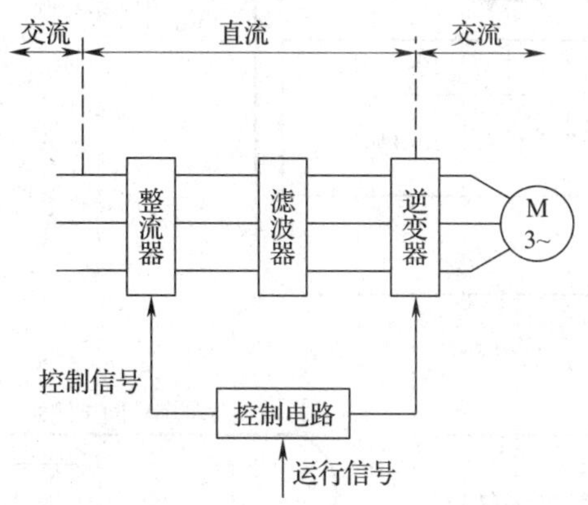

图 4—20 交 – 直 – 交变频器结构框图

图 4—21 三菱通用变频器 FR – D700

1. 变频器的安装方法

（1）变频器应垂直安装。在同一电气柜内安装多个变频器时，通常按图 4—22 所示进行横向摆放。电气柜内空间较小，需要进行纵向摆放时，由于下部变频器的热量会引起上部变频器的温度上升导致变频器故障，应采取安装导板等对策。另外，应注意换气、通风，保证变频器周围温度不超过允许值范围。

（2）为了便于散热及维护，变频器周围至少应保证大于如图 4—23 所示尺寸，以保证与其他装置及盘的壁面分开。变频器下部作为布线空间，上部作为散热空间。

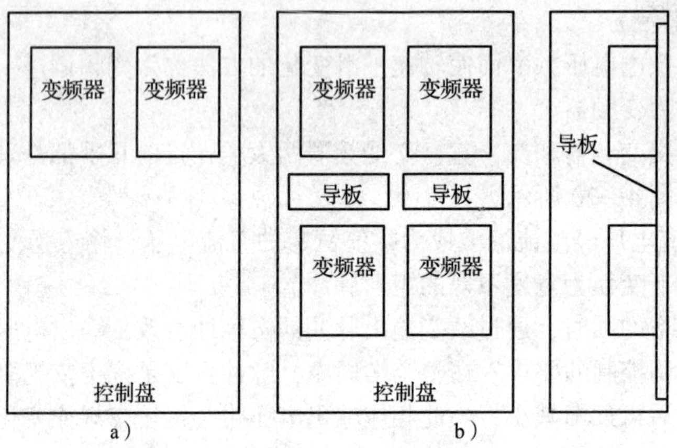

图 4—22　多个变频器安装

a）横向排列　b）纵向排列

周围温度和湿度

测定位置

变频器

5cm　5cm

5cm

测定位置

温度:

SLD	−10~+40℃
LD，ND（初始设定），HD	−10~+50℃

湿度:90%RH以下

确保周围空间（正面）

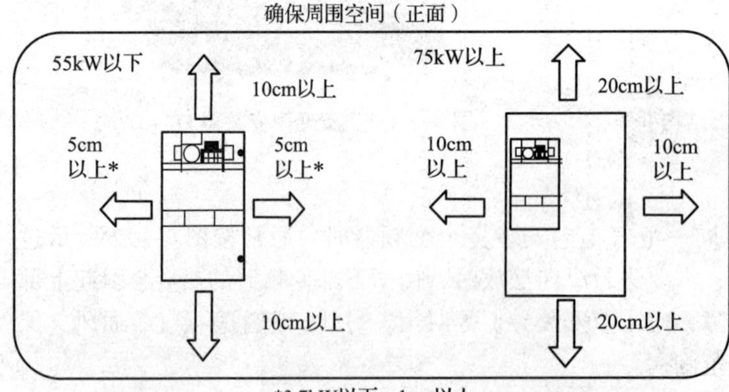

确保周围空间（侧面）

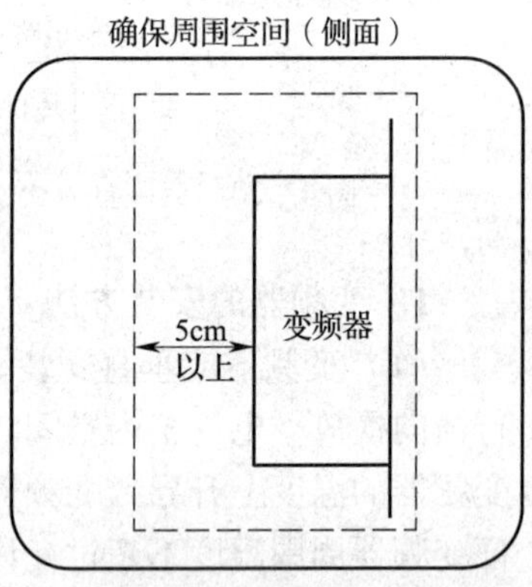

*3.7kW以下，1cm以上

图 4—23　变频器周围间隙

（3）变频器的上部有内置在单元中的小型风扇，以保证变频器内部的热量从下往上上升，在上部如果配置有其他器件时，应确保即使受到热的影响也不会发生故障。变频器内部产生的热量通过冷却风扇成为暖风，从单元的下部向上部流动。安装换气风扇进行通风时，应考虑风的流向，决定换气风扇的安装位置，风会从阻力较小的地方通过，应制作风道或整流板等确保冷风从变频器流过。如图 4—24 所示为换气风扇和变频器的安装位置。

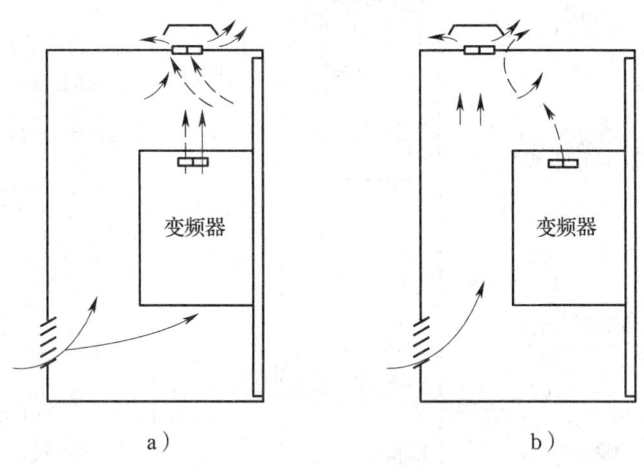

图 4—24　换气风扇和变频器的安装位置

a）合格　b）不合格

2. 接线

不同厂家的变频器，其面板控制端子的名称及接线方式会有所不同，使用时应注意阅读厂家提供的变频器用户手册。

（1）变频器主电路端子接线如图 4—25 所示。

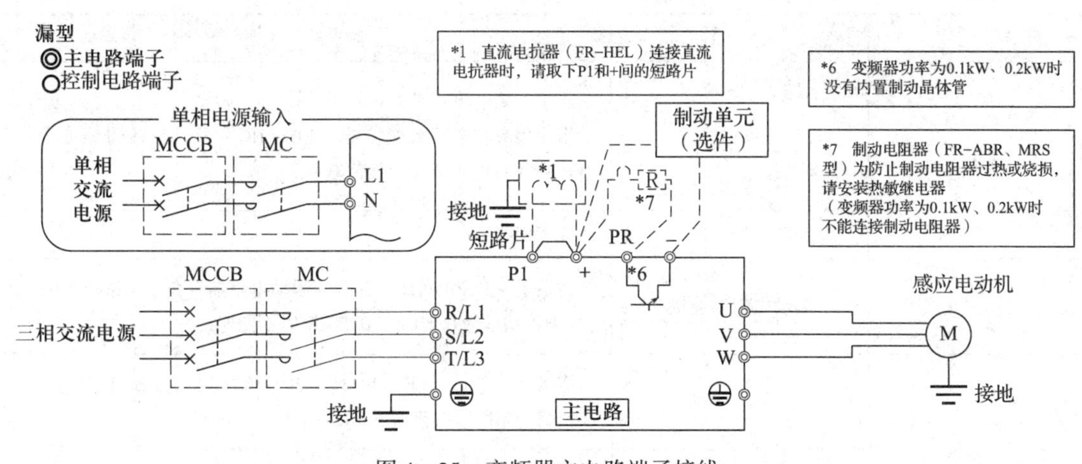

图 4—25　变频器主电路端子接线

（2）变频器控制电路端子接线如图 4—26 所示。

（3）变频器主电路端子说明见表 4—3。

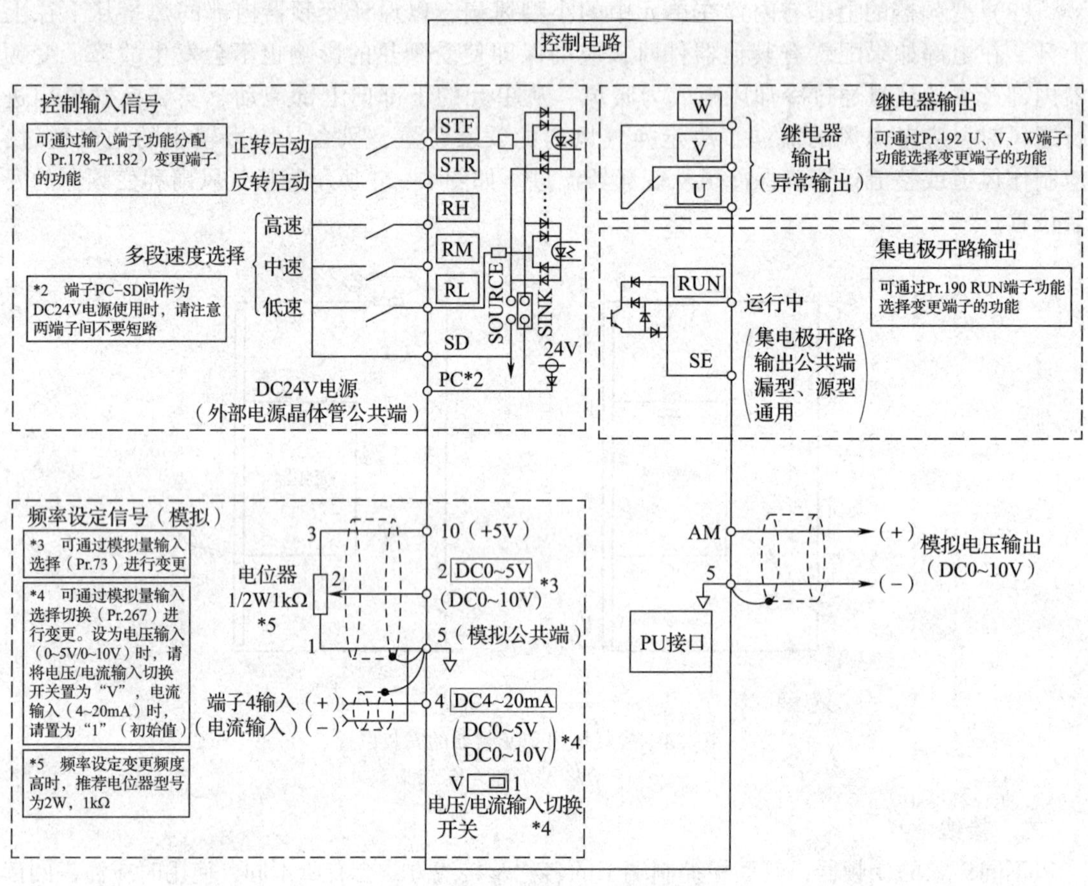

图4—26 变频器控制电路端子接线

表4—3 **变频器主电路端子说明**

端子记号	端子名称	端子功能说明
R/L1、S/L2、T/L3	交流电源输入	连接工频电源 当使用高功率因数变流器（FR－HC）及共直流母线变流器（FR－CV）时不要连接任何东西
U、V、W	变频器输出	接三相笼型电动机
+、PR	制动电阻器连接	在端子+和PR间连接选购的制动电阻器（FR－ABR、MRS）。（变频器功率为0.1 kW、0.2 kW时不能连接）
+、－L10	制动单元连接	连接制动单元（FR－BU2）、共直流母线变流器（FR－CV）以及高功率因数变流器（FR－HC）
+、P1	直流电抗器连接	拆下端子+和P1间的短路片，连接直流电抗器
⏚	接地变频器机架接地用	必须接大地

3. 参数设置

（1）操作面板各部分名称介绍如图 4—27 所示。

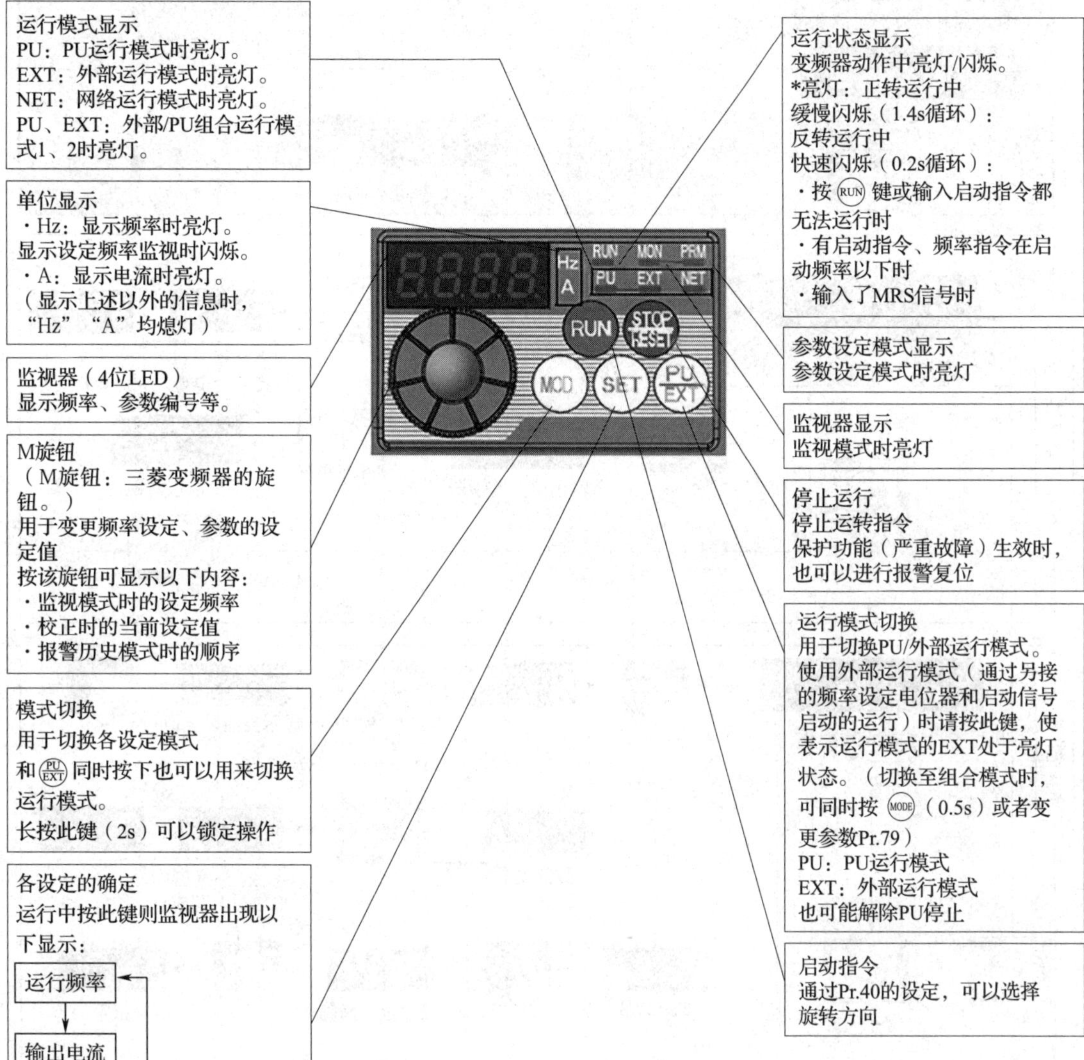

图 4—27　操作面板各部分名称介绍

（2）变频器设置基本操作，如图 4—28 所示。

（3）变更参数设定值，如图 4—29 所示。

注意：不同的变频器参数设置，请参照《变频器使用手册》进行设定。

4. 变频器故障显示

在变频器使用过程中，不可避免地会产生故障。当故障产生时，在变频器的操作面板上会进行显示。

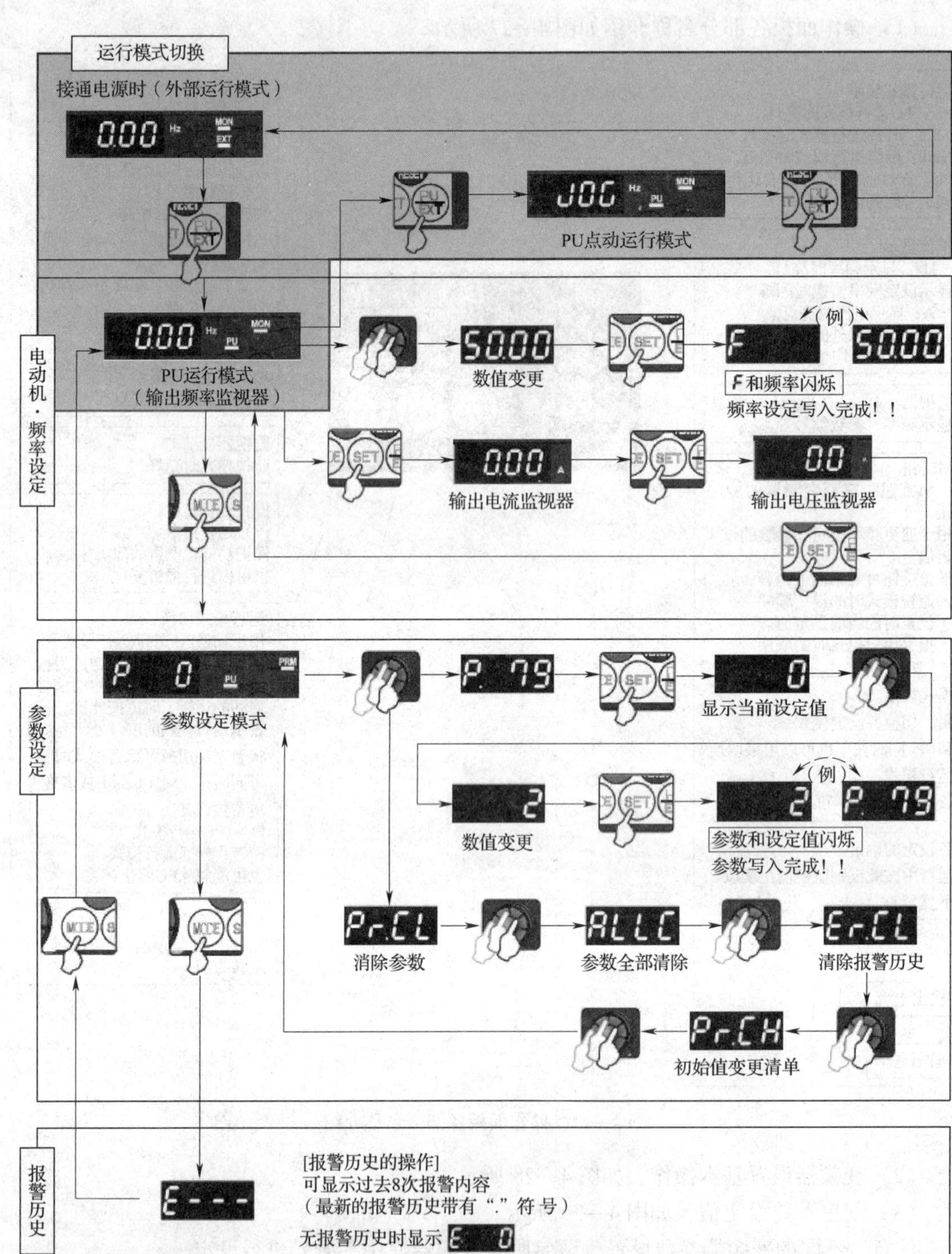

图 4—28　变频器设置基本操作

变更例 变更Pr.1上限频率。

操　作	显　示
1. 电源接通时显示的监视器画面。	0.00 Hz MON EXT PU显示灯亮。
2. 按(PU/EXT)键，进入PU运行模式。	(PU/EXT) → 0.00 PU PRM显示灯亮。
3. 按(MODE)键，进入参数设定模式。	(MODE) → P. 0 PRM （显示以前读取的参数编号）
4. 旋转旋钮，将参数编号设定为 P. 1（Pr.1）。	→ P. 1
5. 按(SET)键，读取当前的设定值。显示“120.0”［120.0Hz（初始值）］。	(SET) → 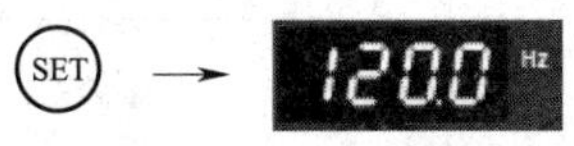
6. 旋转旋钮，将值设定为“50.00”（50.00Hz）	→ 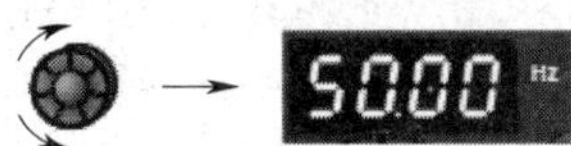
7. 按(SET)键设定。	(SET) →   闪烁…参数设定完成！！

注：· 旋转旋钮可读取其他参数。

· 按(SET)键可再次显示设定值。

· 按两次(SET)键可显示下一个参数。

· 按两次(MODE)键可返回频率监视画面。

图 4—29　变更参数设定值

(1) 错误信息

当操作错误时，在变频器面板上会显示相应信息，具体见表 4—4。

表 4—4　错误信息显示

操作面板显示	名称	内　容
HOLD	操作面板锁定	设定了操作锁定模式，(STOP/RESET)键以外的操作将无法进行
Er1	禁止写入错误	1. Pr. 77 参数写入选择设定为禁止写入的情况下试图进行参数的设定时 2. 频率跳变的设定范围重复时 3. PU 和变频器不能正常通信时

续表

操作面板显示	名称	内　容
Er2	运行中写入错误	在 Pr. 77≠2（任何运行模式下不管运行状态如何都可写入）时的运行中或在 STF（STR）为 ON 时的运行中进行了参数写入
Er3	校正错误	模拟输入的偏置、增益的校正值过于接近时
Er4	模式指定错误	Pr. 77≠2 时在外部、网络运行模式下试图进行参数设定时
Err.	变频器复位中	1. 通过 RES 信号、通信以及 PU 发出复位指令时 2. 关闭电源后也显示
LOCd	密码设定中	正在设定密码功能，不能显示或设定参数

（2）报警

当变频器在遇到故障时会自动保护，并报警显示，见表 4—5。

表 4—5　报警显示

操作面板显示	名称	内　容
0L	失速防止（过电流）	变频器的输出电流超出了失速防止动作水平（Pr. 22 失速防止动作水平等）时，将停止频率的上升直至过载电流减小，从而避免变频器因过电流而切断输出。降至失速防止动作水平以下时，会再次提升频率
		变频器的输出电流超出了失速防止动作水平（Pr. 22 失速防止动作水平等）时，将降低频率直至过载电流减小，从而避免变频器因过电流而切断输出。降至失速防止动作水平以下时，重新恢复到设定频率
		变频器的输出电流超出了失速防止动作水平（Pr. 22 失速防止动作水平等）时，将停止频率的下降直至过载电流减小，从而避免变频器因过电流而切断输出。降至失速防止动作水平以下时，会再次降低频率
oL	失速防止（过电压）	电动机的再生能量过大，超过再生能量的消耗能力时，将停止频率的下降从而避免变频器出现过电压切断。待到再生能量减小后继续减速
		选择再生回避功能的情况下（Pr. 882 = 1），电动机的再生能量过大时，提高转速，避免过电压引起的电源切断
rb	再生制动预报警	再生制动器使用率在 Pr. 70 特殊再生制动器使用率设定值的 85% 以上时显示。Pr. 70 特殊再生制动使用率设为初始值（Pr. 70 = “0”）时，该保护功能无效。再生制动器使用率达到 100% 时，会引起再生过电压（E. OV_ ）
		在显示［RB］的同时可以输出 RBP 信号。关于 RBP 信号输出所使用的端子，通过将 Pr. 190、Pr. 192（输出端子功能选择）中的任意一个设定为“7（正逻辑）或 107（负逻辑）”，进行端子功能的分配
PS	PU 停止	通过 Pr. 75 复位选择/PU 脱离检测/PU 停止选择设定，由 PU 的 STOP RESET 键停止

续表

操作面板显示	名称	内　　容
TH	电子过电流保护预报警	电子过电流保护的累计值达到 Pr. 9 电子过电流保护设定值的 85% 以上时显示。若达到 Pr. 9 电子过电流保护设定值的 100% 时，电动机将因过载而切断（E. THM）
MT	维护信号输出	提醒变频器的累计通电时间已达到一定限度。Pr. 504 维护定时器报警输出时间设为初始值（Pr. 504 = “9999”）时，该保护功能无效
UV	电压不足	若变频器的电源电压下降，控制电路将无法发挥正常功能。另外，还将导致电动机的转矩不足或发热量增大。因此，当电源电压下降到约 AC 230 V（单相 200 V 电源为约 AC 115 V）时，则停止变频器输出

（3）严重故障

在变频器遇到较严重的故障时，变频器保护功能动作，切断变频器输出，显示异常信号，见表 4—6。更多严重故障详见《变频器使用手册》。

表 4—6　　严重故障显示

操作面板显示	名称	内　　容
E. 0C1	加速时过电流跳闸	加速运行中，当变频器输出电流超过额定电流的 200% 时，保护电路动作，停止变频器输出
E. 0C2	恒速时过电流跳闸	恒速运行中，当变频器输出电流超过额定电流的 200% 时，保护电路动作，停止变频器输出
E. 0C3	减速、停止时过电流跳闸	减速、停止运行中，当变频器输出电流超过额定电流的 200% 时，保护电路动作，停止变频器输出
E. 0V1	加速时再生过电压跳闸	因再生能量使变频器内部的主电路直流电压超过规定值时，保护电路动作，停止变频器输出。电源系统里发生的浪涌电压也可能引起该动作
E. 0V2	恒速时再生过电压切断	因再生能量使变频器内部的主电路直流电压超过规定值时，保护电路动作，停止变频器输出。电源系统里发生的浪涌电压也可能引起该动作
E. 0V3	减速、停止时再生过电压切断	因再生能量使变频器内部的主电路直流电压超过规定值时，保护电路动作，停止变频器输出。电源系统里发生的浪涌电压也可能引起该动作
E. THT	变频器过载切断（电子过电流保护）	电路中流过的电流超过了变频器额定电流但又不至于造成过电流切断（200% 以下）时，当输出晶体管元件的温度超过保护水平，就会停止变频器的输出（过载耐量 150% 60 s、200% 0.5 s）
E. THM	电动机过载切断（电子过电流保护）	变频器内的电子过电流保护器在过载或恒速运转过程中检测到因冷却能力下降而造成的电动机过热，达到 Pr. 9 电子过电流保护设定值的 85% 时，处于预警报（TH 显示）状态，达到规定值的话，保护电路动作，停止变频器的输出

续表

操作面板显示	名称	内　容
E. FIN	散热片过热	如果冷却散热片过热，温度传感器将会动作，停止变频器输出。达到散热片过热保护动作温度的约85%时，可以输出FIN信号
E. ILF	输入缺相（仅三相电源输入规格品有此功能）	将Pr. 872输入缺相保护选择设定为功能有效（=1）且三相电源输入中有一相缺相时停止输出。当三相电源输入的相间电压不平衡过大时，可能会动作
E. OLT	失速防止	因失速防止动作使得输出频率降低到1 Hz时，经过3 s后将显示报警（E. OLT），并停止变频器输出。失速防止动作中为OL

5. 日常维护方法

变频器是以半导体元件为中心而构成的静止机器，为了防止由于温度、潮湿、灰尘、污垢和振动等使用环境的影响，或使用元件的老化等其他原因而造成故障，必须进行日常检查和维护。

（1）日常检查

在变频器运行过程中应检查是否存在下列异常情况：

1）电动机运行是否异常。

2）安装环境是否合适。

3）冷却系统是否异常。

4）是否有异常振动声音。

5）是否出现过热和变色现象。

在运行中用万用表测量变频器的输入电压是否正常。

（2）定期检查

1）检查冷却系统：清扫空气过滤器等。

2）检查螺钉和螺栓：由于振动、温度变化等容易造成螺钉和螺栓等紧固件的松动，需定期检查这些紧固件是否可靠拧紧。

3）检查导体和绝缘物质：检查是否被腐蚀和损坏。

4）测量绝缘电阻。

5）检查和更换冷却风扇、继电器等。

实训五　变频器的基本操作

学习目标

◎ 掌握变频器的接线方法

◎ 掌握设置变频器参数的方法

一、任务要求

将一台三菱通用变频器 FR－D700（见图 4—30a）、一台三相异步电动机（见图 4—30b）、一只三极低压断路器（见图 4—30c）正确连接，设置相关参数，在 PU 运行模式（即用面板操作）下实现对电动机启动、停止的控制。然后接入两只三段速控制按钮（见图 4—30d），在外部运行模式下，控制电动机高、中、低三段速运行。

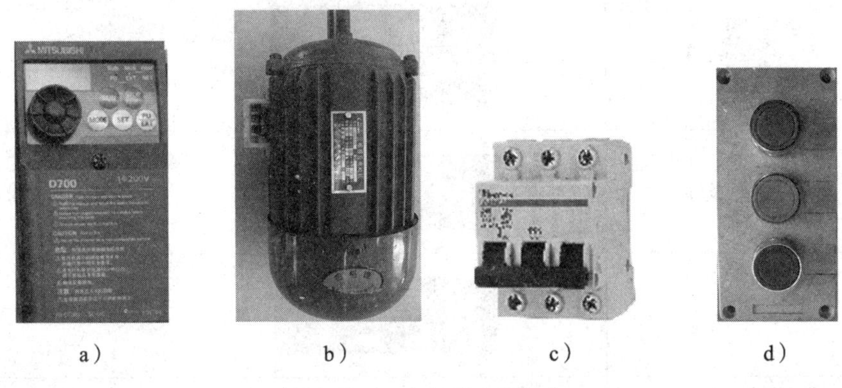

a）　　b）　　c）　　d）

图 4—30　变频器实训设备

a）三菱通用变频器 FR－D700　b）三相异步电动机　c）三极低压断路器　d）三段速控制按钮

二、任务实施

1. 变频器接线

按图 4—31 所示进行接线。三极低压断路器出线端连接变频器 R、S、T 接线端子；变频器 U、V、W 接线端子与电动机 U、V、W 接线桩连接。

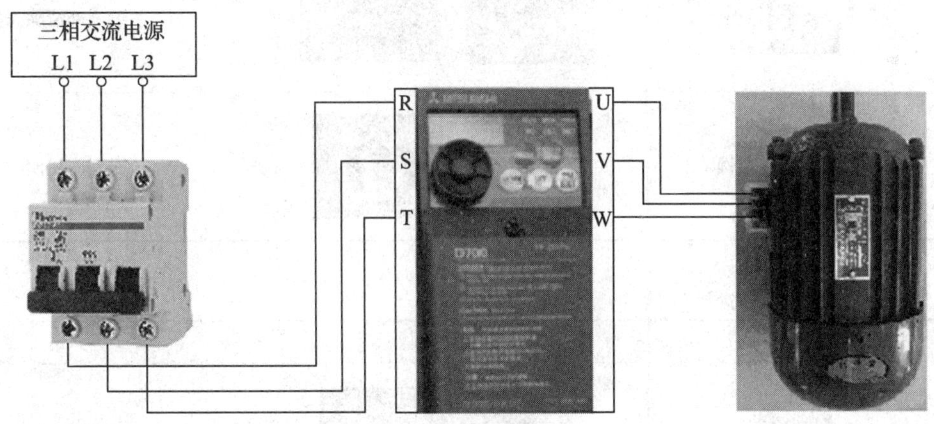

图 4—31　变频器连接

2. PU 运行模式控制电动机启停

（1）参数清除（见表 4—7）。

（2）PU 模式控制电动机运行（见表 4—8）。

表 4—7　参数清除

步骤	操作	变频器显示	作用
1	合上三极低压断路器	0.00	变频器通电
2	按 PU/EXT 按键	0.00	切换至 PU 模式
3	按 MODE 按键	P. 0	进入参数设定模式
4	调节旋钮	ALLC	调节为参数全部清除
5	按 SET 按键	0	读取当前设定值
6	调节旋钮	1	改变设定值
7	按 SET 按键	ALLC 与 1 闪烁	参数全部清除完毕
8	双击 MODE 按键	0.00	回到监视模式

表 4—8　参数设置

步骤	操作	变频器显示	作用
1	按下 SET 按键	0.00	进入通电监视模式
2	同时按 MODE PU/EXT 按键	79--	调整变频器为 PU 运行模式

续表

步骤	操作	变频器显示	作用
3	调节旋钮	79-1	调整变频器 为 PU 运行模式
4	按 SET 按键	79-1 闪烁 3 s 后 回到 0.00	回到监视器画面
5	调节 旋钮	50.00	调节到所需频率
6	按 SET 按键	F 与 50.00 来回闪烁	频率参数设定完毕
7	闪烁后	0.00	频率参数设定完毕
8	按下 RUN 按键	50.00	电动机运行
9	按下 STOP 按键	0.00	电动机停止

3. 外部控制三段速运行

按图 4—32 进行接线，按钮使用内部常开触点。STF 为正转启动控制端子，STR 为反转启动控制端子。RH、RM、RL 分别对应高、中、低转速控制端子。参数设置及运行控制方法见表 4—9。

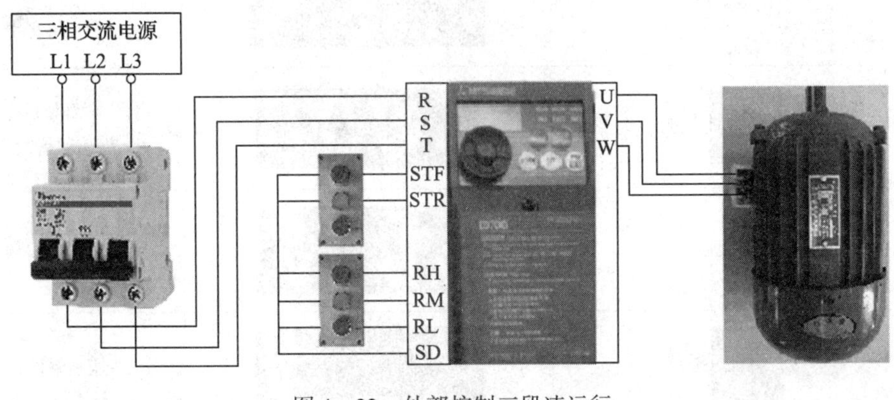

图 4—32 外部控制三段速运行

表 4—9　　参数设置及运行控制方法

步骤	操作	变频器显示	作用
1	按下 SET 按键	0.00	进入通电监视模式
2	同时按 MODE PU/EXT 按键	79--	调整变频器为 PU 运行模式
3	调节旋钮	79-3	调整变频器为 EXT 外部运行模式
4	按 SET 按键	3 s 后显示 0.00	回到监视器画面
5	按 MODE 按键后调节旋钮	P.160	能调出所有参数
6	按 SET 按键	9999	能调出所有参数
7	调节旋钮	0	能调出所有参数
8	按 SET 按键	0	确认当前操作
9	调节旋钮	P. 4	切换到高速频率设定模式
10	按 SET 按键	50.00	读取当前高速频率设定值
11	调节旋钮	60.00	设定高速频率
12	按 SET 按键	P. 4	高速频率设定完毕

续表

步骤	操作	变频器显示	作用
13	调节旋钮	P. 5	进入中速频率设定
14	按 SET 按键	30.00	读取当前 中速频率设定值
15	调节旋钮	40.00	设定中速频率
16	按 SET 按键	P. 5	中速频率设定完毕
17	调节旋钮	P. 6	切换到低速 频率设定模式
18	按 SET 按键	10.00	读取当前 低速频率设定值
19	调节旋钮	20.00	设定低速频率
20	按 SET 按键	P. 6	低速频率设定完毕
21	接通 STF 或 STR 控制按钮	—	选择电动机 正转或反转
22	按下 RH 高速控制按钮	60.00	电动机按高速 频率设定运转
23	按下 RM 中速控制按钮	40.00	电动机按中速 频率设定运转
24	按下 RL 低速控制按钮	20.00	电动机按低速 频率设定运转

三、任务评价

变频器基本操作评分表见表 4—10。

表 4—10　　　　变频器基本操作评分表

开始时间		结束时间			实际操作时间	
项目	考核内容	配分	评分标准	扣分	得分	备注
变频器接线（10 分）	正确连接各设备	10	连接错误，每处扣 2 分			
PU 模式控制电动机启停（25 分）	参数清除设置	10	参数设置错误，每项酌情扣 2 ~ 5 分			
	PU 模式控制电动机的参数设置	10	参数设置错误，不能正确运行，每项酌情扣 2 ~ 5 分			
	启动、停止操作	5	操作错误，酌情扣 2 ~ 5 分			
外部控制电动机三段速运行（40 分）	正确连接各设备	5	连接错误，每处扣 2 分			
	高速频率设定	10	参数设置错误，不能正确运行，每项酌情扣 2 ~ 5 分			
	中速频率设定	10	参数设置错误，不能正确运行，每项酌情扣 2 ~ 5 分			
	低速频率设定	10	参数设置错误，不能正确运行，每项酌情扣 2 ~ 5 分			
	运行操作	5	操作错误，酌情扣 2 ~ 5 分			
安全文明生产（10 分）	安全用电规范	10	1. 不穿戴工作服、绝缘鞋等劳动保护用品，扣 2 分 2. 实训结束后，未清理现场，扣 5 分 3. 不遵守安全用电操作规程造成事故的，可酌情倒扣 20 分或更高			
考核时间（15 分）	90 min	15	每超时 1 min 扣 1 分，最长不应超时 15 min			
总分						